程　杰　曹辛华　王　强　主编

中国花卉审美文化研究丛书

16

槐桑樟枫民俗与文化研究

纪永贵　著

北京燕山出版社

图书在版编目（CIP）数据

槐桑樟枫民俗与文化研究 / 纪永贵著 .-- 北京：北京燕山出版社，2018.3

ISBN 978-7-5402-5111-6

Ⅰ.①槐… Ⅱ.①纪… Ⅲ.①树木－审美文化－研究－中国②中国文学－文学研究 Ⅳ.① S718.4 ② B83-092 ③ I206

中国版本图书馆 CIP 数据核字 (2018) 第 087830 号

槐桑樟枫民俗与文化研究

责任编辑： 李涛
封面设计： 王尧
出版发行： 北京燕山出版社
社　　址： 北京市丰台区东铁营苇子坑路 138 号
邮　　编： 100079
电话传真： 86-10-63587071（总编室）
印　　刷： 北京虎彩文化传播有限公司
开　　本： 787×1092 1/16
字　　数： 296 千字
印　　张： 26
版　　次： 2018 年 12 月第 1 版
印　　次： 2018 年 12 月第 1 次印刷
ISBN 978-7-5402-5111-6
定　　价： 800.00 元

内容简介

本书为《中国花卉审美文化研究丛书》之第16种。本书汇集了纪永贵博士的10篇树木民俗文化研究论文和4篇内容关联的附录论文。这些论文主要论述了槐树、桑树、樟树、枫树兼及桂树、垂杨等六种乔木意象的相关民俗与文化课题，从文学与民俗文化角度对这些树木意象在传统文化平台上的象征意义进行挖潜。这些树木虽然肩负着各自独特的历史文化寓意，但它们现实在场的意义更是鲜活与永恒的，这正是本书的重要研究视点之所在。

作者简介

纪永贵，男，1968年2月生，安徽贵池人。1990年毕业于四川大学中文系。2005年毕业于南京师范大学文学院中国古代文学专业，获文学博士学位。现为池州学院教授，杏花村文化研究中心主任，安徽省学术与技术带头人。主持国家社科基金项目“青阳腔研究”等。在《文献》《民族艺术》等刊物发表学术论文60余篇；发表专著《董永遇仙传说研究》（安徽大学出版社，2006年）、《文化贵池：杏花村》（黄山书社，2014年）、《中国杏花审美文化研究》（程杰、纪永贵、丁小兵合著，巴蜀书社，2015年）、《槐下杂吟》（旧诗自选集）等。

《中国花卉审美文化研究丛书》前言

所谓“花卉”，在园艺学界有广义、狭义之分。狭义只指具有观赏价值的草本植物；广义则是草本、木本兼而言之，指所有观赏植物。其实所谓狭义只在特殊情况下存在，通行的都应为广义概念。我国植物观赏资源以木本居多，这一广义概念古人多称“花木”，明清以来由于绘画中花卉册页流行，“花卉”一词出现渐多，逐步成为观赏植物的通称。

我们这里的“花卉”概念较之广义更有拓展。一般所谓广义的花卉实际仍属观赏园艺的范畴，主要指具有观赏价值，用于各类园林及室内室外各种生活场合配置和装饰，以改善或美化环境的植物。而更为广义的概念是指所有植物，无论自然生长或人类种植，低等或高等，有花或无花，陆生或海产，也无论人们实际喜爱与否，但凡引起人们观看，引发情感反应，即有史以来一切与人类精神活动有关的植物都在其列。从外延上说，包括人类社会感受到的所有植物，但又非指植物世界的全部内容。我们称其为“花卉”或“花卉植物”，意在对其内涵有所限定，表明我们所关注的主要是植物的形状、色彩、气味、姿态、习性等方面的形象资源或审美价值，而不是其经济资源或实用价值。当然，两者之间又不是截然无关的，植物的经济价值及其社会应用又经常对人们相应的形象感受产生影响。

“审美文化”是现代新兴的概念，相关的定义有着不同领域的偏倚和形形色色理论主张的不同价值定位。我们这里所说的“审美文化”不具有这些现代色彩，而是泛指人类精神现象中一切具有审美性的内容，或者是具有审美性的所有人类文化活动及其成果。文化是外延，至大无外，而审美是内涵，表明性质有限。美是人的本质力量的感性显现，性质上是感性的、体验的，相对于理性、科学的“真”而言；价值上则是理想的、超功利的，相对于各种物质利益和社会功利的“善”而言。正是这一内涵规定，使“审美文化”与一般的“文化”概念不同，对植物的经济价值和人类对植物的科学认识、技术作用及其相关的社会应用等“物质文明”方面的内容并不着意，主要关注的是植物形象引发的情绪感受、心灵体验和精神想象等“精神文明”内容。

将两者结合起来，所谓“花卉审美文化”的指称就比较明确。从“审美文化”的立场看“花卉”，花卉植物的食用、药用、材用以及其他经济资源价值都不必关注，而主要考虑的是以下三个层面的形象资源：

一是“植物”，即整个植物层面，包括所有植物的形象，无论是天然野生的还是人类栽培的。植物是地球重要的生命形态，是人类所依赖的最主要的生物资源。其再生性、多样性、独特的光能转换性与自养性，带给人类安全、亲切、轻松和美好的感受。不同品种的植物与人类的关系或直接或间接，或悠久或短暂，或亲切或疏远，或互益或相害，从而引起人们或重视或鄙视，或敬仰或畏惧，或喜爱或厌恶的情感反应。所谓花卉植物的审美文化关注的正是这些植物形象所引起的心理感受、精神体验和人文意义。

二是“花卉”，即前言园艺界所谓的观赏植物。由于人类与植物尤其是高等植物之间与生俱来的生态联系，人类对植物形象的审美意识可以说是自然的或本能的。随着人类社会生产力的不断提高和社会财富的不断积累，人类对植物有了更多优越的、超功利的感觉，对其物色形象的欣赏需求越来越明确，相应的感受、认识和想象越来越丰富。世界各民族对于植物尤其是花卉的欣赏爱好是普遍的、共同的，都有悠久、深厚的历史文化传统，并且逐步形成了各具特色、不断繁荣发展的观赏园艺体系和欣赏文化体系。这是花卉审美文化现象中最主要的部分。

三是“花”，即观花植物，包括可资观赏的各类植物花朵。这其实只是上述“花卉”世界中的一部分，但在整个生物和人类生活史上，却是最为生动、闪亮的环节。开花植物、种子植物的出现是生物进化史的一大盛事，使植物与动物间建立起一种全新的关系。花的一切都是以诱惑为目的的，花的气味、色彩和形状及其对果实的预示，都是为动物而设置的，包括人类在内的动物对于植物的花朵有着各种各样本能的喜爱。正如达尔文所说：“花是自然界最美丽的产物，它们与绿叶相映而惹起注目，同时也使它们显得美观，因此它们就可以容易地被昆虫看到。”可以说，花是人类关于美最原始、最简明、最强烈、最经典的感受和定义。几乎在世界所有语言中，花都代表着美丽、精华、春天、青春和快乐。相应的感受和情趣是人类精神文明发展中一个本能的精神元素、共同的文化基因；相应的社会现象和文化意义是极为普遍和永恒的，也是繁盛和深厚的。这是花卉审美文化中最典型、最神奇、最优美的天然资源和生活景观，值得特别重视。

再从“花卉”角度看“审美文化”，与“花卉”相关的“审美文化”则又可以分为三个形态或层面：

一是“自然物色”，指自然生长和人类种植形成的各类植物形象、风景及其人们的观赏认识。既包括植物生长的各类单株、丛群，也包括大面积的草原、森林和农田庄稼；既包括天然生长的奇花异草，也包括园艺培植的各类植物景观。它们都是由植物实体组成的自然和人工景观，无论是天然资源的发现和认识，还是人类相应的种植活动、观赏情趣，都体现着人类社会生活和人的本质力量不断进步、发展的步伐，是“花卉审美文化”中最为鲜明集中、直观生动的部分。因其侧重于植物实体，我们称作“花卉审美文化”中的“自然美”内容。

二是“社会生活”，指人类社会的园林环境、政治宗教、民俗习惯等各类生活中对花卉实物资源的实际应用，包含着对生物形象资源的环境利用、观赏装饰、仪式应用、符号象征、情感表达等多种生活需求、社会功能和文化情结，是“花卉”形象资源无处不在的审美渗透和社会反应，是“花卉审美文化”中最为实际、普遍和复杂的现象。它们可以说是“花卉审美文化”中的“社会美”或“生活美”内容。

三是“艺术创作”，指以花卉植物为题材和主题的各类文艺创作和所有话语活动，包括文学、音乐、绘画、摄影、雕塑等语言、图像和符号话语乃至于日常语言中对花卉植物及其相应人类情感的各类描写与诉说。这是脱离具体植物实体，指用虚拟的、想象的、象征的、符号化植物形象，包含着更多心理想象、艺术创造和话语符号的活动及成果，统称“花卉审美文化”中的“艺术美”内容。

我们所说的“花卉审美文化”是上述人类主体、生物客体六个层面的有机构成，是一种立体有机、丰富复杂的社会历史文化体系，包含着自然资源、生物机体与人类社会生活、精神活动等广泛方面有机交融的历史文化图景。因此，相关研究无疑是一个跨学科、综合性的工作，需要生物学、园艺学、地理学、历史学、社会学、经济学、美学、文学、艺术学、文化学等众多学科的积极参与。遗憾的是，近数十年相关的正面研究多只局限在园艺、园林等科技专业，着力的主要是园艺园林技术的研发，视角是较为单一和孤立的。相对而言，来自社会、人文学科的专业关注不多，虽然也有偶然的、零星的个案或专题涉及，但远没有足够的重视，更没有专门的、用心的投入，也就缺乏全面、系统、深入的研究成果，相关的认识不免零散和薄弱。这种多科技少人文的研究格局，海内海外大致相同。

我国幅员辽阔、气候多样、地貌复杂，花卉植物资源极为丰富，有“世界园林之母”的美誉，也有着悠久、深厚的观赏园艺传统。我国又是一个文明古国和世界人口、传统农业大国，有着辉煌的历史文化。这些都决定我国的花卉审美文化有着无比辉煌的历史和深厚博大的传统。植物资源较之其他生物资源有更强烈的地域性，我国花卉资源具有温带季风气候主导的东亚大陆鲜明的地域特色。我国传统农耕社会和宗法伦理为核心的历史文化形态引发人们对花卉植物有着独特的审美倾向和文化情趣，形成花卉审美文化鲜明的民族特色。我国花卉审美文化是我国历史文化的有机组成部分，是我国文化传统最为优美、生动的载体，是深入解读我国传统文化的独特视角。而花卉植物又是丰富、生动的生物资源，带给人们生生不息、与时俱新的感官体验和精神享受，相应的社会文化活动是永恒的“现在进行时”，其丰富的历史经验、人文情趣有着直接的现实借鉴和融入意义。正是基于这些历史信念、学术经验和现实感受，我们认为，对中国花卉审美文化的研究不仅是一项十分重要的文化任务，而且是一个前景广阔的学术课题，需要众多学科尤其是社会、人文学科的积极参与和大力投入。

我们团队从事这项工作是从1998年开始的。最初是我本人对宋代咏梅文学的探讨，后来发现这远不是一个咏物题材的问题，也不是一个时代文化符号的问题，而是一个关乎民族经典文化象征酝酿、发展历程的大课题。于是由文学而绘画、音乐等逐步展开，陆续完成了《宋代咏梅文学研究》《梅文化论丛》《中国梅花审美文化研究》《中国梅花名胜考》《梅谱》（校注）等论著，对我国深厚的梅文化进行了较为全面、系统的阐发。从1999年开始，我指导研究生从事类似的花卉审美文化专题研究，俞香顺、石志鸟、渠红岩、张荣东、王三毛、王颖等相继完成了荷、杨柳、桃、菊、竹、松柏等专题的博士学位论文，丁小兵、董丽娜、朱明明、张俊峰、雷铭等20位学生相继完成了杏花、桂花、水仙、蘋、梨花、海棠、蓬蒿、山茶、芍药、牡丹、芭蕉、荔枝、石榴、芦苇、花朝、落花、蔬菜等专题的硕士学位论文。他们都以此获得相应的学位，在学位论文完成前后，也都发表了不少相关的单篇论文。与此同时，博士生纪永贵从民俗文化的角度，任群从宋代文学的角度参与和支持这项工作，也发表了一些花卉植物文学和文化方面的论文。俞香顺在博士论文之外，发表了不少梧桐和唐代文学、《红楼梦》花卉意象方面的论著。我与王三毛合作点校了古代大型花卉专题类书《全芳备祖》，并正继续从事该书的全面校正工作。目前在读的博士生张晓蕾及硕士生高尚杰、王珏等也都选择花卉植物作为学位论文选题。

以往我们所做的主要是花卉个案的专题研究，这方面的工作仍有许多空白等待填补。而如宗教用花、花事民俗、民间花市，不同品类植物景观的欣赏认识、各时期各地区花卉植物审美文化的不同历史情景，以及我国花卉审美文化的自然基础、历史背景、形态结构、发展规律、民族特色、人文意义、国际交流等中观、宏观问题的研究，花卉植物文献的调查整理等更是涉及无多，这些都有待今后逐步展开，不断深入。

“阴阴曲径人稀到，一一名花手自栽”（陆游诗），我们在这一领域寂寞耕耘已近20年了。也许我们每一个人的实际工作及所获都十分有限，但如此络绎走来，随心点检，也踏出一路足迹，种得半畦芬芳。2005年，四川巴蜀书社为我们专辟《中国花卉审美文化研究书系》，陆续出版了我们的荷花、梅花、杨柳、菊花和杏花审美文化研究五种，引起了一定的社会关注。此番由同事曹辛华教授热情倡议、积极联系，北京采薇阁文化公司王强先生鼎力相助，继续操作这一主题学术成果的出版工作。除已经出版的五种和另行单独出版的桃花专题外，我们将其余所有花卉植物主题的学位论文和散见的各类论著一并汇集整理，编为20种，统称《中国花卉审美文化研究丛书》，分别是：

1.《中国牡丹审美文化研究》（付梅）；

2.《梅文化论集》（程杰、程宇静、胥树婷）；

3.《梅文学论集》（程杰）；

4.《杏花文学与文化研究》（纪永贵、丁小兵）；

5.《桃文化论集》（渠红岩）；

6.《水仙、梨花、茉莉文学与文化研究》（朱明明、雷铭、王珏、程杰、程宇静、任群）；

7.《芍药、海棠、茶花文学与文化研究》（王功绢、赵云双、孙培华、付振华）；

8.《芭蕉、石榴文学与文化研究》（徐波、郭慧珍）；

9.《兰、桂、菊的文化研究》（张晓蕾、张荣东、董丽娜）；

10.《花朝节与落花意象的文学研究》（凌帆、周正悦）；

11.《花卉植物的实用情景与文学书写》（胥树婷、王存恒、钟晓璐）；

12.《〈红楼梦〉花卉文化及其他》（俞香顺）；

13.《古代竹文化研究》（王三毛）；

14.《古代文学竹意象研究》（王三毛）；

15.《蘋、蓬蒿、芦苇等草类文学意象研究》（张俊峰、张余、李倩、高尚杰、姚梅）；

16.《槐桑樟枫民俗与文化研究》（纪永贵）；

17.《松柏、杨柳文学与文化论丛》（石志鸟、王颖）；

18.《中国梧桐审美文化研究》（俞香顺）；

19.《唐宋植物文学与文化研究》（石润宏、陈星）；

20.《岭南植物文学与文化研究》（陈灿彬、赵军伟）。

我们如此刈禾聚把，集中摊晒，敛物自是快心，乱花或能迷眼，想必读者诸君总能从中发现自己喜欢的一枝一叶。希望我们的系列成果能为花卉植物文化的学术研究事业增薪助火，为全社会的花卉文化活动加油添彩。

程 杰

2018年5月10日

于南京师范大学随园

自　序

笔者虽非植物文化研究专家，但于研究古代文学与民俗学专题时，常遇植物之青葱影像，于是根据需要，或者顺手拈来，曾对数种植物花卉进行过比较有限的研讨，也有一些了然于心的感悟，这些文章便是了然于手的收获。本书 20 余万字，收录的 10 篇树木论文与 4 篇附录论文发表时间跨度近 20 年，或独发以单篇，或剪裁于专著。

在中国文化平台上，无论是文人视野，还是民间生活，植物的传统民俗与文化象征意义都极其丰厚。本书零散讨论了槐树、桑树、樟树、枫树、桂树、垂杨等六种植物意象在中国传统民俗与文学中的文化内涵与象征寓意。槐树作为一种古老的社树，在民俗与文学两重平台上都积累了层次丰富的象征意义，并在董永遇仙传说中变身为叙事主体背景之一，承载了特定的民俗意涵。桑树意象内涵丰富，本集主要讨论了其在采桑文学主题、古老蚕女传说与织女文化层面的象征意义。樟树在当今被广泛用于北纬 30 度上下的城市行道树，成为两个省的省树和近四十个城市的市树，然而，其累积的传统文化内涵却相对薄弱。枫树作为当今时代重要的观赏树种，民俗文化象征意义自有其一路的发展脉络。桂树意象在月亮里的象征寓意很早就得到了开发，在唐宋以来的诗词中已成常识。垂杨意象与少年形象在唐诗中结成相关的寓意象征。

本集所录的 10 篇论文，虽说都借树木而开题，但均未停留在树木及其花色的植物学特性层面上，也非仅开拓其文学审美之维，而意在挖掘树木的民俗与文化意蕴。有的论文中，树木并非主角，可能仅是一个背景，但其作为主线的存在方式却是不可忽视的，比如蚕女、七仙女之于桑文化，少年之于垂杨意象，这些树木影影绰绰，却坚守岗位，所以论文并不纠缠于树木的全部象征意义，而只是点到为止，但不可不点。这一方面是本书与本丛书中其他专著的不同之处。

本书附录中的四篇论文，三篇是关于董永传说的专题论文，可视作理解槐树意象象征意义的知识背景。《桃花扇》一文只不过是植物意象的借代，附在此处，可备参考。

因对槐树日久生情，乃自取网名“槐下牵牛郎”，用于博客、微信等传媒。槐下者，仙凡相通之所由，背靠大树好乘凉也；牵牛郎者，牛女相会、董永遇仙诸故事上演之时，吾于槐下牧牛，窥其热闹是也。朝研夕磨，敲骨震髓；爱之也深，切肤难忘。

笔者有幸侧身于程杰先生精心结撰的植物花卉研究团队，于心欢喜。缘自草木，意关情怀。先生钟意芳物，身体力行，于梅花一道深究广研，旁及芦苇、水仙、杏花诸题，云霞满纸，力透纸背。多年以来，先生置身前沿，深情留意国花难题，梅花与牡丹，权衡为双国花。弘论已出，影响自成。力余，先生倾情提携扶持数十位后学新知从事植物花卉文学与文化研究，花果满园，清香四溢。本丛书20种之所呈现，均为先生浇灌培植而成。草木可谓葱茏，风华堪称绝代。笔者侥幸领得二种，喜形于色，暗生惭愧。然于此一途，举目所见，早已是林深叶茂，枝密花繁，色香俱粹，生意无穷。乃所谓求仁而得仁，又何怨哉！

是为序。

2018年5月10日

目 录

槐树意象的民俗象征

笔者在考察“董永遇仙传说”时碰到一个未知的问题：该传说发展到宋元时期，演变成话本小说《董永遇仙传》，故事中首次出现一个重要的民俗事象槐荫树[①]。此后，这个故事始终是围绕着这棵来历不明的大树展开的[②]。

图 01　老槐树（网友提供）。

① 董永传说中槐荫树的树种问题，向来未受关注。传统文化与古典诗歌中的槐树意象一般指的是国槐，但董永传说最后在江南地区完成，是国槐还是刺槐，不能确定。按照该意象在传说中承载的意义来看，国槐的可能性更大。因无法辨别树种，所以本文不拟讨论这一问题。因此本书所附插图，国槐、刺槐兼而有之。

② 本书图片除注明创作者与拍摄者之外，均来自网络，特此说明，并致谢忱。后文不再一一注明。

至于这棵槐荫树是从哪里来的？它在剧中有何寓意？向为俗众和研究者所忽略。有研究者认为：

> 首先，槐树是黄河流域华北平原及江淮地区最为习见的行道树，人们可以在屋前房后，阡陌交通之处随处见到它的身影。董永行道之时逢织女于槐树下，非常的自然。对个案讲述者来说，以当地熟悉的景物入话，也是顺理成章的。
>
> 其次，用槐荫树来指称槐树，可见树的形态高大、树繁叶茂。这符合槐树的自然形态。大树是表明方位的较为明确的标志物，它具备充当董永个案中重要场景的条件……在民间，槐树确实被人们引申为具有公断诉讼之能，它完全能判定董永与织女的婚事。

图 02　山西洪洞大槐树。

> 再次，槐树又是乡土的标志，如历史上有名的山西洪洞大槐树移民，就是以槐树作为其乡土的标志。话本中已经提

到董永所在的村子叫作董槐村，这样，对于董永来说，槐树不仅仅是一种行道树、重要场景的标识以及爱情的象征，还是一种家园的象征。

最后，槐树在民间被视为吉祥树种，民间俗谚有："门前一棵槐，不是招财就是进宝。"……可见，槐树被人视为一种能带来好前程，好运气的树种。

槐树被人视为一种能带来好前程、好运气的树种，所以，董永与织女相逢之处，就不仅仅是一个只有一棵槐树的地方，而是一个充满乡土情感、熟悉亲近的地方；一个一望即知、聚散难忘的地方；一个吉祥如意、满载希望的地方；一个通灵解语、明断好合的地方。①

既没有从历史的维度考察槐树意象的寓意所指和民俗内涵，也没有从文本的角度揭显这棵树在董永故事中的意义承载，所以此说难以服人。笔者 2000 年曾在《董永遇仙故事的产生与演变》一文中认为："它的原型是唐李公佐传奇《南柯太守传》中的槐安国，意指董永遇仙只不过如南柯一梦。但是宋以后这个故事的进一步世俗化影响了剧本对这一层意旨的深掘。明清戏曲中槐荫树不仅成为一个叙事背景，同时还被人格化，成为极重要的戏剧要素。"然而这个结论过于简单，同时也缺乏有效的论证。为了挖掘"槐荫树"的民俗象征意义，必须

---

① 参见华东师范大学对外汉语系文艺民俗学博士郎净 2002 年 6 月博士学位论文《董永故事的展演及其文化结构》（未刊本），第 78-79 页。除此之外，研究论文中提到这棵槐树的还见过一例。蒋星煜《天仙配故事流传的历史地理的考察》（《黄梅戏艺术》1986 年第 3 期）："我认为故事的发展传播是从孝感开始的，根据各种刻本《孝感县志》，所生树木，均以松柏榆槐为主也。"此说毫无说服力，因为槐树何止孝感才有。

先来梳理一下槐树意象在中国古代文化史上寓意累积的过程。

一、槐树的阴树特征与民间生活

槐树作为一种植物首先参与人类生活，自然是因为它的实用功能。槐树为落叶乔木，多生长于北方[①]，黄河流域不乏此树。

图 03　槐花。

槐树的实用功能主要在于食物（果、叶）、燃料（枝、干、叶）、木材（树干）、医药（花、果）、颜料（花）[②]等方面，因其往往能

① 唐佚名《大唐传载》："白宾客居易云：'忠州有荔枝一株，槐一株。自忠之南更无槐，自忠之北更无荔枝。'"这说得有些绝对，但正好说明了槐本生于北方的事实。但这种树生命力很强，自古就已向南方迁徙。

② 据元陶宗仪《南村辍耕录》卷一一记载，至少柳绿、鹅黄、荆褐、艾褐、茶褐、秋茶褐、丁香褐、金黄等"服饰器用颜色"的调制都要用槐花做成分。

长得高大，常栽在天街官道两侧、公私庭院之中，取其阴凉之效。

据文献记载，槐树用作燃料的功能开发最早。《初学记》卷二八引《淮南子》之语："老槐生火，久血为磷，人不怪。血精在地，暴露百日，则为磷。"[①]《艺文类聚》卷八八也引有"老槐生火人不怪"之语。后世对此也有相同认知。《隋书》卷四五："先是，勇尝从仁寿宫参起居还，途中遇一枯槐，根干蟠蜡，大且五六围，顾左右曰：'此堪作何器用？'或对曰：'古槐尤堪取火。'"所谓老槐生火，久血为磷，意即老槐树容易自燃（多数情况是雷霆使之）生火，因为其树干太老，以至干枯，是生火的好材料，遇到合适的温度，难免燃烧起来。人们见得多了，就不会感到奇怪，只认为是老槐树汁转化为磷而已。这种现象应该在蒙昧时代就被先民所发现，所以，后人就将槐树作为法定取火的少数几种材料之一。

槐树由实用之材上升为文化符码的第一步，就是由它的这种可作燃料的实用功能与原始巫术相结合，形成改火巫术。《周礼·夏官·司爟》："司爟掌行火之政令，四时变国火，以救时疾。"郑玄注曰："《邹子》曰：春取榆柳之火，夏取枣杏之火，季夏取桑柘之火，秋取柞楢之火，冬取槐檀之火。"何晏注《论语·阳货》中"钻燧改火，期可已矣"时引马融之语，除同《邹子》之语外，又曰："一年之中，钻火各异木，故曰改火也。"改火作为一种国策，是周秦以来各代政府都关心的事务。因为古人对火的神秘感，以及火种不易保存的特点，所以形成改火巫术。不同的季节使用不同的木材做燃料，本是一种现实需要，但后来经五行学说的改造，这些树木都被赋予了新的意义。《论语·阳货》皇侃疏：

---

① 今本《淮南子·汜论训》只作"老槐生火，久血为磷，人弗怪也"，无后一句。

“五木之火，随五行之色而变也。榆柳色青，春是木，木色青，故春用榆柳也……槐檀色黑，冬是水，水色黑，故冬用槐檀也。”此处之“水”是指水星，因古人观察水星色黑，将之对应季节为冬季，而对应自然方位则是北方。与这种认定相关，槐树还具有了另一项文化功能，即社树功能。

图 04　槐子。

社是土地神或祭祀土地神的地方，古人立社，必栽树木，多立社于茂树之下。《墨子·明鬼下》：“必择木之修茂者，立以为丛社。”[①]《论语·八佾》宰我告诉鲁哀公说：“夏后氏以松，殷人以柏，周人以栗。”这是三代不同的国社制度。《魏书》卷五五：“《五经要义》云：‘社必树之以木。’《周礼·司徒职》曰：‘班社而树之，各以土地所生。’《尚书·逸篇》：‘太社惟松，东社惟柏，南社惟梓，西社惟栗，北社惟槐。’”

① 今本作“立以为丛位”，孙诒让《墨子间诂》：“‘社’字已误作‘位’。”中华书局 1986 年版，第 213 页。

槐作为北社之树应是五行学说产生之后的认定。

从造字的角度看，槐是鬼魂观念产生之后才成字的。鬼，与神不同，神是万物之灵，而鬼只指死人之灵，意指人死魂归。据说，“鬼观念的产生不会迟于商代，卜辞中屡见‘鬼’”[①]。《甲骨文字典》卷九收有多个“鬼”字。《说文解字》：“鬼，人所归为鬼，从人，象鬼头。鬼，阴气贼害。”《尔雅·释训》：“鬼之为言归也。”郭璞注：“尸子曰：古者谓死人为归人。”《礼记·祭法》：“大凡生于天地间皆曰命。其万物死皆曰折，人死曰鬼。”《说文》：“槐，木也，从木鬼声。户恢切。”可见槐字从鬼并不是指树木死后为鬼，而是指这种树木充当了人死为鬼（归去）的一个中介，它是介于“人鬼之间”[②]的一种神秘存在。槐本生长于阳，但却能通阴，这就是槐树不同于其他树木的特殊性。至少东汉时，槐字尚可两读。《广韵》卷一一“十四皆”：“槐，又音回”；又见“十五灰”，即“回”声。《玉篇》卷一二“木部”：“槐，户灰、户乖二切。”《经典释文》：“槐，回、怀二音”（卷一一）、“音怀又音回”（卷一六）。《御览》引《春秋元命苞》：“树槐，听讼其下。槐之言归也，情见归实也。”——此读归声（鬼属尾韵，平声；回属灰韵，上声。一声之转）；《御览》又引《淮南子》：“九月官候，其树槐。是月缮修守备，故官候树槐。槐，怀也，取怀近远也。”——此读怀声。

槐树作为人们日用之树，之所以能以鬼而得字，当是因其自身固有的特点所致。槐树作为乔木，有两点最易引起人们的关注。第一是老槐树龄悠久，数百年之老槐并不罕见，槐树的这一特点在人类的早

① 詹鄞鑫《神灵与祭祀》，江苏古籍出版社 1992 年版，第 127 页。

② 臧克和《说文解字的文化说解》，湖北人民出版社 1995 年版，第 334 页。

图 05　槐叶。

期，尤其受到注意，人的自身生命的短促，导致人们对这种长命树（不死树）产生敬畏之情。在自然崇拜时代，老槐有灵的观念自然就会产生。所以槐树才能从众多树木中脱颖而出，成为改火之木和社树。第二是槐树既能长久，必然高大蓊郁，即墨子所谓“茂树”，浓荫之下，阴气旺生，再使人生敬畏之心。于是槐树从得名之始，便与鬼魂精灵产生不解之缘。

随着阴阳五行学说的进一步系统化，槐树作为阴树身份的认定也在逐步完成。《初学记》卷二八：“《春秋说题辞》曰：槐木者，虚星之精也。《太清草木方》曰：槐者，虚星之精也。以十月上巳取子服之，好颜色，长生通神。”①《艺文类聚》八八也引《春秋说》曰：“槐木者，

① 《太平御览》卷九四五引《春秋说》曰：“槐木者，灵星之精。”灵星，《史记正义》：“汉旧仪云：灵者，辰之神为灵星，故以壬辰日祠灵星于东南。”灵星主稼穑，位于东南向，与槐树并不相干。《广韵》卷一一也作“虚星”。其实《太平御览》引文有误。

虚星之精。"虚星即虚宿，又叫北陆，二十八宿中北方玄武七星中第四宿。又《云笈七签》卷二四说："槐者，虚星之精也……孟神四人，姓木，名徐他，鼠头人身，衣银黑单衣，带剑，虚星神主之。"穿黑衣正是北方的本色（玄武）①。这种将槐树对应于北方虚宿、色主玄黑的观念其实是为了与冬取槐火、北社用槐之意互相照应，无非是指称此树颇具阴气（五行之水、五季之冬、五方之北、五色之黑），与阳气相对。

《艺文类聚》卷八八："太公《金匮》曰：武王问太公曰：天下神来甚众，恐有试者，何以待之？太公曰：请树槐于王门内，有益者入，无益者拒之。"太公《金匮》当是后出之书，太公用槐树试神，其实是其作为阴树的一种功用。槐树还因此成为一种墓树，《御览》引《五经通义》："士冢树槐。"后来，历代经史、诗文、民俗等文献中，凡言及槐树，必以此一层寓意为根本，即使有不同，也以此寓意为基础，再翻新意而已。

槐树在先秦时代获得阴树身份之时，其功能只与统治阶层（改火国策、社树祭祀）相联系。汉代以降，才逐渐向民间延伸，日益形成多种形态的槐俗和信仰。在汉唐民俗观念中，槐树的阴树特征是根深蒂固的，它是槐鬼和槐仙信仰成熟起来的民众知识背景。

槐树的"不死"特征和阴树身份在神仙思想产生后，使得其果实成为求长生的药饵。《列仙传》卷一："偓佺者，槐山采药父也，好食松实，形体生毛，长数寸。两目更方，能飞行逐走马。以松子遗尧，尧不暇服也。松者，简松也，时人受服者，皆至二三百岁也。"这位

---

① 《初学记》卷二八引《广志》："槐材有青、黄、白、黑数种。"可见槐树并不都是黑色的。如果指的是树叶，不管哪一种，都是深绿色的。但它给人的总体印象离不开黑色——色深、味苦、老态、浓荫等。

神仙尽管是因食松实而成仙，但他所处之地曰槐山，是值得注意的。《山海经·中山经·中次五经》："又东五百里，曰槐山，谷多金锡。又东十里曰历山，其木多槐，其阳多玉。"槐山其实是神灵所居之地，其地有金、锡、玉等坚凝不易之物，所以人若居于此，必能长寿不死，故曰槐山。

图 06　庭院老槐。

松实是仙药，槐实也不例外。《抱朴子·仙药》："槐子，新瓷合泥封之，二十余日，其表皮皆烂，乃洗之，如大豆。日服之，此物至补脑。早服之，令人发不白而长生。"宋吴淑《事类赋》"仙方补脑，药录轻身"句下注："《本草》曰：槐实久服轻身。"梁时庾肩吾就是实践者之一，虽不能长生，却能长寿。《颜氏家训·养生》："庾肩吾常服槐实，年七十余，目看细字，鬚发犹黑。邺中朝士有单服杏仁、枸杞、黄精、白术、车前得益者甚多。”颜之推竟然将这种延年益寿的方法写进家训，希冀子孙也能学会借此药求养生。

从此，槐实成为仙方灵丹中一味重要成分。《云笈七签·金丹七》记载“太山张和煮石法”用槐子一升，以水搅之，去滓取汁，与章柳银、杏仁、酸枣仁混合，然后与青白石煮。药成，“食五日之后，万病愈；一年寿命延永；久服白日升天矣”。又有如“镇魂固魄飞腾七十四方灵丸”（令三日服三丸，即能乘空步虚，出入有无）、“开性闭情方”（恒饵不绝，仙路可升）、“中品和形养性篇”、“下品疗疾蠲痾篇”中均用槐子入药。槐子能入仙方，盖与其阴树特征有关，所引《云笈七签》中的五方均有降阳趋阴之效。作者序“开性闭情方”说：“余以至道幽玄，求之者寡，纵有好生君子，而鲜能终卒者，莫不由染习尚存，情欲仍在。”于是配制此方，开性闭情。要之，道家所谓仙方，是教人出世的，也即教人去阳归真，真即是阴，仙人都具有阴性特征。从庄子笔下的“肌肤若冰雪，淖约如处子，不食五谷，吸风饮露”的神人，到数不尽的抛弃红尘、翦灭性欲的仙人都不例外。《初学记》引《太清草木方》曰：“槐者，虚星之精也。以十月上巳取子服之，好颜色，长生通神。”虚星（北方）和十月（冬季）都寓示槐子因其从阴，所以能致长生。

《南村辍耕录·药谱》称槐子为“鬼木串”，自注曰槐角，角即豆荚，《齐民要术·大豆》引《杂阴阳书》曰：“大豆生于槐。”槐为“鬼木”，当然为阴性。现代中药学就认为槐角有较强的“清降泄热之力”，与槐花（即槐米）功能相似但微弱，而槐花“性凉苦降，能清泄血分之热”[①]。

---

① 高等医药院校教材《中药学》，上海科学技术出版社1984年版，第141、142页。

除槐实能入仙方外，槐叶也能偶供食用。这种叶子有异味，并不好食。一开始，只有动物食槐叶，象征怀来人才之意。《西京杂记》卷四：“公孙诡为《文鹿赋》，其词曰：麀鹿濯濯，来我槐庭。食我槐叶，怀我德声。质如缃缛，文如素綦。呦呦相召，《小雅》之诗。叹丘山之比岁，逢梁王于一时。”人最早食槐叶是不得已而为之。《北齐书》卷二〇：“城中食少，粮运阻绝，无以为计，乃煮槐、楮、桑叶并水萍、葛、艾等草及靴、皮带等物而食之。”这明显是出于无奈，但后来却形成一种食槐叶（汁）的风俗。据说，晋人尤其喜欢食槐，认为“世间美味，独有二种，谓槐煮饭、蔓青煮饭也”[①]。

图 07　槐叶。

杜甫《槐叶冷淘》：

① 引自潘富俊《唐诗植物图鉴》，上海书店出版社 2003 年版，第 59 页。

青青高槐叶，采掇付中厨。新面来近市，汁滓宛相俱。入鼎资过热，加餐愁欲无。碧鲜俱照箸，香饭兼苞芦。经齿冷于雪，劝人投此珠。愿随金騕褭，走置锦屠苏。路远思恐泥，兴深终不渝。献芹则小小，荐藻晚区区。万里露寒殿，开冰清玉壶。君王纳凉晚，此味亦时须。

《杜诗详注》："鹤注：当是大历二年瀼西作。朱曰：以槐叶汁和面为冷淘。卢注：有槐牙温淘，有水花冷淘。"这是杜甫在四川见到的一种食面法。《唐会要》卷一五"光禄寺"："冬月则加造汤饼及黍臛，夏月加冷淘、粉粥。"汤饼在唐代又称"馎饦"，冷的就叫冷淘[①]，所以在夏间食用。到宋代，冷淘吃法仍见记载。《东京梦华录》卷四："大凡食店，大者谓之分茶。有……桐皮面、回刀、冷淘……之类。"卷六："正月十五元宵……奇术异能，歌舞百戏……赵野人，倒吃冷淘。"冷淘中常加"香菜茵陈之类"[②]，杜甫吃到的冷淘用的是槐叶，这应是当时巴蜀地区的一种民俗。笔者认为，这当与槐是阴树的观念有关。阴阳之说认定槐为北方、冬季之树，在药物学上它确具凉降之性，而冷淘所追求的正是夏季降温效果。杜甫就感到槐叶冷淘"经齿冷于雪"，又说"万里露寒殿，开冰清玉壶。君王纳凉晚，此味亦时须"。冷淘其实就是冷汤面，但夏季里自然冷却的汤水无论如何也不会"冷于雪"的，只是加了颇具阴寒之性的槐叶才会如此。

苏氏兄弟也有诗作咏此事，他们也用"冰盘""冰上齿"来形容它。苏轼《二月十九日携白酒鲈鱼过詹使君食槐叶冷淘》：

---

① 何光远《鉴诫录》卷四"轻薄鉴"："错举一字三呼，两物相似，错令曰：'乐乐乐，冷淘似馎饦。'"

② 《太平广记》卷九三"刘晏"。

枇杷已熟粲金珠，桑落初尝滟玉蛆。暂借垂莲十分盏，一浇空腹五车书。青浮卵碗槐芽饼，红点冰盘藿叶鱼。醉饱高眠真事业，此生有味在三余。

苏辙《逊往泉城获麦》：

冷淘槐叶冰上齿，汤饼羊羹火入腹。

图 08　槐花。

此俗宋后犹存。明代鲍山所撰《野菜博录》木部卷三：

槐树芽：《本草》有槐实叶大而黑者，名櫰。槐昼合夜开者，名守宫槐。叶细青绿者，谓之槐，开黄花，结实似豆角状，味苦酸咸，性寒，无毒。食法：采芽煠熟，淘去苦味，油盐调食，采花炒食。

槐叶冷淘的食法后来成为文人标榜风雅和饫甘厌肥的一种调济手

段，他们从杜诗中寻出“思君”的政治寓意，而忽略其消夏防暑之功用了。略举数例（均引自《四部丛刊》本）。

宋王禹偁《小畜集》卷五《甘菊冷淘》：

经年厌粱肉，颇觉道气浑。孟春奉斋戒，敕厨唯素飧……既无甘旨庆，焉用品味繁。子美重槐叶，直欲献至尊。起予有遗韵，甫也可与言（原注：事见杜工部槐叶冷淘诗）。

图 09　槐叶冷淘（嫩槐叶与面粉糅合的冷汤面）。

宋梅尧臣《宛陵先生集》卷四六《依韵和不疑寄杜挺之以病雨止冷淘会》：

明当馔汤饼，疾雨晦天地。一日不见君，何止如三岁。口腹尚乖期，荣华可推类。嗟嗟勿复问，安恬固无愧。

宋晁公溯《嵩山文集》卷八《招圆机吃槐叶冷淘》：

庭前枯树庾郎老，马首垂花太祝愁。槐叶冷淘来急吃，君家醪瓮却须休。

宋洪咨夔《平斋文集》卷六《次韵夏日》：

秧青水白四郊同，召雨无烦访守宫。槐叶煮饪随市俗，莲花捣曲称家风。过从久谢三千客，嬉戏长娱七十翁。已是太平农圃老，更揩两眼看升中。

元邵亨贞《蚁术诗选》卷六《奉寄熏自闻上人并谢槐叶冷淘之款》：

巳公屋下凉无暑，翁仲门前水拍天。槐叶冷淘时供客，莲华刻漏夜参禅。独居不废丛林礼，徇俗仍明出世缘。自有门徒能养道，无因重问瀼西田。

清吴伟业《梅村家藏稿》卷五初编集部《友人斋设饼》：

舍北溪南树影斜，主人留客醉黄花。水溲非用淘槐叶，蜜饵宁关煮蕨芽。阁老膏环常对酒，征君寒具好烹茶。食经二事皆堪注，休说公羊卖饼家。

二、槐鬼信仰与槐仙观念

槐树因其能通鬼神的特点，往往通过“槐相”来暗示即将出现的天灾人祸、政令不公、失礼乱伦等现象，以警示治政者和人民百姓。多数情况下，老槐报凶讯，但也偶有喜讯。这类灾异、祥瑞之兆史载很多，史籍中所记之事也常采自民间。如《汉书》卷二七：“建昭五年，兖州刺史浩赏禁民私所立自社。山阳橐茅乡社有大槐树，吏伐断之。其夜，树复立其故处。”（又见《搜神记》卷六）《汉书》首开此纪录，其后诸史、杂书均乐于此事。略举数例如下。

《后汉书》志一四："十月壬午，御所居殿后槐树，皆六七围，自拔倒竖，根在上。"（又见《搜神记》卷六）

《晋书》卷八七："先是，河右不生楸、槐、柏、漆，张骏之世，取于秦陇而植之，终于皆死。而酒泉宫之西北隅有槐树生焉，玄盛又著《槐树赋》以寄情，盖叹僻陋遐方，立功非所也。"

《魏书》卷一一二："二年八月，徐州表：'济阴郡厅事前槐树，乌巢于上，乌母死，有鹊衔食哺乌儿，不失其时，并皆长大。'赏太守帛十匹。"

《南史》卷一o："闰六月丁卯，大雨，震大皇寺刹、庄严寺露盘、重阳阁东楼、千秋门内槐树及鸿胪府门。"（又见《陈书》卷五）

《北史》卷一一："三月，宣仁门槐树连理，众树内附。"（又见《隋书》卷一）。卷八四："子士雄，少直质孝友。丧父，复庐于墓侧，负土成坟。其庭前有一槐树，先甚茂郁，及士雄居丧，槐遂枯死。服阕还宅，死槐复荣。隋文帝闻之，叹其父子至孝，下诏褒扬，号其居为累德里。"（又见《隋书》卷七二）

《宋书》卷二八："延光三年十月壬午，凤皇集京兆新丰西界槐树。"

《南齐书》卷一八："闰月，璇明殿外阁南槐树连理……七月，新冶县槐栗二木合生，异根连理，去地数尺，中央小开，上复为一。"

《隋书》卷二三："后齐武平元年，槐华而不结实。槐，三公之位也，华而不实，委落之象。"

《旧唐书》卷一九："四月甲申朔，东都长夏门内古槐十拔七八。"卷三七："贞观初，折鹊巢于殿庭之槐树，其巢合欢如腰鼓，左右称贺。"又卷三七："先天太后墓槐树上有灵泉涌出。今年六月，其上有云气五色，又黄龙再见于泉上。"

以上见于正史的各类"槐相"作为一种民俗语符，在现实中都是以灵验而告终。只有这样才能证实槐树的通精达灵之功能。"槐相"本身只是一种预兆，发出预兆的主体其实是天——一种公正无私、全知全能的神秘力量，但天是不言的，它要通过某种中介来表达自己的喜怒哀乐，于是槐树就成了合适的对象。

在自然崇拜的时代，槐作为社树其实是一种受人崇拜的自然神，但它因鬼得字，才从神降格为鬼。鬼最初是人死后变成的，所以"槐"字得字时，观念只不过认为人死之鬼借槐树显灵而已，它只是阴阳世界之间的一个通道，槐树本身作为鬼是没有主体性的。随着鬼俗观念的发展，对鬼的定义也发生了变化，许多自然之物（如动植物、矿物）和人为之物（如毛笔、骰子、破车轮等）也都纷纷成精作怪起来[①]。

精怪迷信产生于春秋战国时期，孔子就"不语怪、力、乱、神"，《山海经》中也记有多种怪物，如："猿翼之山，其中多水怪，多白玉，多蝮虫，多怪蛇，多怪木，不可以上。"郭璞注："凡言怪者，皆谓貌状倔奇不常也。"《史记·大宛传》："至《禹本纪》《山海经》

① 参见贾二强《唐宋民间信仰》，福建人民出版社 2002 年版，第 253-264 页。

所有怪物，余不敢言之也。”这一观念的成熟时期在西汉。《汉书·五行志》：“凡草木之类谓之妖……虫豸之类谓之孽……及六畜，谓之祸……及人，谓之痾。”此时，精怪之属，似乎尚未取得人形。到了东汉时期，精怪已演化成人。《论衡·订鬼篇》：“一曰，鬼者，老物精也。夫物之老者，其精为人；亦有未老，性能变化，象人之形。”从此，它们成了志怪小说与正史《五行志》中的主角了。

图 10　虬龙槐。

槐鬼也有一个演化过程。在《山海经·西次三经》中，它还与怪兽为伍：“又西三百二十里，曰槐江之山……北望诸毗，槐鬼离仑居之，鹰鸇之所宅也……有天神焉，其状如牛，而八足二首马尾，其音如勃皇，见则其邑有兵。”郭璞注：“离仑，其神名。”《山海经》中有很多不明来历的神怪，但这个槐鬼，我们一看并不陌生。所言“北望”，其实也是与槐树在五行中居于北方之位相统一的，可见这个槐鬼并不十分古老。

前引正史中的各种“槐相”，还不能说是具有主体性的槐鬼（它们的主体是天），它们只有一些奇异的表演，并没有以人的形态活动。到了六朝隋唐志怪小说中，才有较多的槐树成精的记载。以《太平广记》为例，可以看出槐鬼有多种表现。（一）槐穴中藏精怪。卷三九四“智空”：“堂北有槐，高数十寻，为雷霆死，循理而裂，中有蛟蟠之迹也。”如卷四四〇“李知微”：“掘古槐而求，唯有群鼠百数，奔走四散。”卷四一七“宣平坊官人”：“搏之，头随而落，遂遽入一大宅门，官人异之，随入至一大槐树下，遂灭。”卷四七四“树蚓”：“戟门外一小槐树，树有穴大如钱，每夏月霁后，有蚓大有巨臂，长二尺余，白颈红斑，领蚓数百条。”卷四七四“卢汾”：“忽闻厅前槐树空中，有语笑之音，俄见女子衣青黑衣，出槐中……庭中古槐，风折大枝，连根而堕。因把火照所折之处，一大蚁穴，三四蝼蛄，一二蚯蚓，俱死于穴中。”（黑衣是暗示槐树）（二）槐下怪事，卷三九三“狄仁杰”讲的是大槐夹住雷公不放的怪事。（三）人鬼出没槐树下。卷一〇三“李丘一”：李暴死之后，鬼魂“见大槐树数十”，在阴间经历一番（卷三〇二“皇甫恂”、卷三八四“许琛”与之略同）。卷三六六“李约”：“倦憩古槐下，有一老父皤然，伛而曳杖，亦来同止。”原来这老头是一死鬼。卷三〇二“王僩”：因“息槐树下”而游冥府。卷三三四“王乙”：“徘徊槐阴，便至日暮”，后来遇一女鬼。（四）槐鬼不正面出场。卷四一六“吴偃”：一个十岁女孩一夕失踪，原来是“地东北有槐木，木有神，引某至树腹空，入地下穴内，故某病”。（五）完全幻化为人形活动。卷三四六“卢燕”：“长庆四年冬，进士卢燕，新昌里居。晨出坊经衔，槐影扶疏，残月犹在。见一妇人，长三丈许，衣服尽黑，驱一物。”（高大与黑衣都是槐树的特征）。卷四一五“贾秘”：“一人曰：‘吾辈是七树精也：其一曰松，其二曰柳，其三曰槐……’”

这群槐族鬼，正如《说文》所言也多是“阴气贼害”的，这是中国文化对鬼的基本认定。鬼虽然原本是人死变成的或具有人的品格，但是它们因为阴气太重，往往喜欢残害生人[①]——这种观念至今未变。如果我们将鬼与由人经修炼而成的仙（长生、不死、脱俗、善良）相比就会发现有着本质的区别。但是在文化发展的大潮中，有一个趋势是不可阻挡的，即槐鬼向槐仙的升华。

槐树虽然高大挺拔，浓荫密布，但是一旦与鬼相交结，便自然让人感到它枯朽、丑陋、贼害、阴森的一面，其形象高大却不俊伟。然而，槐鬼若要向槐仙转化，其外表的形象改造则是第一步的，因为神仙人物皆是丰神迥异之流、仙风道骨之辈。历史的发展与逻辑的发展始终是同步的，魏晋以来的文学参与终于使槐树摆脱了其单纯鬼族的身份，而逐渐上升至仙物的层次。而这一历史时期正是神仙思想走向成熟并向民间深入的时代。

槐树从槐鬼特性向槐仙特性演进过程中，又表现为两个鲜明的方向性或层次感。第一个方向属文人层次，它的指向是政治寓意——神仙信仰，这个层次从槐树阴树特征出发，沿着“高大浓荫—政治恩荫—

---

① 彭卫、杨振红在《中国风俗通史·秦汉传》中将鬼的破坏性概括成八点：（1）能惑人，甚至致人于死；（2）能够引起自然灾害和瘟疫；（3）能够导致人出现其他疾病；（4）实施报仇；（5）戏弄人；（6）干扰人们的正常生活；（7）危害死者；（8）伤害牲畜。上海文艺出版社 2002 年版，第 587 页。

富贵红尘—自由超脱”的路线发展，最后走向神仙境地。但是在文人观念中，这条思路并不是很发达，即使到了唐代，我们在唐诗中还是找不到更丰富的内涵和形态，诗人们关心的仍是槐树的政治符号功能。可以说，文人观念只是那个时代民俗观念的一种有限展示，因为文人的理想一时还没有从富贵场上退下来。如果没有民间槐鬼信仰的转化，这个目标是不可能实现的。第二个方向属民间层次，它的指向是槐鬼信仰—神仙信仰。这主要可以从志怪小说中理清线索。

在《搜神记》等志怪小说中，槐仙观念并不显见，但这并不说明那个时代这种观念还没有发展起来，而是因为这些书多是摭拾载籍而已，并不直接留意民间。隋唐时期大量的文人笔记其实是文人留意民间的见证，《太平广记》集其大成。该书关于槐仙的记载可以充分说明，时至唐代，槐仙观念已经成熟并趋于定型。这种观念首先来自民间传闻，经文人搜罗、加工、记录下来，再反过来影响了文人世界和民俗世界。到了宋代，文人层次和民间层次的槐仙信仰才趋于统一。

《太平广记》提及槐意象的作品超过66篇。少数篇章是诗中咏及槐树和讲“槐相”的，另一部分是讲槐鬼的，其余就是讲槐仙与槐鬼混合故事的。

槐仙故事可以分为以下几种类型。

第一，槐树构成神秘境界，下有神仙异事。卷一六四“郭林宗”：“众人皆客大槐客舍而别，独李膺与林宗共载，乘薄笨车，上大槐坂。观者数百人，引领望之，眇若松乔之在霄汉。”松乔即庾儵《大槐赋》中的仙人赤松子、王子乔。卷一九六“潘将军”：王超为潘将军寻找神秘失踪的玉念珠，“过胜业坊北街，时春雨初霁，有三鬟女子，可年十七八。衣装褴褛，穿木屐，于道侧槐树下，值军中少年蹴踘，接而送之，直高数丈，于是观者渐众，超独异焉。及罢，随之而行，止于胜业坊北门短曲，有母同居，盖以纫针为业”。念珠原来是她“拿”去玩了。值得注意的是，这位女子住在“胜业坊北门”，坊名可疑，而北门与槐为北方之树也能对应。“明日访之，已空室也。冯给事尝闻京师多任侠之徒。”至于这女子是侠是仙是无需区分的，因为在唐代，侠与仙已然融为一体了。卷四一六：“江叟”记一老头听见一大槐树和一远处来的荆山槐夜谈之事。

第二，槐下有道士能预卜吉凶。如卷一九“李林甫”中李于槐坛下遇一道士指点将来。卷三二九“杨玚”：“见槐阴下有卜者。”这位道士知道杨玚两日后将死。

图 11　戏曲连环画《南柯一梦》书影。

第三，槐下游仙模式的形成。槐下游仙模式的最完整版本当推李公佐《南柯太守传》（即卷四七五“淳于棼”），这是一篇思想性与艺术性都很高的小说，故事性强。这个故事并不是文人的空想，而是建立于民间槐鬼信仰向槐仙信仰转化的俗文化思潮之上的。在《太平广记》中，这类故事并不少见，虽然今天已很难区分它们发生的先后关系，但从故事内容的详略和寓意所指方面大致可以梳理一下它们的类型和进程。

活人游历异域的神怪故事的基本模式都是，一个人因某种机会到另外一个世界游历了一趟，再回到人间，可分几种情况。第一种是活人因偶然死亡游历阴间。如卷一〇三李丘一到冥间写《金刚经》、卷三〇二皇甫恂游地狱、卷三八四许琛因与死者同姓名而被误捉到阴间、卷三八四部澄于阴间得官、卷四五四计真醉后游鬼域等，他们都是暴死之后鬼魂"见大槐树"而后游历阴间。另外，如卷三〇二王僩则是生魂游地府。

图 12　邮票《董永与七仙女》。

第二种是游历动物灵怪的世界。卷四五八李听与化为美女的白蛇精相遇而死，家人"但见枯槐树中，有大蛇蟠屈之迹……但见小蛇数条，尽白"。这实际是《白蛇传》故事的一个原型。卷四七四卢汾在厅前槐树中遇到黑衣、青衣、紫衣三位女子，原来是蚂蚁精、蝼蛄精、蚯蚓精。卷四四八李参军听从道人言，向萧氏求婚，"既至萧门，门馆清肃，甲第显焕，高槐修竹，蔓延连亘，绝世之胜境”，他在这里娶了“殊丽”的夫人，后来发现，夫人原是一只老狐。卷二九二黄原“行数里，至一穴，入百余步，忽有平衢，槐柳列植，垣墙回匝”，乃与一“容色婉妙”的女子有一回短暂的性爱故事。

第三种是梦游槐安国。《南柯太守传》包含了前两种类型的基本要素。“东平淳于棼，吴楚游侠之士，嗜气使酒，不守细行。累巨产，养豪客。家住广陵郡东十里，所居宅南有大古槐一株[①]，枝干修密，清阴数亩。”酒后游历槐安国，享受富贵温柔之极，醒来发现原是进了一群蚂蚁窝。但这个故事却有自己独特的贡献。1. 改变了人的活动方式——人在梦中活动。而活人游冥府必须短暂死亡或丢魂，游历动物世界也是睁着眼睛误入异域。2. 故事情节的丰富性。游冥间、异域故事中要么只有奇事，要么有些艳遇，但都不如槐安国中富贵与温柔故事之完整、细节之丰富。3. 将鬼魅世界改造为美好境界。鬼怪们都是要害人的，但淳于棼所历的槐安国却是一个仿真的温馨人间。4. 将猎奇心态改为警省模式：“虽稽神语怪，事涉非经，而窃位著生，冀将为戒。后之君子，幸以南柯为偶然，无以名位骄于天壤间云。”5. 将梦境提升为一种象征。尽管浮生如梦的思想早已产生，而将之引入槐树游仙故事还是第一次。

槐与仙的结合离不开民间信仰的参与，但梦与槐的结合则是文人的贡献。以此为标志，之后，槐树意象又附加了一层寓意——“浮生感喟”的普适符号——但是，这层寓意始终存留在文人的心头，因为“人生如梦”的思想在民间并没有市场。民间视野关注更多的则是现世的理想，

---

① 槐为北方之树，而此故事中的槐树却是南柯，其意何在？槐树有消暑生凉之功效，生于南方，更能显示其效果而已。

如光宗耀祖、传宗接代等内容。

三、《天仙配》中的槐荫树

宋元时代，在文人作品中，槐阴、槐影、庭槐、三槐、槐鼎等词出现的频率都很高①，主要用来表达政治期待和闲雅之情。同时，槐安之梦的使用从宋代开始才普遍起来（而晚唐诗中未见一例）。下面以宋词和元散曲为例，我们就会看得很清楚。

黄庭坚《醉落魄》："陶陶兀兀，人生梦里槐安国。"

吕谓老《醉落魄》："偶然一堕槐安国，说利谈功，这事怎休得。"

洪适《满江红》："驹隙光阴身易老，槐安梦幻醒难觅。"

王千秋《生查子》："功名竹上鱼，富贵槐根蚁。"

袁去华《满江红》："看人事，槐根蚁。"

辛弃疾《鹧鸪天》："不知更有槐安国，梦觉南柯日未斜。"

姜夔《永遇乐》："青楼朱阁，往往梦中槐蚁。"

刘克庄《念奴娇》："推枕黄粱犹未熟，封拜几王侯矣。似瓮中蛇，似蕉下鹿，又似槐中蚁。"

王奕《八声甘州》："百年间春梦，笑槐柯蚁风，多少王侯。"

葛郯《满庭霜》："功名小，从教群蚁，鏖战大槐宫。"

---

① 在历代文献中，三槐九棘、槐棘、槐铉、槐鼎等词组通常是一个人官居高位、仕途通达、富贵荣华的代称。在古诗文中表示相近意义的词汇还有槐省、槐府、槐堂、槐阶、槐位、槐衮、槐掖、槐班、槐宫、槐宰、槐衡、槐馆、槐庭（或称庭槐）、槐幄（或称槐屋）、槐台（或称台槐）等。

无名氏《沁园春》："看槐国功名，有如戏剧。"

另外，"南柯"意象的使用频率也非常高。如黄庭坚《点绛唇》："梦中相见，起作南柯观。"还有大量作品，虽未言及这些词作中的关键词，但也是将槐与梦联系在一起的，难以尽述。

元代散曲中也不乏例证。

关汉卿《南吕·四块玉》："槐阴午梦谁惊破，离了名利场，钻入安乐窝，闲快活。"

曾瑞《南吕·四块玉》："春色残，莺声懒，百岁韶光梦槐安，功名纵得成虚幻。"

钟嗣成《双调·凌波仙》："转回头梦入槐安。"

由此可见，宋元文人对槐树的这一层寓意的使用已为常事，尤其是南宋之后，更趋广泛。南宋许多文人是流落江湖的，而元代文人更是生活于民间。所以他们的这种文人视角与民间观念容易产生互动关系。而《董永遇仙传》这类话本肯定出自社会上底层文人之手，他们自然会将文人观念融入民间文本。但是这层寓意在民间视角中，未必广为人知，后来这个故事的各种文本虽然保留了这棵大槐树，但对其寓意却缺乏必要的发掘，所以这棵树看上去显得有些突兀。

笔者认为董永遇仙戏曲中的这棵槐树主要涵容了三层宋元以来的民俗理想。

第一，槐荫树是仙女下凡的必经之路，寓示董永遇仙只不过如南柯一梦。

在敦煌变文之前所有董永故事的文献中，董永遇仙时，只是"路逢"，在他们相遇之地，没有任何事象背景。现存文献，最早引入槐树的就是《董永遇仙传》。这个话本既是宋元之作，必然受到当时人文观念的影响。由上可知，在宋元时代，槐树意象的寓意表现为对槐安国的认定已是时代潮流。

在《董永遇仙传》中，我们还依稀可见槐梦游仙模式的影子。话本写董永到傅长者家上工，“行至一棵大树下，歇脚片时，不觉睡着在树下……当时织女奉敕，下降于槐树下。董永睡着，抬头见一女子”，两人初相见明显是《南柯太守传》中“梦遇模式”的继承。一方面，游仙是要借助于睡梦来做中介的，但这个故事没有将董永遇仙处理为完全的梦境，是因为它固有的情节结构、舞台演出和民俗理想不允许这样。但它仍然将两人分别之处设定为槐树下（回家时，“行至旧日槐树下暂歇”，在这里仙女与董永分别），用意无非是暗示董永遇仙不过如一场梦幻。另一方面，仙女从槐树处下凡正是唐宋时代槐仙模式的运用。但后来该故事的各种戏曲曲艺文本不再理解话本编者的用意，只关注槐树的媒证功能，所以槐树游仙寓意隐而未发。

第二，槐荫树寓示董永政治功名的获得。

槐树从自然之树向精灵之木的衍化，还附着了更高一层寓意，不妨称之为政治寓意。

《周礼·秋官·朝士》：

> 朝士掌建邦外朝之法。左九棘，孤、卿、大夫位焉，群士在其后。右九棘，公、侯、伯、子、男位焉，群吏在其后。面三槐，三公位焉，州长、众庶在其后。（郑玄注曰：树棘以为位者，取其赤心而外刺，象以赤心三刺也。槐之言怀也，怀来人于此，欲与之谋。）

看来槐树这种政治意义的确立，首先是从槐字的读音衍生出来的。但即使郑玄之说不错，这也只是表面现象。槐有怀来远人之功能，其实包蕴一种巫术企图。一方面槐树高大蓊阴，有招风集鸟之特性，于是可以借其招远人；另一方面槐树树龄长久，像三公之年长德厚，所以“三公面三槐”成为一种政治象征。其表现形态很多，不能尽述。

唐宋时期，槐树与政治升迁的关联意识非常普遍。北宋钱易《南部新书·甲》：“（尚书省）都堂南门道东有古槐，垂阴至广。或夜闻丝竹之音，则省中有入相者。俗谓之音声树。”（又见《太平广记》卷一八七“省桥”）是为政治升迁的象兆，这是唐代之事。至宋代依然如此，据沈括《梦溪笔谈》卷一记载，当时学士院第三厅学士阁子前，有一巨槐，素号“槐厅”，旧传居此阁者，多至入相。因而在北宋，还衍为一个广为传知、转相引载的“手植三槐”故事。

《宋史》卷二八二：

> 王旦，字子明，父祐，尚书兵部侍郎，以文章显于汉周之间，事太祖、太宗为名臣……手植三槐于庭，曰：吾之后世，必有为三公者，此其所以志也。

此事又见司马光《涑水纪闻》卷七、周煇《清波杂志》卷一〇、文莹《湘山野录》卷上、《宋朝事实类苑》卷一〇及《闻见录》《事文类聚后集》等书，可见这个故事的影响之大。其实这只是“三槐象征三公”故实的家族期待而已。自宋以后，王姓人家取名喜带“槐”字，南宋有王城槐，明人有王时槐、王登槐，此风绵延以至今日，如著名演员王诗槐。

董永故事早期文本中，董永只是一个平民，与仙女分手就是故事的结局。敦煌变文首开其例，让这个故事进一步向前发展，但也仅有董永之子寻母的情节。在敦煌发现的《孝子传》残本中董永即开始做官：“天子征永，拜为御史大夫。”在话本中，董永的身份发生了质的变化，成为“少习诗书”的文人，后来因傅长者向官府呈送织女所织之纻丝，于是天子大喜，封董永为兵部尚书。此后的各种戏曲曲艺文本都保留了这个“书生—得官”的情节模式（明代《织锦记》中董永也因仙女所织之锦被封为“进宝状元”），而槐树本身固有的这层寓意又与之非常切合。

第三，槐荫树作为媒证，包蕴着一层生殖寓意。

如前所论，槐树往往被立为社树。社作为土地神自然属阴性。《礼记·郊特性》：“礼，祭土而主阴气也。”社即是后土，为土地的象征。有学者认为：“后土的原始意义是母土，原始意象是地母神。其形象的女性神祇特点，是由古代先民对土地孕生万物的自然属性的母性化认识所决定的。”[①]叶舒宪先生认为地母的演化过程有两条线索，其一为：“原母神—地母神—东母—女娲—高禖（生育）。”[②]作为土地神的“社”具有能产多产的功能，它包括物的生产和人的生产两方面。社神的表现形态是多种多样的，可以是社石，社坛，也可以是社树。

《天仙配》故事中，仙女送子情节产生在前，槐荫树意象出现于后——可以认为，是仙女育子情节“催生”了槐荫树意象，因为槐树的阴树和高禖身份正好可以为仙女生子的内容提供服务——暗示和确认。在话本中，仙女说：“既无媒人，就央槐荫树为媒，岂不是好？”槐树在作媒证时还没有别的表现（如开口讲话），但在槐荫下分别时倒有一种暗示：

> 行至槐荫树下暂歇，仙女道：“当初我与你在此槐树下

① 李立《文化整合与先秦自然神话演变》第十章《土地崇拜与地母神话传说的形成》，云南人民出版社 2002 年版，第 299 页。

② 叶舒宪《高唐神女与维纳斯》，陕西人民出版社 1997 年版，第 77 页。

结亲，如今已三月矣！”不觉两泪交流。董永道：“贤妻何故如此？”仙女道：“今日与你缘尽……奴今怀孕一月，若生得女儿，留在天宫；若生得男儿，送来还你。”

仙女生子完全是民间理想。槐树作为社树原本就附着有一层祈生用意，槐树为阴树也正符合生殖理想。虽然《董永遇仙传》中老槐的这层传统用意未被点明，但后来《天仙配》故事中槐树与后出现的土地神正好配为“一媒一证”，只要理解“土地—社—社树—槐树—阴树—高禖”之间的民俗认定，其间消息自明。

另外，民俗观念中因声求义的现象也有十分古老的渊源，文学中双关的广泛运用（如六朝乐府中棋与期、莲与怜、藕与偶、丝与思的借用关系），对后世影响很大，民俗习惯也常有这类不相干的联结，如以“猫蝶”代“耄耋”。民间禁忌中则更多，即如黄梅戏《天仙配》中董永与仙女满工回家的路上，董永欲去为仙女讨几颗枣子和几枚梨子解渴，立即引起仙女的忧虑：“枣梨，枣梨，夫妻迟早分离。”因“槐”与“怀”同音而借其表达怀来远人之意，就很古老。虽然将槐树引入故事的文人用意是从槐树游仙角度出发的，但后来民间观念并不完全理解这种深刻的理想，它更关心的是这棵树的直观意义，所以槐荫树的寓意在民间视角中发生了置换，即从槐仙寓意和政治寓意向生殖寓意的置换。这种置换的动机可能还是从董永至孝角度来考虑的。唐前董永只有卖身葬父之孝行，在这个故事向民间深入传播的过程中，这种单一孝行模式将不能满足俗众的精神需求，于是董永得官（光宗耀祖）和生子（传宗接代）便充实了这一理想。因为媒与子有因果关系，先有媒证，后有婚姻；既有婚配，必有子女。“槐荫”即“槐姻”之谐音——以槐树为媒成就的一对好姻缘；又“槐”与“怀”同音，“怀”

又有怀孕之意，所以这种联想完全符合民俗心理。

槐树虽在很早就被认定为阴树，但历代文献从未出现“槐荫树”这个名词。在宋前文学作品中，“槐荫”一词使用虽很普遍，但仅指“槐树的树荫”而已，后面未见接“树”字。《董永遇仙传》中首次引槐入文时，生造了“槐荫树”这个词，它实际已经成为一个民俗符号。如果从生殖寓意去理解，“荫”与“姻”同音，槐树中所加的“荫”字则不可省略，既可从媒姻角度去理解，不妨也可理解成“仙女怀婴”之谐音——即“槐姻树”或“槐（怀）婴树”。

《天仙配》故事中的槐荫树在后代舞台上之所以显得来历不明，并不是这棵树在故事中没有寄托，而是槐树意象的寓意在明清以来的民间视野中已经失去了被理解的可能。槐树寓意在文人层次仍在重复使用，但在民间，却已流失（槐鬼信仰在民间仍然有生命力，但它与这故事没有直接的关系）。到了20世纪，文人层次的寓意终成历史，槐树的文化品格随古典文化的失落难免被时光所掩埋。

元明之后，与时推移，槐树又获得了一种新品格，“山西洪洞大槐树”成为移民文化的一种象征，在明清时期形成新的民俗内涵。张青主编的《洪洞大槐树移民志》一书[①]，所辑材料已很翔实，该书共分九章：“山西洪洞古大槐树处”“洪洞大槐树移民事略”“大槐树移民家乘提要”“大槐树移民人物事件”“大槐树祭先祖文序文”“洪洞大槐树移民文辑”“咏大槐树移民诗歌辑”“洪洞大槐树移民故事”“洪洞大槐树移民大事记”。关于这方面的研究论著已经不少，本文不再赘述。

话本在引入槐树意象的同时，还将董永的籍贯定位于“淮安润州

① 张青主编《洪洞大槐树移民志》，山西古籍出版社2000年版。

府丹阳县董槐村”。笔者在考察董槐村之名的时候，发现一个历史人物南宋董槐，同时令人惊异的是，这个董槐的父亲竟然也名叫董永。

《宋史》卷四一四《董槐传》：

董槐，字庭植，濠州定远人。少喜言兵，阴读孙武、曹操之书，而曰："使吾得用，将汛扫中土以还天子。"槐貌甚伟，广颡而丰颐，又美髯，论事慷慨，自方诸葛亮、周瑜。父永，遇槐严，闻其自方，怒而嘻曰："不力学，又自喜大言，此狂生耳，吾弗愿也。"槐心愧，乃益自摧折，学于永嘉叶师雍……嘉定六年，登进士第，调靖安主簿。丁父忧去官。

嘉定为南宋宁宗年号，六年即公元1214年。从他的字“庭植”看，他得名槐正是父辈期望他将来能官至三公的体现，所幸他果遂其愿。

董永故事中董永籍贯移至润州，这是第一次。按照民间故事传播的原则去推论，我们可以认定，将故事主人公说成是润州的始作俑者多半就是润州人（路遇时，“织女”也向董永宣说：“奴是句容人”）。我们说，槐树在故事中具有传统的槐仙和政治寓意，但在创作上“引槐入文”却需要一个契机。如若是因为历史人物董槐之名给作者以启示，那么这位民间文士必须要有熟悉董槐其人的条件。天随人愿，这位后来官声显赫的董槐恰恰到润州做过地方官。

绍定二年，出迁镇江观察推官……嘉熙元年，召赴都堂，迁宗正寺簿，出知常州。

镇江即润州。《旧唐书》卷四〇：“润州，天宝元年，改为丹阳郡。乾元元年，复为润州。领县五：丹徒、丹阳、延陵、上元、句容。”《宋史》卷八八：“镇江府，本润州，县三：丹徒、丹阳、金坛。”《元史》卷六二：“镇江府，唐润州，又改丹阳郡，县三：丹徒、丹阳、金坛。”《明史》卷四〇：“镇江府，领县三：丹徒、丹阳、金坛。”可见将丹阳县归属润州、织女自称自已为句容县人仍是“唐代思维”，因为只有唐代句容才隶属润州，也只有唐代才有润州建置。《明一统志》卷一一“镇江府·名宦”：“董槐，镇江观察推官，寻又为通判。会李全叛，涉淮临大江，槐将兵济江而西，全乃遁去。”至于董槐在镇江民间的影响程度已很难推断了。不过，在《宋史》中，董槐不仅是一位官至右丞相的朝廷要员，而且是一个德高望重的人。他在当时乃至镇江、常州一带有政声德名当符合史实。更兼他父亲名叫董永，容易与董永故事相混同[①]，当地文人根据这一线索将槐树引入董永遇仙故事是符合民间故事产生原则的。

《宋季三朝政要》卷一录有一则有关董槐的故事：

> 宝祐四年，董槐罢相，时丁大全为监察御史。奏槐章未下，先调临安府隅兵百余人，挺刃围其第，以台牒驱迫出之。时有诗云：空使蜀人思董永，恨无汉剑斩丁公。

此诗又见清厉鹗《宋诗纪事》卷九六：

> 空使蜀人思董永，恨无汉剑斩丁公。
>
> 《宋季三朝政要》：宝祐四年，董槐罢相，时丁大全为监察御史，奏槐章未下，先调临安府隅兵百余人围其第，以台牒驱迫出之。时有诗云云。

这两句诗均用典，丁公本项羽之臣，曾围刘邦而又放之，后刘邦

① 《景定建康志》卷二二：“董永读书堂，在溧阳县西四十里，林木茂翳。考证：永尝自鬻，以养其亲，事见《孝子传》。”景定为宋理宗年号（1260—1264）。此说中的董永或是宋理宗名相董槐之父董永，董槐在润州做地方官时，其父虽已死，但民间却有可能将之混同于汉董永。

以“丁公为项王臣不忠。使项王失天下者，乃丁公”为由而斩之，“使后世为人臣者无效丁公”。事见《史记·季布传》，丁公为季布母弟。“蜀人董永”当为“董允”之误。《三国志·蜀书九》：“董允，字休昭，掌军中郎将和之子也。先主立太子，允以选为舍人，徙洗马。后主袭位，迁黄门侍郎……其守正下士，凡此类也。”董槐是南宋名臣，丁大全迫害他甚急，所以引出时人之感慨。恰好一人姓丁，一人姓董。此诗之误，或许与其父名董永有些关联，但是原诗绝对不可能出现当事人父亲的名讳。今人所编《全宋诗》依然照录此诗之误。

话本说董永是“淮安润州府丹阳县董槐村”人，其中“淮安”一词不可解，这个问题从未引起重视。从建置上看，淮安从不过江南，润州也从不过江北，又相距较远，从不相属，怎么能说“淮安润州”呢？笔者颇疑淮安是“槐安”之音讹。窃以为《董永遇仙传》的话本出自地方上的文人之手，但在民间传播（传抄、说话）过程中因音成讹，民间本不知槐安为何物，所以将与润州相对较近而与“槐安”同音的“淮安”写进话本。这样槐安所寓示的槐梦之意便被掩盖了，而出现一个不可解的地名——正是它的不可解之处恰恰成了我们解码的入口。

附：《天仙配》故事不同文本槐树意象出现次数统计表

意象名称 / 文本名称	槐荫树	槐阴树	槐阴	绿槐阴	老槐阴	槐树	槐树根	董槐村	槐阴村	槐阴庄	槐阴记	槐阴塘	槐容	小计
董永遇仙传（话本）	1					3		1						5

（续表）

小董永卖身宝卷（宝卷）		1											1
张七姐下凡槐阴记（挽歌）	5		15								1		21
大孝记（评讲）		16	3										19
董永卖身张七姐下凡织锦槐阴记（弹词）		3	3			8	1		1	1	2		19
织锦记（传奇）		9	7	2				1					19
董永卖身天仙配（黄梅戏）		15	7										22
槐容会（湖南花鼓戏）		6	13									1	20
劈破玉（小曲）			4										4
寄生草（小曲）			1										1
岔曲（小曲）		1											1
背工（小曲）					1								1

小计（次数）	6	51	53	2	1	11	1	2	1	1	2	1	1	133

说明：本表根据杜颖陶编《董永沉香合集》（古典文学出版社1957年版）和立波编《天仙配》（江苏古籍出版社2000年版）提供的文本统计。

（原载《民族艺术》2004年第1期。其中部分内容曾以《杜诗〈槐叶冷淘〉与食槐风俗》发表于《杜甫研究学刊》2003年第3期。）

槐树意象的文学象征

槐树在中国文化史上是一个重要的意象，在唐宋类书的“木部”中，一般排在松、柏之后，居第三位。槐树在诗文中也被广为吟咏，它在文学上基本包蕴着两层主要的象征意义，即政治寓意和游仙寓意，而这两层寓意的获得是建立于槐树为阴树的观念之上的。

槐树在先秦时代就已被文化大潮改造成“阴树”。槐树由实用之材上升为文化符码的第一步，是由它的可作燃料的实用功能与原始巫术相结合，形成改火巫术。《周礼·夏官·司爟》》：“司爟掌行火之政令，四时变国火，以救时疾。”郑玄注曰：“《邹子》曰：春取榆柳之火，夏取枣杏之火，季夏取桑柘之火，秋取柞楢之火，冬取槐檀之火。”《论语·阳货》皇侃疏：“五木之火，随五行之色而变也。榆柳色青，春是木，故在春榆柳……槐檀色黑，冬是水，水色黑，故冬用槐檀也。”此处之“水”是指水星，因古人观察水星色黑，将之对应季节为冬季，而对应自然方位则是北方。与之同时，槐树还具有了另一项文化功能，即社树功能。

社是土地神或祭祀土地神的地方，古人立社，必栽树木，多立社于茂树之下。《墨子·明鬼》：“必择木之修茂者，立以为丛社。”《论语·八佾》宰我告诉鲁哀公说：“夏后氏以松，殷人以柏，周人以栗。”这是三代不同的国社制度。《魏书》卷五五：“《五经要义》云：‘社必树之以木。’《周礼·司徒职》曰：‘班社而树之，各以土地所生。’《尚书•逸篇》：‘太社惟松，东社惟柏，南社惟梓，西社惟栗，北社惟槐。’”槐作为北社之树应是五行学说产生之后的认定。

从造字的角度看，槐是鬼魂观念产生之后才成字的。槐树作为人们日用之树，之所以能以鬼而得字，当是因其自身固有的特点所致。槐树作为乔木，有两点最易引起人们的关注。第一是老槐树龄悠久，数百年之老槐并不罕见，槐树的这一特点在人类的早期，尤其受到注意，人的自身生命的短促，导致人们对这种长命树（不死树）产生敬畏之情。在自然崇拜时代，老槐有灵的观念自然就会产生。所以槐树才能从众多树木中脱颖而出，成为改火之木和社树。第二是槐树既能长久，必然高大蓊郁，即墨子所谓“茂树”，浓荫之下，阴气旺生，再使人生敬畏之心。于是槐树从得名之始，便与鬼魂精灵产生不解之缘。

槐树既属阴性，还离不了一层生殖寓意。《礼记•郊特性》：“礼，祭土而主阴气也。”社即是后土，为土地的象征。有学者认为：“后土的原始意义是母土，原始意象是地母神。其形象的女性神祇特点，是由古代先民对土地孕生万物的自然属性的母性化认识所决定的。”[①]叶舒宪先生认为地母的演化过程有两条线索，其中一条为：“原母神—地母神—东母—女娲—高禖（生育）。”[②]作为土地神的“社”具有能产多产的功能，它包括物的生产和人的生产两方面。社神的表现形态是多种多样的，可以是社石、社坛，也可以是社树。槐树作为社树因此不免附着有一层祈生用意。

后来，历代经史、诗文、民俗等文献，凡言及槐树，必以此一层

① 李立《文化整合与先秦自然神话演变》第十章《土地崇拜与地母神话传说的形成》，云南人民出版社 2002 年版，第 299 页。

② 叶舒宪《高唐神女与维纳斯》，陕西人民出版社 1997 年版，第 77 页。

寓意为根本，即有不同，也以此寓意为基础，再翻新意而已。

一、槐树意象的政治寓意

槐树从自然之树向精灵之木的衍化，附着了相关的更高一层寓意，不妨称之为政治寓意。这层意旨一方面向现实政治延伸，另一方面仍然保留了它的神秘特性，而且可以说，其政治寓意的获得也正是建立在其神秘性基础之上的。封建时代政治虽然是指向现实社会的，但其最大的特点之一就是它的神秘性质。

《周礼·秋官·朝士》：

> 朝士掌建邦外朝之法。左九棘，孤、卿、大夫位焉，群士在其后。右九棘，公、侯、伯、子、男位焉，群吏在其后。面三槐，三公位焉，州长、众庶在其后。（郑玄注曰：树棘以为位者，取其赤心而外刺，象以赤心三刺也。槐之言怀也，怀来人于此，欲与之谋。）

看来槐树这种政治意义的确立，首先是从槐字的读音衍生出来的。但即使郑玄之说不错，这也只是表面现象。槐有怀来远人之功能，其实包蕴一种巫术企图。一方面槐树高大蓊阴，有招风集鸟之特性，于是可以借其招远人；另一方面槐树树龄长久，像三公之年长德厚。所以“三公面三槐”成为一种政治象征。从此，三槐九棘、槐棘、槐铉、槐鼎等词组就自然成为官居高位、仕途通达、富贵荣华的代称。

秦汉以降，槐树更广泛地参与到人们的精神生活中去，其政治寓意也显示出不同的类型。

第一种类型，是借其阴树的身份而附着了更多的神秘政治性。杨衒之《洛阳伽蓝记》卷二：“孝昌元年，广陵王元渊初除仪同三司，总众十万讨葛荣，夜梦著衮衣，倚槐树立，以为吉征。问于元慎。曰：‘三公之祥。’渊甚悦之。元慎退还告人，曰：‘广陵死矣。槐字是木旁鬼，死后当得三公。’广陵果为葛荣所杀，追赠司徒公，终如其言。”（又见《北史》卷一八、《太平广记》卷二七七）《周礼》所谓“面三槐为三公”只是取“槐”与“怀”同音的效果，并没有留意它是否为阴树。而此故事一方面肯定了槐与三公的对应关系，同时又将槐树作为阴树的神秘特性加以突显。又如沈约《宋书》卷二七：“鲁哀公十四年，孔子梦三槐之间，丰沛之邦，有赤烟气起，乃呼颜渊、子夏往观之。”（又见《搜神记》卷八）这种谶言看起来明显出于附会，但正应了槐为阴树的身份，其政治寓意主要包含了汉王朝起于神秘的先天性，然而这类附会之说的生命力却是极强的。明代郎瑛《七修类稿》卷二：“至正四年……（道士张中）遇太祖于宿州，时太祖避暑卧大槐树下，大吟曰：‘天为罗帐地为毡，日月星辰伴我眠。夜来不敢长伸脚，恐踏山河地理穿。’道人听知，注目大骇。问其姓名，遂拜曰：‘君大贵，他日验也。’”朱元璋之所以于大槐树下发浩词，乃是依仗槐树的这种政治神秘性。

第二种类型，体现于“槐市”上。《艺文类聚》《太平御览》均引纬书《三辅黄图》曰：“元始四年，起明堂辟雍，为博士舍三十区，为会市。但列槐树数百行，诸生朔望会此市，各持其郡所出物及经书（经传书记、笙磬乐器），相与买卖，雍雍揖让，议论树下，侃侃誾也。”这种市并不同于后来的商业性市场，它实质上是展示政治风采、礼仪教化的一扇窗口。这些朝廷大学中的诸生其实是政治上的储备人才，他们的修养水平既体现了这种大学制度的合理性，又关系到将来的政治可靠性。在这等出色人才出入的地方为什么要“列槐树数百行”呢？通过前文分析，我们不难看出，槐树成市无疑具有：1. 槐者，怀也，修德怀远人；2. 槐者，高大蓊郁，令人生敬畏之心，转而自觉修德；3. 槐者，包含着对这些诸生将来能居于三公之位的政治期待。“诸生朔望会此市”，之所以选择朔、望二日，盖也是从阴阳角度出发的。朔日为农历初一，乃一月中最阴之日；望日为十五，则一月之中最阳日。这种选择日期的方法正与槐树为阴树相契合。刘禹锡《韩十八侍御见示岳阳楼别窦司直诗》：“出入金马门，交结青云士。袭芳践兰室，学古游槐市。”

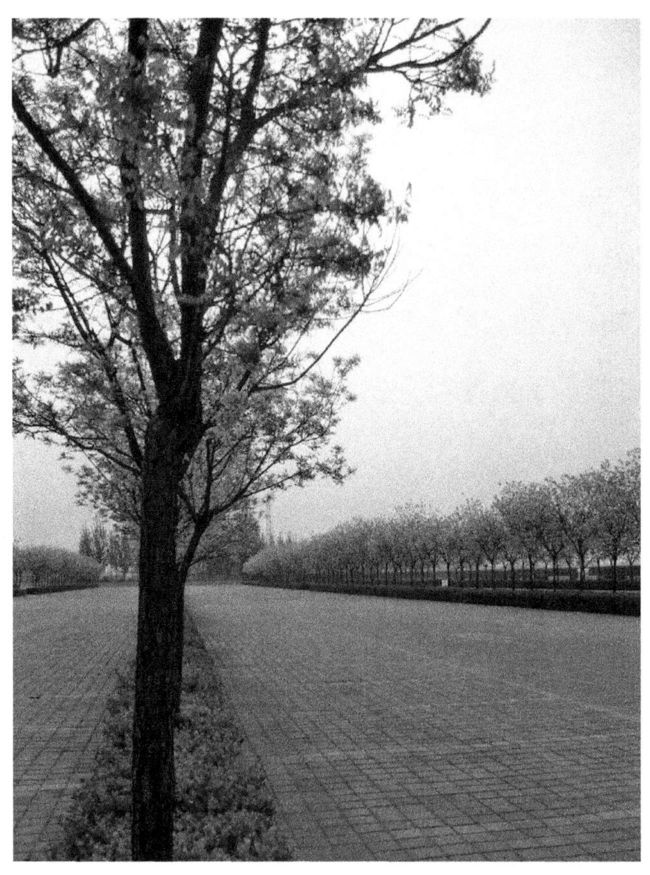

图 13　槐树行道树。

第三种类型，是槐作为行道树的使用。自古官道，皆立树表道。何为表道？《国语·周语》鲁襄公曰："周制有之曰：列树以表道。"韦昭注："表，识也。"鲁襄公还批评陈国"道无列树"，韦昭注："列树以表道，且为城守之用也。"表即划界之意。萧兵认为"木表的尊化形式是社树或社木"[①]。后代在官道上广植的如松、柳、榆、槐等原先都是用作社树的树种。

唐代除官道表槐外，长安等市内也广植槐树。京城大道两侧，槐树排列成行，有如排衙，故称槐衙。《旧唐书》卷一八三："……以能政，兼兵部尚书。官街缺树，所司植榆以补之。凑曰：'榆非九衢之玩。'亟命易之以槐。槐阴成而凑卒，人指树而怀之。"

无论是官道还是街道，植槐的意义也不难理解。表面看，最直接的功用无非是如《周书》所言，槐树高大荫浓，可以为行路人遮荫憩息；又因其树龄长，以免其常枯常换。但是官道之槐与街道之槐皆有一层政治寓意。所谓官道，其根本的用途并不是商业性与生活性的——即使有也属第二义，主要乃是政治性的。官道是为官员调行、发配戍卒、度支纳贡和政府驿邮服务的，既象征了朝廷的威严（高大），又包含着官运升迁的暗示。长安大道因植槐而称槐衙，更是一种政治机构的现实泛化，目的是让人感到权力的威严和政治的神秘。

同时，从公共大道更向庭院移植。一种称"宫槐"[②]或"殿槐"，即植于皇宫或朝廷内院中的大槐树。汉代上林苑中就种有"槐

---

① 萧兵《中庸的文化省察》，湖北人民出版社 1997 年版，第 455 页。

② 宫槐，又指一种槐名，即守宫槐。《尔雅》："守宫槐叶，昼聂宵炕。"郭璞注："守宫槐，昼日聂合而夜布。"其叶白天收拢，而夜间舒张。

六百四十株”[1]。历代宫苑皆植槐树。《新唐书》卷三六：“贞观十一年四月甲子，震乾元殿前槐树。震耀，天之威怒，以象杀戮。槐，古者三公所树也。”可见唐代宫苑也植槐树。《南部新书·甲》：“（尚书省）都堂南门道东有古槐，垂阴至广。或夜闻丝竹之音，则省中有入相者。俗谓之音声树。”（又见《太平广记》卷一八七“省桥”）是为政治升迁的象兆。至宋代仍然如此，如《梦溪笔谈》卷一记载，当时学士院第三厅学士阁子前，有一巨槐，素号槐厅，旧传居此阁者，多至入相。《朱子语类》一二八：“唐殿间种花柳，故杜诗云：‘香飘合殿春风转，花覆千官淑景多。’又云：‘退朝花底散。’国朝惟植槐楸，郁然有严毅气象。”朱熹引两句杜诗为证，认为唐代殿间只栽花柳而不植槐，实在有些胶柱鼓瑟了。王维名篇《凝碧池上作》“秋槐叶落空宫里，凝碧池头奏管弦”、白居易《翰林院中感秋怀王质夫》“何处感时节，新蝉禁中闻。宫槐有秋意，风夕花纷纷”等就是明证。不过殿庭植槐的用意，朱熹所言极是。另一种称“庭槐”，主要是民间所有，多植于高官大户之家。刘长卿《九日题蔡国公主楼》：“篱菊仍新吐，庭槐尚旧阴。”写的是公主府第。到了宋代，衍为一个广为传知、转相引载的“手植三槐”故事。

《宋史》卷二八二：

> 王旦，字子明，父祐，尚书兵部侍郎，以文章显于汉周之间，事太祖、太宗为名臣……手植三槐于庭，曰：吾之后世，必有为三公者，此其所以志也。

此事又见司马光《涑水纪闻》、周煇《清波杂志》、文莹《湘山野录》

① 晋葛洪《西京杂记》卷一。

及《宋朝事实类苑》《闻见录》《事文类聚后集》等书，可见这个故事影响之大。其实，这只是“三槐象征三公”故实的家族期待而已。自宋以后，王姓人家取名喜带“槐”字，南宋有王城槐，明人有王时槐、王登槐等。非王姓人氏取名带槐字也同样包蕴这一层政治希冀，如南宋名臣董槐，字庭植[①]，即是此意。

图 14　红槐花。

第四种类型，槐花与功名的对应关系。

《南部新书·甲》：

> 长安举子，自六月已后，落第者出京，谓之过夏。多借静坊庙院及闲宅居住，作新文章，谓之课夏。亦有一人五人醵率酒馔，请题目于知己朝达，谓之私试。七月后，投献新课，并于诸州府拔解。人为语曰：“槐花黄，举子忙。”

这里说的是唐代科举之事。表面上看，俗谚中所说的“槐花黄”

① 见《宋史》卷四一四《董槐传》，董槐的父亲竟然名叫董永。笔者颇疑董永遇仙故事中植入槐荫树与这一对父子有关。

只不过代指时间，在北方，槐花正是六、七月前后开放。但我们不能仅从这一个层面上去理解，因为时至晚唐，槐花意象已包蕴了明确的政治寓意——功名的代称。

唐人诗作反映了这一情况。既然通衢大陌、天街宫苑都广植槐树，每年槐树都有花期，按理说，人们早就应该注意到槐花了，但事实不是这样。初盛唐，咏吟槐花的极少，其意义也很单纯，如岑参《寄王大昌龄》："六月槐花飞，忽思莼菜羹。"到中唐时，人们似乎发现了一个新意象，咏槐花的多起来了，其中以白居易最突出，他至少在十五首诗中提到槐花，不过，他的用意并没有升华，如"轩车不到处，满地槐花秋"（《永崇里观居》）、"夜雨槐花落，微凉卧北轩"（《禁中晓卧，因怀王起居》）、"坐惜时节变，蝉鸣槐花枝"（《思归》）、"凉风木槿篱，暮雨槐花枝"（《答刘戒之早秋别墅见寄》）、"薄暮宅门前，槐花深一寸"（《秋凉闲卧》）、"闲从蕙草侵阶绿，静任槐花满地黄"（《春早秋初，因时即事，兼寄浙东李侍郎》）。这些诗句咏到槐花，无非是在为自己闲适之情制造气氛，我们看不出别的用意。但在晚唐诗人的笔下，槐花意象都不约而同地与科举功名挂上了钩。

赵嘏《宣州送判官》："来时健笔走骠姚，去折槐花度野桥。"

许浑《送同年崔先辈》："更忆前年别，槐花满凤城。"

刘驾《送李殷游边》："壮志安可留，槐花樽前发。"

罗邺《槐花》："愁杀江湖随计者，年年为尔剩奔波。"

郑谷《槐花》："毵毵金蕊扑晴空，举子魂惊落照中。今日老郎犹有恨，昔年相虐十秋风。"

郑谷《贺进士骆用锡登第》："题名登塔喜，醼宴为花忙。好是东风日，高槐蕊半黄。"

李中《夕阳》："魂销举子不回首，闲照槐花驿路中。"

齐己《送韩蜕秀才赴举》："槐花馆驿暮尘昏，此去分明吏部孙。才器合居科举第，风流幸是缙绅门。"

齐己《答长沙丁秀才书》："如何三度槐花落，未见故人携卷来。"

晚唐时期，因时代之故，举子们成功的机会越来越少，而他们千里奔波于官道上、累月淹留于天街中，在一无所获的悲凉中，只有路旁、头顶的大槐树是他们失败的见证人。每每州府"拔解"之时，又值槐树之花期，所以槐花怎能不成为失意举子的伤心花！

时至唐代，槐树的政治寓意已经确立并定型。与之同时，槐树意象的游仙寓意也在文学视野中逐渐走向成熟。

二、槐树意象的游仙寓意

当我们检读了魏晋至唐宋之间涉及槐树意象的文学作品之后，就自然形成一种认识：正是文人观念与民间信仰共同完成了槐鬼向槐仙的转化。我们可以将这个过程分成三个发展阶段，两个发展方向。

第一阶段，槐树的政治特性烘托出槐树高伟的形象——"两重天"的谋合。自曹魏时期始，槐树一下子成为诗人眼中的宠物，除了众多提及槐树意象的作品之外，魏文帝以下专题吟咏槐树的诗文仍可见如下作品①。

1. 魏文帝《槐赋》："上幽蔼而云覆，下茎立而擢心。"

① 引自逯钦立编《先秦汉魏晋南北朝诗》，中华书局 1983 年版。

2. 曹植《槐树赋》："羡良木之华丽，爰获贵于至尊。凭文昌之华殿，森列峙于端门。观朱榱以振条，据文陛而结根。扬沈阴以溥覆，似明后之垂恩。"

3. 魏傅巽《槐树赋》："延袤千里，蓊郁晻蔼。"

4. 魏繁钦《槐树诗》："嘉树吐翠叶，列在双阙涯。旖旎随风动，柔色纷陆离。"

5. 魏王粲《槐树赋》："惟中堂之奇树。禀天然之淑资。超畴亩而登植，作阶庭之华辉。既立本于殿省，植根柢其弘深。鸟愿栖而投翼，人望庇而披衿。"

6. 晋王济《槐树赋》："若夫龙升南陆[①]，火集正阳。恢兹郁陶，静暑无方。鼓柯命风，振叶致凉。朗明过乎八达，重阴逾于九房。"

7. 晋挚虞《槐树赋》："尔乃观其诞状，察其攸居。丰融湛霨，蓊郁扶疏。乐双游之黄鹂，嘉别鸷之五雎。春栖教农之鸟，夏憩反哺之乌。"

8. 晋庾儵《大槐赋》："仰瞻重干，俯察其阴。"

9. 晋张奴《槐树歌》（词见下文）。

10. 西凉李玄盛《槐树赋》，词已佚。

另外，西晋嵇含还有一篇《槐香赋》。这些作品具有以下一些共同特点。（1）前七篇中所写之槐树均是帝王殿庭之物。一方面它指代人间天子的威严，另一方面又意在以槐树的高大形象使之与自然之天、上帝之天相比拟。（2）均在极力营造槐树的蓊荫气象，槐树尤其是老

① 南陆即二十八宿中南方七宿中第四宿——星宿，是为正阳（即所谓"火集正阳"），与北方虚宿（正阴）相对。这句是说槐树为正阴之树，所以能降暑。

槐虽然可以有不同凡响的荫蔽功能，但浓荫竟然可以“延袤千里，蓊郁晻蔼”，这无疑属于夸饰，其目的其实是不难理喻的：槐荫是天子恩荫的象征，曹植说得好，“扬沈阴以溥覆，似明后之垂恩”，王济说它“重阴逾于九房”，都是这一层意思。（3）浓荫可以招风集鸟，类比于德怀远人之意。即所谓“鸟愿栖而投翼，人望庇而披衿”“乐双游之黄鹂，嘉别鸷之五雎；春栖教农之鸟，夏憩反哺之乌”。

图 15　老槐树。

在这里，槐树的阴森鬼气荡然无存，相反，这种蓊郁之荫并不显得灰暗，而是“朗明过乎八达”的光明。这充分说明重阴之下的天子之天与上帝之天是同构的，从此，在文人笔下，槐荫成了明朗的天。

第二阶段，槐树成为富贵红尘的帷幕——与浪迹红尘、功成身退的侠的叠合。槐树因为是表道树，既植于官道，也栽在街道旁。在京城大道上奔波的，离不了那些高官、肥马、少年、游侠等有闲阶层的人士。文人诗作对此情景的描绘在六朝时期以至隋唐都是乐此不疲的。因此槐树成了富贵红尘中少不了的一道风景线，它一般以“青槐”“绿槐”“槐路”“槐衢”等名目出现，指代富贵场兼指温柔乡。

下面以郭茂倩《乐府诗集》为例：

卷二三：“洛阳开大道，城北达城西。青槐随幔拂，绿柳逐风低。玉珂鸣战马，金爪斗场鸡。桑萎日行暮，多逢秦氏妻。”（梁简文帝《洛阳道》）

又：“百尺啖金埒，九衢退玉堂。柳花尘里暗，槐色露中光。游侠幽并儿，当垆京兆装。向夕风烟晚，金羁满洛阳。”（陈后主《洛阳道》）

又：“青槐夹驰道，御水映铜沟。远望陵霄阙，遥看井干楼。黄金弹侠少，朱轮盛彻侯。桃花杂渡马，纷披聚陌头。”（陈后主《洛阳道》）

又：“曾城启旦扉，上洛满春晖。柳影缘沟合，槐花夹路飞。苏合弹珠罢，黄间负翳归。红尘暮不息，相看连骑稀。”（陈张正见《洛阳道》）

又：“西接长楸道，南望小平津。飞甍临绮翼，轻轩影画轮。雕鞍承赭汗，槐路起红尘。燕姬杂赵女，淹留重上春。”（梁元帝《长安道》）

又：“槐衢回北第，驰道度西宫。树阴连袖色，尘影杂衣风。采桑逢五马，停车对两童。喧喧许史座，钟鸣宾未穷。”（北周王褒《长安道》）

卷三五："青槐金陵陌，丹毂贵游士。方骖万乘臣，炫服千金子。咸阳不足称，临淄孰能拟。"（沈约《长安有狭斜行》）

卷六六："西陵侠年少，送客过长亭。青槐夹两路，白马如流星。闻道羽书急，单于寇井陉。气高轻赴难，谁顾燕山铭。"（王昌龄《少年行》）

又："翠楼春酒虾蟆陵，长安少年皆共矜。纷纷半醉绿槐道，蹀躞花骢骄不胜。"（唐皎然《长安少年行》）

卷六七："城东美少年，重身轻万亿。柘弹隋珠丸，白马黄金饰。长安九逵上，青槐阴道植。毂击晨已喧，肩排暝不息。"（梁何逊《轻薄篇》）

卷七五："朱台郁相望，青槐纷驰道。秋云湛甘露，春风散芝草。"（齐谢朓《永明乐》十首之三）

卷七六："北斗星移银汉低，班姬愁思凤城西。青槐陌上人行绝，明月楼前乌夜啼。"（唐王偃《夜夜曲》）

卷七七："花颔红鬃一向偏，绿槐香陌欲朝天。仍嫌众里娇行疾，傍登深藏白玉鞭。"（唐刘言史《乐府》）

卷九〇："轻薄儿，白如玉，紫陌春风缠马足。双镫悬金缕鹘飞，长衫刺雪生犀束。绿槐夹道阴初成，珊瑚几节敌流星。"（唐顾况《公子行》）

这些诗作与我们前面熟悉的槐树的几层寓意明显不同，但仍有内在的联系。诗的用意可分为几方面。

（1）青槐大道即红尘深处。这其实是槐树政治寓意的延伸，不过已开始从象征权力的政治转向繁华享乐，从庙堂政治转向民间视野。

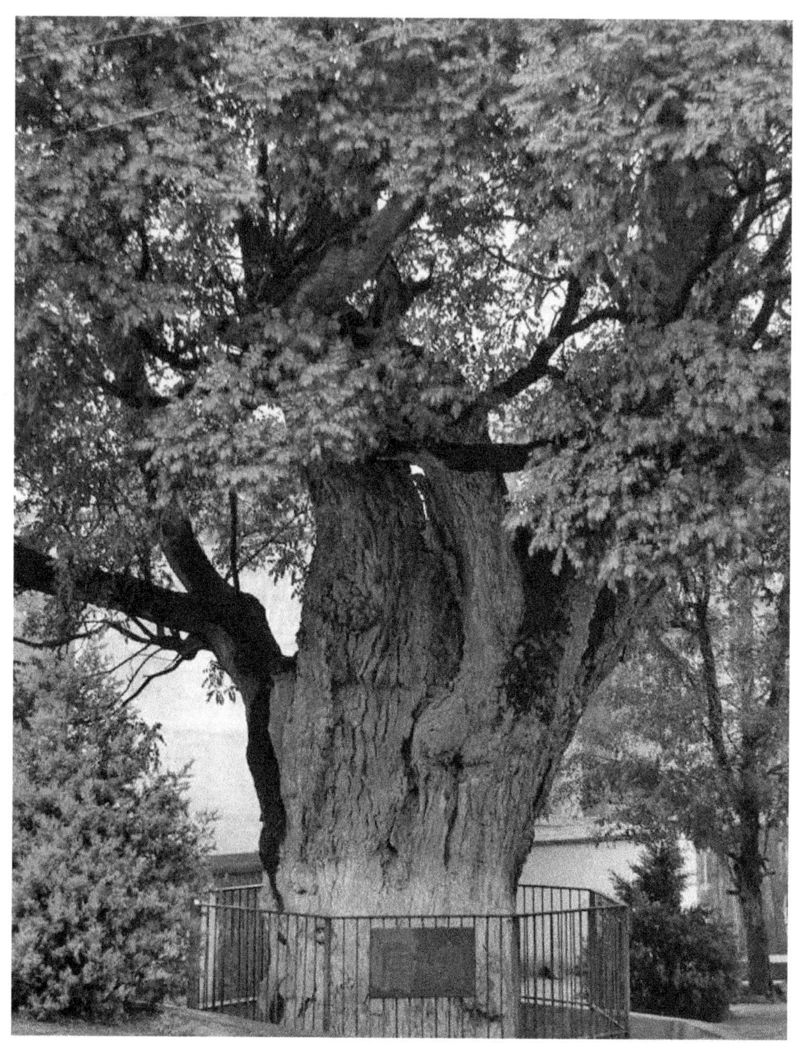

图 16　唐槐。

（2）主角变成少年、游侠、轻薄子弟等轻财重义、自由违法的“文化离轨者”。他们虽然活动于红尘中，可并不留恋红尘，红尘世界只是必经的一个驿站。这种转化是槐树终成仙物的重要一步。侠与仙虽有不同，但二者向往自由、超越礼法的品性却是一致的，与正统的政治人物不属同道。

（3）青槐之下，首次出现女性身影。富贵场的伴生物就是温柔乡，一方面女性成为少年游侠的消费品，另一方面，青槐陌上走来幽怨的班姬和秦氏妻，这表达了一种富贵与情感的矛盾。后来的槐树游仙模式中富贵之梦总是与温柔之梦搅在一起，其源头就在这里。

第三阶段，通往仙境之路——文人诗文中隐约的信息。槐树与仙人相交通，除了前文所说到的人食槐子可成仙的事件外，晋庾儵《大槐赋》是一篇重要的文献。

《艺文类聚》卷八八：

有殊世之奇树，生中岳之重阿。承苍昊之纯气，吸后土之柔嘉。若夫赤松、王乔、冯夷之伦，逍遥茂荫，濯缨其滨。望轻霞而增举，重高畅之清尘。若其念真抱朴，旷世所稀。降夏后之卑室，作唐虞之茅茨。洁昭俭以骄奢，成三王之懿资。故能著英声于来世，超群侣而垂晖。仰瞻重干，俯察其阴。逸叶横被，流枝萧森。下覆灵沼，上蔽高岑。孤鹄徘徊，寡雀悲吟。清风时至，恻怆伤心。将骋轨以轻迈，安久留而涕淫。

赋文极力渲染了槐树的清纯、朴真、高伟、浓荫、招远等固有的风姿，同时将几位著名的仙人请到它的树荫下。赤松、王乔见于《列仙传》，前者“往往至昆仑山”，后者在嵩高山呆了三十余年，这两山都是高大不替之山，而槐树比其更见高伟：“上蔽高岑”。冯夷是水神（见《庄子·大宗师》，一谓即河伯），也享受到槐树浓荫之泽：“下覆灵沼。”这种将神仙人物置于槐树荫翳之下的设计不仅使槐树摆脱了鬼物的纠缠，同时也是它进入仙境的第一步，槐与仙的关系不再单纯建立在槐实入药的基础之上，槐荫覆蔽鬼仙的特性被认定为从来如此，并能泽被于后世（即“来世”）。这就从历史和理论两个角度为槐树参与仙界提供了支持。

庾儵为庾峻从弟，曾仕魏，入晋为尚书，他生活的时代比葛洪要早。张奴也是晋人，本是一神仙："不甚见食，面常自肥泽，冬夏常著单布衣。"他告诉求道者："闲豫紫烟表，长歌出昊苍。澄虚无色外，应见有缘乡。岁曜毗汉后，丽辰傅殷王。伊余非二仙，晦迹之九方。"他所说的全是仙境之事，但却名其篇曰《槐树歌》，其用意是不难理解的。

到了南朝，齐王融《游仙诗五首》："桃李不奢年，桑榆从暮节。常恐秋蓬根，连翩因风雪。习道遍槐砥，追仙度瑶碣。绿帙启真词，丹经流妙说。长河且已萦，曾山方可砺。"恐怕生命不永，于是他学道求仙，企图在槐树下、玉山上完成大愿，槐树与玉山都可为他提供灵丹药饵——槐子和药石。如果说这首诗演绎了葛洪的某些思想的话，那么陈朝沈炯《建徐诗》就是一步重要的跨越了，"槐树—富贵—神仙"的关系已经确立："建章连凤阙，藹藹入云烟。除庭发槐柳，冠剑似神仙。满衢飞玉轪，夹道跃金鞭。"庾信《吹山台铭》："江宁吹岭，虽山出�。春箫下凤，此岫为真。青槐避日，朱草司晨。石名新妇，楼学仙人。中字玉成，南君姓秦。比花依树，登榭要春。舞能留客，声便度新。雕梁数振，无复轻尘。"说的是萧史吹箫引凤并度秦穆公女弄玉之事，本在凤凰台，与槐树无关。此处将槐树引入仙境，当然是那个时代文人理想的反映。

以上三个阶段并不是单在历时性的层面上展开的，有些时候又具有共时性的特点，但总体呈现出这种发展态势。

槐树从槐鬼特性向槐仙特性演进过程中，又表现为两个鲜明的方向性或层次感。第一个方向属文人层次，它的指向是政治寓意—神仙信仰，这个层次从槐树阴树特征出发，沿着"高大浓荫—政治恩荫—富贵红尘—自由超脱"的路线发展，最后走向神仙境地，但是在文人观念中，这条思路并不是很发达，即使到了唐代，我们在唐诗中还是找不到更丰富的内涵和形态，诗人们关心的仍是槐树的政治符号功能。可以说，文人观念只是那个时代民俗观念的一种有限展示，因为文人的理想一时还没有从富贵场上退下来。如果没有民间槐鬼信仰的转化，这个目标是不可能实现的。第二个方向属民间层次，它的指向是槐鬼信仰一神仙信仰。这主要可以从志怪小说中理清线索。

在《搜神记》等志怪小说中，槐仙观念并不显见，但这并不说明那个时代这种观念还没有发展起来，而是因为这些书多是摭拾载籍而已，并不留意民间。隋唐时期大量的文人笔记其实是文人留意民间的见证。《太平广记》集其大成。该书关于槐仙的记载可以充分说明，时至唐代，槐仙观念已经成熟并趋于定型。这种观念首先来自民间传闻，经文人搜罗、加工、记录下来，再反过来影响了文人世界和民俗世界，到了宋代。文人层次和民间层次的槐仙信仰才趋于统一。

《太平广记》中提及槐意象的作品超过66篇。少数篇章是诗中咏及槐树和讲“槐相”的，一部分是讲槐鬼的，其余就是讲槐仙或槐鬼与槐仙混合故事的。槐仙故事可以分为以下几种类型：

第一，槐树构成神秘境界，下有神仙异事。卷一六四“郭林宗”：“众人皆客大槐客舍而别，独李膺与林宗共载，乘薄笨车，上大槐坂。观者数百人，引领望之，眇若松乔之在霄汉。”松乔即庾儵《大槐赋》中的赤松子、王子乔。卷一九六“潘将军”：王超为潘将军寻找神秘失踪的玉念珠，“过胜业坊北街，时春雨初霁，有三鬟女子，可年十七八。衣装褴褛，穿木屐，于道侧槐树下，值军中少年蹴踘，接而送之，直高数丈，于是观者渐众。超独异焉……而止于胜业坊北方短曲。”念珠原来是她“拿”去玩了。值得注意的是，这位女子住在“胜业坊北门”，坊名可疑，而北门与槐为北方之树也能对应。“明日访之，已空室也。冯给事尝闻京师多任侠之徒。”至于这女子是侠是仙是无需区分的，因为在唐代，侠与仙已然融为一体了。卷四一六：“江叟”记一老头听见一大槐树和一远处来的荆山槐夜谈之事。

图 17　秋槐。

第二，槐下有道士能预卜吉凶。如卷一九“李林甫”中李于槐坛下遇一道士指点将来。卷三二九“杨玚”：“见槐阴下有卜者。”这位道士知道杨玚两日后将死。

第三，槐下游仙模式的形成。槐下游仙模式的最完整版本当推李公佐《南柯太守传》（即卷四七五“淳于棼”），这是一篇思想性与艺术性都很高的小说，故事性强。这个故事并不是文人的空想，而是建立于民间槐鬼信仰向槐仙信仰转化的俗文化思潮上之的。在《太平广记》中，这类故事并不少见，虽然今天已很难区分它们发生的先后关系，但从故事内容的详略和寓意所指方面大致可以梳理一下它们的类型和进程。

活人游历异域的神怪故事的基本模式都是，一个人因某种机会到另外一个世界游历了一趟，再回到人间。可分几种情况。

第一种是活人因偶然死亡游历阴间。如卷一〇三李丘一到冥间写《金刚经》、卷三〇二皇甫恂游地狱、卷三八四许琛因与死者同姓名而被误捉到阴间、卷三八四部澄于阴间得官，卷四五四计真醉后游鬼域等，他们都是暴死之后鬼魂“见大槐树”而后游历阴间。另外，如卷二〇二王僩则是生魂游地府。

第二种是游历动物灵怪的世界。卷四五八李听与化为美女的白蛇精相遇而死，家人“但见枯槐树中，有大蛇蟠屈之迹……但见小蛇数条，尽白”。这实际是《白蛇传》故事的一个原型。卷四七四卢汾在厅前槐树中遇到黑衣、青衣、紫衣三位女子，原来是蚂蚁精、蝼蛄精、蚯蚓精。卷四四八李参军听从道人言，向萧氏求婚，“既至萧门，门馆清肃，甲第显焕，高槐修竹，蔓延连亘，绝世之胜境”，他在这里娶了“殊丽”的夫人，后来发现，夫人原是一只老狐。卷二九二黄原“行数里，至一穴，入百余步，忽有平衢，槐柳列植，垣墙回匝”，乃与一“容色婉妙”的女子有一回短暂的性爱故事。

第三种是梦游槐安国。《南柯太守传》包含了前两种类型的基本要素：“东平淳于棼，吴楚游侠之士，嗜气使酒，不守细行。累巨产，养豪客。家住广陵郡东十里，所居宅南有大古槐一株，枝干修密，清阴数亩”，酒后游历槐安国，享尽富贵温柔，醒来发现原是进了一群蚂蚁窝。但这个故事却有自己独特的贡献。(1)改变了人的活动方式——人在梦中活动。活人游冥府必须短暂死亡或失魂，游历动物世界也是睁着眼睛误入异域。（2）故事情节的丰富性。游冥间、异域故事中要么只有奇事，要么有些艳遇，但都不如槐安国中富贵与温柔故事的完整、细节的丰富。（3）将鬼魅世界改造为美好境界。鬼怪们都是要害人的，但淳于棼所历的槐安国却是一个仿真的温馨人间。（4）将猎奇心态改为警省模式："虽稽神语怪，事涉非经，而窃位著生，冀将为戒。后之君子，幸以南柯为偶然，无以名位骄于天壤间也。"（5）将梦境提升为一种象征。尽管浮生如梦的思想早已产生，而将之引入槐树游仙故事这是第一次。槐与仙的结合离不开民间信仰的参与，但梦与槐的结合则是文人的贡献（即如今人钱钟书《槐聚诗存》之名也未脱此意）。以此为标志，之后，槐树意象又附加了一层寓意，成为 "浮生感喟"的普适符号——但是，这层寓意始终存留在文人的心头，因为"人生如梦"的思想在民间并没有市场。民间视野关注更多的则是现世的理想，如光宗耀祖、传宗接代等内容。

在宋元时期，有一个集中使用槐树寓意的个案，那就是后来称之为《天仙配》故事中的槐荫树。董永遇仙传说发展到宋元时代，演变成话本小说《董永遇仙传》，此时，故事中首次出现一个重要的象征事象槐荫树。从此，该故事始终是围绕着这棵来历不明的大树展开的，至于这棵槐荫树是从哪里来的？它在剧中有何寓意？向为俗众和研究者所忽略。

笔者在《董永遇仙故事的产生与演变》[①]一文中就已认为："它的原型是唐李公佐传奇《南柯太守传》中的槐安国，意指董永遇仙只不过如南柯一梦。但是宋以后这个故事的进一步世俗化影响了剧本对

① 《民族艺术》2000 年第 4 期。

这一层意旨的深掘。明清戏曲中槐荫树不仅成为一个叙事背景，同时还被人格化，成为极重要的戏剧要素。”其实，《天仙配》中的槐荫树并不是一个偶然的事象，它在那个时代是一个广为人知的民俗符号，若从前文所分析的槐树意象的寓意来看，它在故事中承载着三层用意。第一，槐荫树是仙女下凡的必经之路——寓示董永遇仙只不过如南柯一梦。第二，槐荫树寓示董永政治功名的获得。第三，槐荫树作为媒证，包蕴着一层生殖寓意。

（原载《东方丛刊》2004 年第 3 辑。人大复印资料《中国古代、近代文学研究》2004 年第 12 期全文转载。）

采桑主题与采莲主题比较论析

采桑主题与采莲主题是古典诗歌尤其是汉魏乐府歌诗中重要的歌咏内容之一。通过对这两类歌诗进行对比解读之后，我们发现它们并非仅仅是两种类似的生产活动，而是具有独特所指和寓意的两种不同的艺术表达方式。

一、采桑主题与采莲主题概说

汉乐府中涉及采桑内容的首推《陌上桑》，它和《秋胡行》都属于“相和歌辞”。但此类古乐府据梁启超推断为“东汉中叶以后”的作品，他认为“决为西汉作品者”唯《汉书·礼乐志》所载《房中歌》十七章和《郊祀歌》十九章[①]。《陌上桑》又称为《日出东南隅行》。后来附合者有《采桑》《罗敷艳歌行》之名等。与采莲有关之汉乐府仅有《江南曲》，又名《江南可采莲》。六朝乐府民歌被称为“清商曲辞”，分“吴声”“西曲”两大类。“吴声”中流传下来的似无采桑内容，有关采莲如《子夜歌》等；“西曲”中有名《采桑度》《采莲》等。六朝文人拟作乐府还有《采菱》之名。

从内容上看，采桑乃是一种与农事中“求衣”相关的生产活动，

① 梁启超《中国之美文及其历史》，东方出版社 1996 年版，第 33、42 页。

采莲则与“求食”相关，都是最具体的民间生产活动。两类内容在汉乐府中皆有所描绘，但这并非最初的文艺性记载，上溯至《诗经》，它们就已被提及了。

图 18　桑叶。

带“桑”之诗名就有四：《桑中》《桑扈》《隰桑》《桑柔》。《诗》中似无“采莲”，不过采水草乃随处可见。《召南、采蘋》：“于以采蘋，南涧之滨。于以采藻，于彼行潦。”直接提到“荷”的如《陈风·泽陂》：“彼泽之陂，有蒲与荷。有美一人，伤如之何！寤寐无为，涕泗滂沱。”该诗还提及“菡萏”，不过蘋是生长于河边，而荷则须生于泽中了。

《诗经》中“桑”字较多、“荷”字较少的现象说明了一个问题：诗多采自黄河流域的中原一带。十五国风，邶、鄘、卫、魏、唐皆属冀州，今河北、山西、山东一带，齐、曹在山东，王、郑、陈、桧在河南，召南、秦、豳皆在关中，唯周南涉及“江沱汝汉”等地，周南之风诗十一篇，既未言荷，也未言桑。中原一带明显缺乏种荷的广阔水面，却有着可植桑树的大片旱地，所以相应之采摘行为便很普遍。产生于南方之国的“楚辞”正相反，荷的出现频率高，未言采桑，所采之物不是春兰，就是秋菊等带有理想色彩的观赏之物。《离骚》：“制芰荷以为衣兮，集芙蓉以为裳。”王逸注：“荷，芙渠也。芙蓉，莲花也。”洪兴祖补注：“《尔雅》曰，荷、芙蕖，注云，别名芙蓉。《本草》云，其叶名荷，其华未发为菡萏，已发为芙蓉。”《湘君》：“采薜荔兮水中，搴芙蓉兮木末。”王注：“芙蓉，荷花也。”《思美人》：“因芙蓉而为媒兮。”[①]楚湘一带河湖众多，是荷的天然生长区。从屈原所写的芙蓉而言，南方人之采荷并不如北方人采桑那样，带有强烈的实用目的，荷是一种理想之物，它的意义在于其唯美的特征。不过《诗经》中的桑也还没有完全成为实用之物，它还有其他（比如作“社树”）的功能。

汉乐府《陌上桑》对妇女的采桑行为描摹甚详，但《江南曲》却显得笼统，也不像前者有一个完整的故事，它只有一些片段：“江南可采莲，莲叶何田田。鱼戏莲叶东，鱼戏莲叶西，鱼戏莲叶南，鱼戏莲叶北。”这像是旁观者的叙述，当然这里的鱼是一种象征物，它一定是指代一个自由浪漫的“美人”。

从汉乐府到吴声、西曲，实际上是文化中心从北方南移的过程。汉代统治中心仍在中原一带，所采集的民歌多来自文化中心之域，由“乃立乐府，采诗夜诵，有赵、代、秦、楚之讴”之说可见一斑。随着东晋南渡，文化中心也随之南移，统治者便从江南一带采集民歌。《乐府诗集》卷四四：“自永嘉渡江之后，下及梁陈，咸都建业，吴声歌曲，起于此也。”卷四七：“西曲出于荆、郢、樊、邓之间，而其声节送和，

① 引自《诗集传·楚辞章句》，岳麓书社 1989 年版。

与吴歌亦异，故因其方俗而谓之西曲云。”南朝时，扬州与江陵成为两个经济与文化发展中心，而这两个地区都是水网纵横、湖汉交错之地，采莲自然成为民间重要的生产活动和抒情背景。

图 19　荷花。

因此，采桑与采莲不仅侧重于不同的时代，同时还侧重于不同区域。而这两个时代（汉与六朝）与这两个区域（中原与江南）也不仅仅为朝代地区之别，还反映出两种不同的文化特质。汉帝国地域广阔，国力强盛，重视礼乐，文化弘肆，所以采桑之作都寄寓着道德的劝诫。而偏安江左的六朝统治者皆不思进取，无所作为，沉湎于歌舞、酒色、佛道之中。采莲虽与生产劳动相关，但在统治者的眼中，女子穿梭于红花绿叶之间，乃是娱悦其视觉的极佳景象。他们已抛弃了屈原寄荷花以高洁理想的传统，而堕入了不加掩饰的性幻想之境。北方沉重的耕织活动与江南清波上摇曳的一叶扁舟对比强烈，这种对比在具体的诗篇中还有更细致的反映。

二、采桑、采莲和妇女的关系

采桑者与采莲者皆为女子，这在众多的诗篇中没有例外。纺织是女子的职责，“妇人夙兴夜寝，纺绩织纴，多治麻丝葛绪綑布縿，此其分事也”（《墨子·非乐上》）。那么相关之养蚕也必是女子所为。采莲既是一种娱乐，重在衬托“有美一人”，那也必是女子专利。采桑与采莲都与女性相关，但它们所借以展示女性的社会功能是不同的。总而言之，采桑展示女性的社会性一面，采莲则展示其性别功能的特征。

（一）女子皆美艳

汉乐府《陌上桑》开了这个先例。《诗经》中与桑相关之女子是否皆美丽，不得而知，可是秦罗敷之美有诗为证：“青丝为笼绳，桂枝为笼钩。头上倭堕髻，耳中明月珠。缃绮为下裾，紫绮为上襦。行者见罗敷，下担捋髭须。少年见罗敷，脱巾著帩头。耕者忘其耕，锄者忘其锄。来归相怨怒，但坐观罗敷。”后来诸多拟作对此都遵行不悖。曹植《美女篇》：“美女妖且闲，采桑歧路间……攘袖见素手，皓腕约金环。顾眄遗光彩，长啸气若兰。”傅玄《秋胡行》：“素手寻繁枝，落叶不盈筐。罗衣翳玉体，回目流彩章。”萧子显《日出东南隅行》：“光照窗中妇，绝世同阿娇。”

采莲女子也非同寻常：“单衫杏子红，双鬓鸦雏色。”（《西洲曲》）“锦带杂花钿，罗衣垂绿川。”（吴均《采莲》）“玉面不关妆，双眉本翠色。”（姚翻《采菱》） “桂楫兰桡浮碧水，江花玉面两相似。”（昭明太子《采莲曲》）[①]。

之所以将二者都写得很美丽，实具有不同的目的。采桑女在出门采桑前都要刻意打扮一番：“下床著珠佩，捉镜安花镊。”（简文帝《采桑》）然后以美丽的姿态出现于桑园中，以引起行人、耕者的赞叹，果然引来了求爱之徒，这为其严辞拒绝对方做好了铺垫。对采莲女子的描绘注重的是“互相映衬”的效果，将女子的笑脸与荷花、玉腕与茎梗、衣饰与翠叶相互比照（有的还进一步写到“藕丝”，即偶与思之谐音），在赞美荷花娇艳之态时，情趣天然地衬托女子非凡的美色。但是采桑女无论多么美艳，最终也不得不回到礼教的正途上来，她的美丽的艳质只不过是一个预先被安排好的、以展示情节冲突并最终礼胜于情的前提，之所以如此，主要是因为她与采莲女的身份不同。

（二）女子的身份

采桑女皆为少妇，而采莲女都为年轻女郎。前者身份单一，后者要复杂些，多不出妾、奴婢、歌女、妓女以及小家碧玉的范围；前者是婚姻的承载者，所以她须保持已婚女子的洁与烈，后者则与礼教范围内的婚姻无干系，她只是一味展示其唯美与唯情的风姿和缠绵。

《陌上桑》：“罗敷自有夫。”傅玄《秋胡行》：“秋胡纳令室，三日宦他乡。皎皎洁妇姿，冷冷守空房。”梁简文帝《日出东南隅行》：“汉马三万匹，夫婿仕嫖姚。”张正见《艳歌行》：“二八秦楼妇，三十侍中郎。”皆声称采桑女为有夫之妇。妇女与纺织（采桑养蚕是其前奏）的关系一般只集中在已婚者的身上，但这里有一个矛盾现象。按照儒家礼仪，“仲春之月，后妃斋戒，亲东向，躬桑。禁妇女毋观，

① 本文所引六朝诗皆出徐陵《玉台新咏》，成都古籍出版社影印本。

省妇使，以劝蚕事”[1]。就是禁止妇女，“使其不得为容观之饰也”“减省针线缝制之事也”[2]。既然礼仪要求女子在蚕事之月不得打扮，而汉乐府中的采桑女出门都爱精心装饰自己，看起来与礼相悖，但实质上乐府诗中女子妆扮只是一种文学手段，将艳妆盛服的有妇之夫置于是非之境中（桑园不仅在户外，并且在路边），目的是检验她的“妇德”。

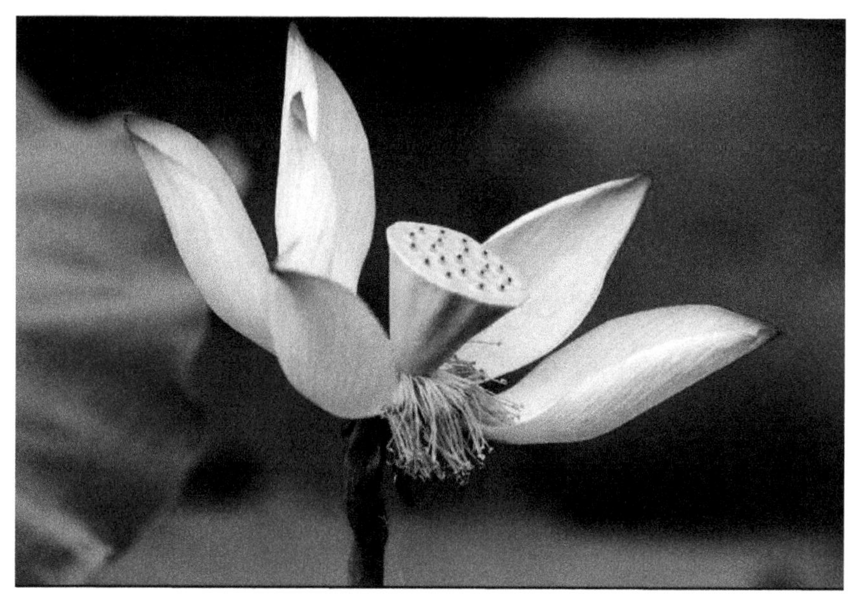

图 20　莲蓬。

采莲女都处于情窦初开或情欲正炽的少女时期，不必为生活担忧（因为她们多半是被供养起来的性工具），这正符合她们结伴戏水的身份。但她们并非真的无忧无虑，她们也有自己的思念之苦，不过此情此苦并不那么深沉，往往会被池塘里的乐趣所冲淡，或者不须努力就会得到满足（因为好色嗜欲的统治者们更需要她们来满足私欲），

① 引自《礼记·月令》。

② 《月令》元陈皓注文。

所以采莲女的情愁往往有无病呻吟之嫌（正如历代文人都异口同声地有怀才不遇之叹，今日之众生喜言别人无法理解他，都只是时髦而已）。如：“宛在水中央，空作两相忆”（姚翻《采菱》）、“愿君早旋反，及此荷花鲜”（吴均《采莲》）、“开门郎不至，出门采红莲”“忆）郎郎不至，仰首望飞鸿”（《西洲曲》）、“心未怡、翳罗袖，望所”（汤惠休《采菱曲》）。这些女子（1）生活在春意正浓的少女期，不必像采桑女那样“蚕饥心自急，开奁装不成”（萧子显《陌上桑》）、“蚕饥妾复思、拭泪且提筐”（吴均《陌上桑》），有一种责任在肩。采莲女与物质生活无关，都一味生活在被怜爱的幻觉中，因为“开门即不至”，所以才“出门采红莲”，是一种排忧解闷的消遣行为。六朝民歌中的所谓“郎”与“侬”都只是情爱角色，并不要负婚姻的责任。（2）采莲女多有展示美色的欲望（当然这只是文人的想象、权势者的要求），那么她们是否为良家女子？这些“侬”与“郎”在其他民歌中还经常有美妙的情爱交往。《子夜春歌》：“宿昔不梳头，绿发披两肩。婉伸郎膝上，何处不可怜？”《碧玉歌》：“碧玉破瓜时，郎为情颠倒。感郎不羞赧，回身就郎抱。”《读曲歌》：“一夕就郎宿，通夜语不息。”由此可见，她们兼有妾与妓的双重身份。

（三）桑与莲之象征

少妇与少女之别还反映在桑与莲这两个字的音义之上。

《搜神记》卷十四记载“蚕女”故事结尾说：“因名其树曰桑，桑者，丧也。”在乐府诗中，不仅与“丧”相关，还显然与“伤”相关，莲与怜双关，以及藕与偶、丝与思双关，这是六朝民歌惯用的表达手段。

采桑女为何悲伤？《陌上桑》里的秦罗敷并未表现这一心态，不过从她的介绍中我们可以感到她并不快乐。“秦氏有好女，自名为罗敷”，可她只不过一人在家独居，丈夫“四十专城居”，既然丈夫官职颇高，她又才貌出众，那么她干吗还要去林间采桑？他们为什么不生活在一起？

图21 ［明］文征明《采桑图》。

实际上这首诗并不完整，后面应该还有遗失的篇章，如果有，也许会点到她的孤单伤感之叹。郭茂倩《乐府诗集》原注云：“三解前有艳，歌曲后有趋。”梁启超：“案，‘艳’与‘趋’皆音乐中特别名词，乐府中在末一解之前有‘艳’，全曲之末有‘趋’者不少。”[①]所谓艳、趋仅仅是音乐名词？会不会也附有可歌之辞？梁先生还说：“我觉得最有趣的是第三解，没头没脑地赞他夫婿，大吹特吹，到末句戛然而止，这种结构，绝非专门诗家的所有。”梁先生在此未免是一种误解，对出人意料的断章进行理性的赏析与对某些现代派作品进行理性评析一样，往往有“非常”之效果。《陌上桑》没有结尾应该是可能的，

① 《中国之美文及其历史》，第63页。

因为后起的拟作在这方面（女子伤感）都齐声为她鸣不平。吴均《陌上桑》：“故人宁知此，离恨煎人肠。”简文帝《采桑》：“丛台可怜妾，当窗望飞蝶。”又说：“寄语采桑伴，讶今春日短。枝高攀不及，叶细笼难满。”所谓枝高，喻丈夫易变心，叶细喻妾心细密，因为丈夫离家在外，女子只得独守空房，所以深感悲伤。有的要通脱一些，“不学幽闺妾，生离怨采桑”（张正见《艳歌行》），有的竟说道：“必也为人时，谁令畏夫婿！”

采莲女为何见怜？采莲女子都在为性爱担忧，所以精心打扮、采莲戏水正是为了寻求被“郎”怜爱的机会。莲同时也是对女性姿色的比拟，因姿色如荷花，所以才能被人爱（怜）。“低头弄怜子，莲子清如水。置莲袖怀中，莲心彻底红”是一种自怜之比拟。“朝登凉台上，夕宿兰池里。乘月采芙蓉，夜夜得莲子”（《子夜夏歌》）是女子被爱的写照。“吴歌的产生地域江南，是莲花最繁盛的园地，而吴歌的内容，十九又吟咏男女的相互怜爱，即景生情，从莲到怜，从莲子到怜子，正是极自然的联想。”①

因此，二者给人的印象对比鲜明。采桑女往往心怀忧思，采桑时，一面“畏蚕饥”，一面叹息空闺难熬、青春易逝：“人言生日短，愁者苦夜长。”（傅玄《秋胡行》）另一面还要以思念远人为劳。采莲女相形之下青春焕发，容颜娇艳，情意饱满，笑入荷花无处寻的浪漫气息，真是“何处不可怜”！她与“盛年处房屋，中夜起长叹”（曹植《美女篇》）的采桑女不同的重要一点在于，她正在享受青春、情爱之乐，“千春谁与乐，惟有妾随君”（简文帝《采莲》）。

---

① 王运熙《六朝乐府与民歌》，古典文学出版社 1957 年版，第 142 页。

（四）采桑主题与采莲主题的不同寓意

采桑女盛服艳妆而出，势必引出是非，但她的行为必须遵循典型的“发乎情，止乎礼义”的原则。青春亮丽、寂寞难耐、肩负养蚕之责的女子在是非之境中必须具有辨别是非的能力，方才符合儒家理想。当她遇到“悦己者”使君时，她唯一能做的事情就是责骂对方“一何愚”，接着便以夸张性的口吻介绍自己的夫婿，以引起对方的自卑感与失败感，向人证实自己忠于丈夫的品德。这样她就成了一个美丽、贞洁、勤劳的完美形象。作为有夫之妇，她是德行的化身。这一形象在汉乐府《陌上桑》中已经确立，这与汉代的社会风尚是分不开的。汉代（尤其是东汉）以礼、孝治天下，妇女之贞洁是普遍的道德要求，所以罗敷无论怎样美丽、苦闷、春心荡漾，一旦遇到诱惑者时，她必须露出“真面目”，方才合乎时代的要求。这种道德上的追求为元杂剧《秋胡戏妻》的主题提供了蓝本。

图 22　桑葚。

与汉代不同的是，六朝时礼乐崩坏，佛、老滋盛，儒教不显。波及民间，性爱主题的诗歌创作一时鼎盛（礼教的衰落与性欲的张扬在历史发展中往往是伴生的现象，东周、六朝、唐末五代、明末皆然，所以相应产生了国风、艳情诗、艳词、性描写泛滥的小说等文学成果），所以说，采莲女沉浸于对性爱的追逐与体味中，乃时代风气所致，一是民间女儿真情的袒露，一是文人的性幻想，因为她们正投合了统治者不加约束的声色之好。所幸的是，采莲之诗在展示少女的美艳及性爱特征时，恰恰正视了女性的情爱需求、女性的婉约风姿、女性的清纯之态、女性的浓烈情感以及女性的舍身殉情等美好的品质，这无疑为六朝文学增添了迷人的光彩。

三、作为艺术手段的确立

采桑（桑）与妇德相关，采莲（莲）与艳情相关，意（妇德、艳情）和象（桑、莲）之间的这种关联和统一正是艺术手段发生、发展的必然结局，正和折柳喻分别、鸿雁喻传书一样，是古典文学中一般艺术手段的具象化、程式化的结果。

（一）从艺术手段的来源看

采桑主题有一个明显的发展过程。在《诗经》中，采桑女往往是年轻的，她们同样被不合礼教的情感所困扰着，她们的美丽特征尚不完全明显，从爱情、美丽、少女在文学中“三位一体”的关系判断，这些少女无疑都很美丽。“爰采唐矣，沬之乡矣。云谁之思？美孟姜矣。期我乎桑中，要我乎上宫，送我乎淇之上矣。”（《鄘风·桑中》）

这里的孟美很美，显然是一位情窦初开的少女。而《郑风·将仲子》中的那位女子，只知其情，不知其美，“将仲子兮，无逾我墙，无折我树桑，岂敢爱之，畏我诸兄”。想爱可又不敢爱，因为她害怕礼教的代言者：诸兄、父母、他人。到了汉乐府中，她不知何时已为人妻，已经不会谈情说爱了。面对追求者时，她已不是自由身，所畏的不仅是父兄及他人，还有更令人生畏的婚姻的锁链，不过这时她的美艳仍无与伦比。

图 23　老桑树。

而采莲一开始就与“美人”相关，前引《泽陂》“有美一人，伤如之何”，说的就是思念美人不得而涕泪的故事。《楚辞》中多次提到的“芰荷”“荷衣”“菡萏”，皆是对“香草美人”的描摹，但那时美人虽美，却未与性爱相联。《诗经》《楚辞》都在述说“思美人”之意，此“美人”不能单纯理解为性爱对象，而更兼有超尘脱俗的理想色彩。理想含有二义，一为神女，一为贤君。神女是表象，含道家色彩；贤君是根本，乃儒家设计。贤君不可得，退而求与神女游。因此，所谓“美人”，尽管美丽无比，但她们却逍遥自在，高洁无伦，有神仙之姿。降入尘世，实质上是诗人政治理想的寄托。到了汉乐府及六朝乐府中，莲荷意象的寓意丢失不少。先秦“美人”在汉魏六朝有另一路的发展，陶潜《闲情赋》中“美人”仍有屈原“美人”、庄子“肌肤若处子”的高士影子，但她既在无政治热情，又无情爱欲望了，这一路将其引向尘世之外。另一路则坚持与发展了美人与情爱的关系。宋玉之巫山神女、刘义庆《刘晨、阮肇天台山遇仙女》中的无名仙女，都是将美人引向人间的典例。六朝乐府吸收的是“美人”的艳，拓展的是“美人”世俗之“情”。在六朝，有的篇章还企图将采桑女与采莲女混为一谈。西曲《采桑度》：“冶游采桑女，尽有芳春色。姿容应春媚，粉黛不加饰。”“采桑盛阳月，绿叶何翩翩。攀条上树表，牵坏紫罗裙。”这只是汉乐府采桑故事的开头，而六朝人已感满足，因为他们只需快乐，至于此女之贞洁与否倒是无关紧要的了。

（二）从艺术手段的定型来看

采桑主题主要借《陌上桑》和《秋胡行》来规定了桑与妇德的关系。采莲主题在六朝（尤其是南朝）众多零星的诗篇中异口同声地坚持了莲与艳情的统一。但是，作为艺术手段的确定，主要应归功于众多拟作的出现，文人的参与是一种艺术手段得以定型的直接动因。前引诗篇多是文人拟作，那些拟作虽辞不同，意有别，但对于女子与物象的基本关系都是遵循的。采桑与采莲因为所涉之物象来自民间，其景也新，其意也长，所以一旦采入庙堂，其象、其景、其情给予文人的震撼和感染应该是经久难忘的，大量拟作的出现正是说明她们为文人歌颂妇德、吟唱艳情找到了恰当的寄托之物和与之相应的表达方式。

（三）从艺术手段的流播来看

采桑图（对开）统一书号：8081·11254
马乐群

图 24　马乐群《采桑图》（年画）。

采桑主题在汉乐府中定型，但在后代的发展中还有与时代相关的小变动。六朝文人的拟作没有创新之意，隋代薛道衡《昔昔盐》也遵循不悖："采桑秦氏女，织绵窦家妻。关山别荡子，风月守空闺。"唐代李白是拟作乐府的大师，其《陌上桑》仍在老调重弹："玉颜艳名都""采桑向城陌""托心自有处，但怪旁人愚"。《子夜吴歌·春》："秦地罗敷女，采桑绿水边。素手青条上，红妆白日鲜。蚕饥妾欲去，五马莫留连。"到元杂剧《秋胡戏妻》，有了新的变化，女子之贞烈、勤劳依然如故，甚至更加突出，但她的美丽被掩盖了。秋胡妻罗梅英出门采桑前，是不打扮的，只是"蓬头垢面"，婆婆劝她买点脂粉，但她却说："谁有那闲钱来补笊篱。"（第二折）这样她便蜕变成了一个甘愿"挨尽凄凉，熬尽情肠"的"富贵不能淫，贫贱不能移"的礼教牺牲品，她的美丽品质的失落当然要归功于宋代理学家的谆谆教诲。

采莲主题的发展不甚明显，它除了先秦至六朝有一个发展过程，后世的拟作基本上都是千篇一律的，但各类具体的描写又显得鲜嫩活泼，其原因不外：（1）采莲本是没有复杂冲突的情节，即使如稍长之《西洲曲》也无故事梗概，这一点不如《陌上桑》和《秋胡行》，所以它没有情节发展的空间。尽管明代梁辰鱼传奇《浣纱记》专有一出《采莲》，但此出完全是为了点缀风景，有附庸风雅之态，好在它并没有违背莲与艳情的固有关联原则。写西施采莲是为了向吴王展示她“娇面偎霜，芳心吸露，清波溅处湿裙裆”的妖媚风姿，以引起君王“红裙宜嫁绿衣郎，顿然心痒，恨不得就上牙床”（第三十出）的性幻想。（2）采莲中少女之艳态，“荷叶罗裙一色裁”的优美映衬是令人愉悦的，这与采桑有别。“桑之未落，其叶沃若”（《诗·卫风·氓》）之景与“清水出芙蓉”之象在审美上有较大差异，后者的清纯、柔婉更具有魅人的力量，所以采莲之题历久而不绝。（3）采莲之曲因“不关风化体”，所以“纵好也枉然”，往往不能登大雅之堂，只成为唯美派诗人偶一为之的情感点缀。采桑因有“讽一而劝百”的用意，所以在元杂剧中演成大作。即使这样，采桑主题（也包括采莲主题）在后代文学中仍然是日渐衰微了，人们的注意力已经在新的历史环境中和审美情趣下退出了古典的境界。

对于采莲，李白领会深刻。《越女词》之二：“吴儿多白皙，好为荡舟剧。卖眼掷春心，折花调行客。”之三：“耶溪采莲女，见客棹歌回。笑入荷花去，佯羞不出来。”这些卖弄春心、活泼靓丽的少女简直是六朝“侬”类的再生，并具有前文所分析的一切特征。王昌龄也善写乐府，《采莲曲》其一：“吴姬越艳楚王妃，争弄莲舟水湿衣。来时浦口花迎人，采罢江头月送归。”其二：“荷叶罗裙一色裁，芙蓉向脸两边开。乱入池中看不见，闻歌始觉有人来。”《越女》（《全唐诗》卷一四〇原注：《乐府诗集》作《采莲曲》）后四句："摘取芙蓉花，莫摘芙蓉叶。将归问夫婿，颜色何如妾？"同样秉承了六朝吴歌的手法和用意。宋词不写本事，词牌名皆是"假借"，牌名与词的内容无关，只与曲调有关，这和"乐府古题"有相似的一面。宋词中的《采桑子》《采莲子》《采莲令》等词调，都是唐教坊曲名的遗留。直至明清，诗人词客再不如汉唐文人朝气蓬勃、兴趣盎然地抒写景物了。他们更偏爱"浓的化不开"的国仇家恨、寂寞凄凉了，所谓"残山剩水无态度"是也，他们从对意境美的开掘转向了对批判精神的执著。

图 25　老桑发新芽。

采桑与采莲的主题在后代文学中式微下去的原因还涉及另一值得重视的艺术问题。通检诗歌发展史，我们能够感到如下的一种嬗变：艺术抒情的背景从古典的动态事象转向宋元明清的静态事象，实际上这也正是人们从正视外在物境转向内在情境的重大转折，这一转折是在宋代完成的，确切地说是在中唐以后。

所谓抒情背景，是指作家在表达情感时所依托的物象境界，动态背景注重心理过程的物化，静态背景注重物象的心理化。

上古文学，直至唐代，诗人一般喜欢在动态的热烈场面中抒情（《诗经》中的“采”字，屈原“滋兰”“树蕙”等），这是一种青春跃动的生命力的象征，诗人们往往写亲自经历的事件，写自己在动作中的苦乐与体会。所以唐诗重意境，境中有意，意不独存，境无意不存。魏晋诗虽悲苦，却能雄壮苍凉、景物葱郁。宋以后，诗人有意转入内心，对景物对人事，只作袖手旁观之审视，或作沉思顿悟之修炼。宋词一味悲苦缠绵，诗则议论说明，作家们重趣味而舍意境，随趣所之，物象任人宰割，往往零碎。正因为如此，采桑、采莲之“采”与后人较为隔膜，亲临其境、演出小品式剧作的动态要求与由宋明理学所培养出的士大夫们的心态已经不能合拍了，终日静坐之功、明心见性之谈是心态老化的显著标志，它同时还标志着古典文学中士大夫文学（或曰贵族文学：因远离民间太久，其艺术的生命力已经耗尽）的衰落、平民文学（曲、小说）的兴起，这里所言的“贵族文学”与“平民文学”并非是非常恰当的概定，这个问题本文无力论及，但它肯定是一个有趣的问题。宋代之后，元明戏曲作为诗的一种变体与动态背景最为相关，并且是动态背景的实践者，所以《秋胡戏妻》重演了采桑故事，《浣纱记》也不失时机地上演了一出《采莲》。既然后人不再对“采”字感兴趣，那么诗人也无意于进一步改进这种艺术表达手段，因此，采桑与采莲的寓意结构在文学史上最终只能成为定了型的文学遗产之一。

（原载《池州师专学报》1998年第4期。）

蚕女故事与中国式“原罪”原型

蚕女故事尽管不如其他民间传说那样美丽多情（从表面看，它既没有描写爱情，也没有惩恶扬善的用心），但它的普及程度却是很高的，以致“马头娘”一词在民间广为流传。时至今日，竟然出现一个不伦不类的词组：马桑（本是一种植物）。当代作家莫言就虚构过一个故事背景地——马桑镇，苏童也曾用它给自己的小说人物命名过[①]。人们除了根据传说来确认马与桑之间的关系外，其实并非十分了解这种关系是如何确立的，也未能意识到这其中包含着一个文学母题和一个深层的文化原型。

蚕女故事最早见于东晋干宝的《搜神记》，因下文要对之进行分析，兹录全文。

> 旧说太古之时，有大人远征，家无余人，唯有一女，牡马一匹，女亲养之。穷居幽处，思念其父，乃戏马曰：“尔能为我迎得父还，吾将嫁汝。”马既承此言，乃绝韁而去，径至父所。父见马惊喜，因取而乘之。马望所自来，悲鸣不已。父曰：“此马无事如此，我家得无有故乎？”亟乘以归。为畜生有非常之情，故厚加刍养。马不肯食，每见女出入，辄喜怒奋击，如此非一。父怪之，密以问女。女具以告父，

① 莫言中篇小说《筑路》，《中国作家》1986 年第 2 期。苏童短篇小说《水神诞生》，《中外文学》1988 年第 1 期。

必为是故。父曰："勿言，恐辱家门，且莫出入。"于是伏弩射杀之，暴皮于庭。父行，女与邻女于皮所戏，以足蹙之曰："汝是畜生，而欲取人为妇耶？招此屠剥，如何自苦？"言未及竟，马皮蹶然而起，卷女以行。邻女忙怕，不敢救之，走告其父，父还求索，出已失之。后经数日，得于大树枝间，女及马皮尽化为蚕，而绩于树上。其茧纶理厚大，异于常蚕。邻妇取而养之，其收数倍。因名其树曰"桑"。桑者，丧也。由斯百姓竞种之，今世所养是也。言桑蚕者，是古蚕之余类也。

案：《天官》："辰，为马星。"《蚕书》曰："月当大火，则浴其种。"是蚕与马同气也。《周礼》，校人职掌，"禁原蚕者"，注云："物莫能两大。禁原蚕者，为其伤马也。"汉礼，皇后亲采桑，祀先蚕神曰："菀窳妇人，寓氏公主。"公主者，女之尊称也；菀窳妇人，先蚕者也。故今世或谓蚕为女儿者，是古之遗言也[①]。

干宝后面这段狗尾续貂的案语犯了和今天某些神话学家同样的错误，即不从故事产生的时代及故事本身去考察问题，而去盲目引征史料。这些案语与蚕女故事并没有直接关系，它只说明了两个简单事实，一是马与蚕有某种神秘关系，二是用"汉礼"来证明蚕乃女儿所化。他没有分析蚕与马之间的逻辑关系，也没有推究女与蚕的文化寓意。除了作品产生的时代（东晋）成为一个无言的证据外，他引用汉礼故事来证说蚕为女身，也可作为该故事不可能是神话的旁证，因为他至少是相信"蚕为女身"之说并非来自"太古"，但蚕为女身之说也并

① 引自《搜神记》卷一四，岳麓书社 1989 年版。

非起于汉代。《山海经·海外北经》："欧丝之野，在大踵东，一女子跪据树欧丝。"郭璞注："言啖桑而吐丝，盖蚕类也。"[①]《山海经》成书时代一般认为"成书于战国、秦汉之际，庶几近之"[②]，《荀子·赋篇》说"身女好而头马首"，也说蚕乃女身。还有一种晚出之说："黄帝元妃西陵氏曰傫祖，以其始蚕，故又祀先蚕"[③]，即《史记》所谓"嫘祖"[④]。女与蚕相关甚切，但这层关系是如何建立起来的呢？

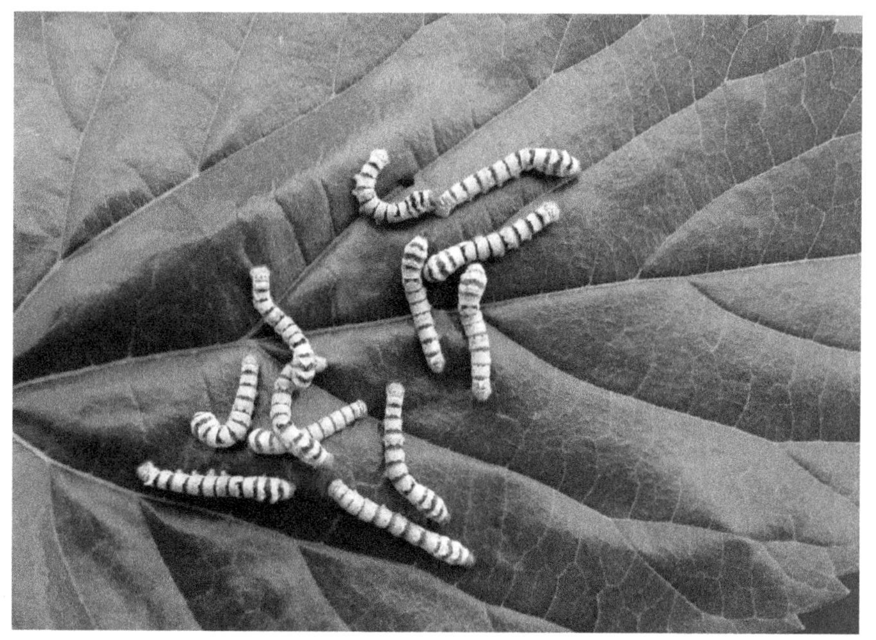

图26　桑叶与蚕。

更重要的是，《搜神记》中的故事实在太完整了，它涉及的人和

① 引自《山海经》，岳麓书社1996年版，第124页。

② 引自《山海经》文正义《跋》。

③ 引自袁珂《中国神话资料萃编》，四川省社会科学院出版社1985年版，第109页。

④ 《史记·五帝本纪》："黄帝娶于西陵之女，是为嫘祖。"

物都没有史实依托，与其他史料神话大为不同，看起来像是一篇集中精力的创作，而不可能是远古的遗迹。《搜神记》所谓“搜”字，意在说明作者不是创作者，只是一个搜集整理者，虽说蚕女故事属于“旧说”，但却于文献无征，也许蚕女故事在民间流传已有时日，只是干宝细加整理，精心连缀，使之方成首尾。袁珂认为“到《搜神记》才把蚕马神话故事源源本本揭示出来”[①]，是毫无根据的，干宝何许人也？他为何能“源源本本”道出一个神话故事？而且从故事中的生活内容来判断，它无疑发生在极其文明的时代，所称“太古之时”，乃是讲故事的惯常手段，它没有任何历史依据。所以不能根据“大人远征”之说，就断定：“像是原始时代的一个部落酋长，则蚕女广义地被称为‘帝女’也未尝不适合。”但我认为这说法恰恰是不适合的，既然它不是神话，又怎能去分析原始社会的生产关系和社会观念呢？

蚕女故事只是干宝根据秦汉以来民间传说以及同时期的社会生活、文化观念乃至文学手段进行搜集、改编的虚构性文学产品，不排除有民间之故事源，但也决不能排除干宝有添枝加叶、连缀成文的再创作之功。既然这样，我们将排除一切所谓图腾、仪式、巫术、自然崇拜等观念的干扰，从先秦至晋的文化观念以及故事的创作动机来分析它，以图有一个较为合理的证说。

一、蚕女故事的文本结构

蚕女故事固然不属于“推原神话”，但作为文学虚构的产物，它

---

① 袁珂《中国神话通论》，巴蜀书社1993年版，第150、151页。

的推原性质是可以肯定的。这一类推原故事都是根据一个客观存在之果（比如蚕、桑），通过幻想、虚拟、重构等手段追溯产生此果的因果过程。既然是虚拟的，那么它的溯因指向便不可能有严格的逻辑关系，因和果之间的关系取决于果的客观性（这就意味着其因及因果过程难免不受主观因素的影响），在这里，神话和文学虚构有较大的差异。

远古神话的虚构特征是建立在信仰基础之上的，它的宗教因素和实用因素超越了它的文学因素，而文学虚构一般不涉及信仰和实用，它是在某种情感观念指导下随机地延伸，虽然这二者都具有形象思维的特征，但是神话是一种整体性思维的结果，即“集体表象”，集体表象是可以“引起该集体中每个成员对有关客体产生尊敬、恐惧、崇拜等感情。它们的存在不取决于每个人，它先于个体，并久于个体而存在”[①]，文学虚构则必然是个体感性体验的历程。

蚕女故事在这方面具有典型性，这个故事的表层逻辑关系十分松散，它的发展过程不具有必然性，而是一种或然性成果，但在作者的观念中，或然性已经转化为必然性，故事的叙述效果也正是要求接受者信服这一先验的逻辑转化。在分析该故事的逻辑关系时，我们不得不使用“附会”这一反逻辑的词汇，就是说，蚕女故事是创作者根据客观的存在之果（蚕、桑等）附会了这样一则模拟人间生活及其矛盾冲突的志怪作品，它的深层逻辑关系不包含在文学的手段之中，而存在于表层的形象界（文本）与作者意识界（创作动机）以及作者的意识界与生活的经验界（生产生活）之间，即“经验界→意识界→形象界”之间的因果关系，这三层因果关系是通过虚拟的形象界来反映的。

① ［法］列维・布留尔《原始思维》，商务印书馆 1987 年版，第 5 页。

附会是通过较感性的联想来实现的，这联想有两条线索。

（一）视觉联想。这条线索完成了蚕和马、蚕和女之间的统一，即“身女好而头马首”。蚕头似马头，蚕肤之细嫩洁白似女子肌肤，所以称之为“马头娘”。但这种比附没有必然性，它只是一种与人们日常经验相关的视觉联想。（二）经验联想。所谓“邻妇取而养之”，说明养蚕乃女子之责，这在经验界是一种约定，也没有必然的逻辑关系。如何将这两条线索首尾连缀起来，是故事形成和进一步发展的关键。其连缀之首有一个推力，即故事所说的：“桑者，丧也。”这是汉字的一种用字法，同音即同义，这种方法不妨叫“谐音转注”[①]。桑是一种植物的名称，为何又具有情感功能？这种关系只有在经验界中才能找到答案。在此，桑即丧构成了虚构此故事的最根本的动机：寻找桑的起源中寓含着的那个悲剧因素以及桑在现实中与桑相转注的因缘。两条线索的连缀之尾在女和马之处重合，即“女化为蚕”，再向上溯，女与马在现象中分离，演绎出一则因果连贯的虚构性文本。

故事可分为四个部分。（一）缔约：幽处之女与牡马的婚约缔结；（二）毁约：父女毁约并射杀牡马；（三）强行践约：女子嘲弄因缔约而丧生之牡马与牡马的报复行为；（四）目的：女与马终于合约与女化为蚕。这四个部分是逐层展开的，并与最终指向那个先验的目的［“身女好而头马首”的蚕及桑（丧）］，各部分的发展关系只有到经验界中才可获得合理的解释。从经验界到形象界，创作者的意识界成了中介，这其中的复杂机制等同于任何文学创作的心理机制。从形象界返回经验界，阅读者的感情界成了中介，人们之所以能够相信这一

① 此处所谓“谐音转注”的说法并不科学，权作表述之便而已，特此说明。

故事，并不是出于逻辑的推理，而只是一种感情投射的结果，前者叫“姑妄言之”，后者叫“姑妄听之”，“姑妄”一词十分贴切，“姑”就是一种或然性，“妄”就是指虚构的手段。

图 27　韩启德《蚕神图》。

但这四个部分并不在同一层次上，十分明显，前三个部分是故事的发展过程，后一部分是故事发展的结果。过程是作者虚拟的形象界，它是一个独立的故事，即“缔约→毁约→践约”；结果是形象界在经验界中的显现，这是作者虚拟的因果关系，实质上乃是经验界中的既定事实（蚕既像女又像马）通过两条线索的联想、比附才创作了前面那个或然形象界，这个故事的两大部分在转折处黏合，但是黏合的逻辑又在哪里呢？为什么马皮卷女而去就变成了那么渺小的蚕？按照故事的交待，“马皮卷女”的结果会让人联想到蚕应是“身马皮而头女好”，此与“身女好而头马首”产生矛盾，此为何因？

事实上，这里的黏合关系并不能从因到果地推求，而只能从果而因地推原。以上已说明，故事是通过一分为二的两条线索来溯源的，蚕→马，桑→女，这二者虽分犹合，因为蚕不仅像马，它同时又有“女好”之征，故，在故事文本的大转折处，它们再一次黏合，“马皮卷女”就是黏合的结果，而不是黏合的原因，黏合之后，两条线索组成一股，由此一路上溯，推其原由，于是有了“毁约→缔约”的假想之因，二故事因此而完成。

根据以上分析，蚕女故事的表层逻辑关系如下图：

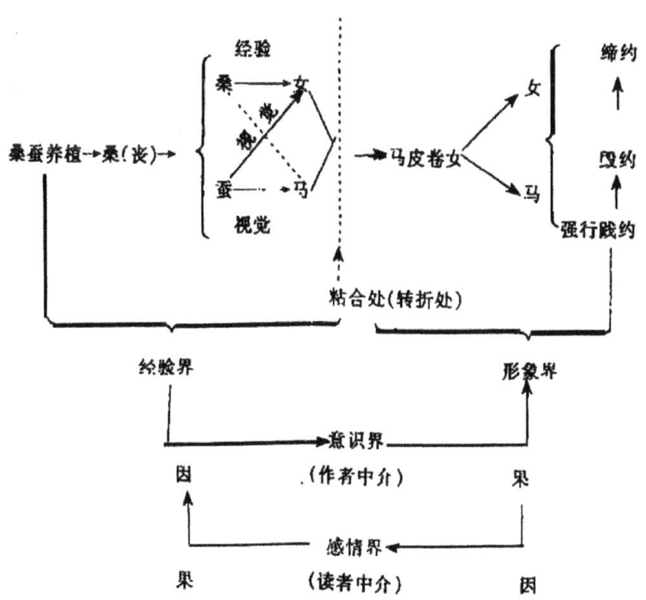

二、蚕女故事的寓意结构

既然黏合是缺乏逻辑的，那么这个故事又是如何黏合在一处的？要回答这个问题，必须从作者的意识界出发，看看他进行附会的经验依据是什么，弄清了这个关键，此故事的文化寓意才能被解析。

故事的关键词有四个：桑、蚕、马、女，上文已论及，它们之间的关系有四种属统一关系。如下：

1. 蚕和马：视觉联想；
2. 蚕和女：视觉联想；
3. 桑和女：经验联想；
4. 桑和蚕：经验联想；

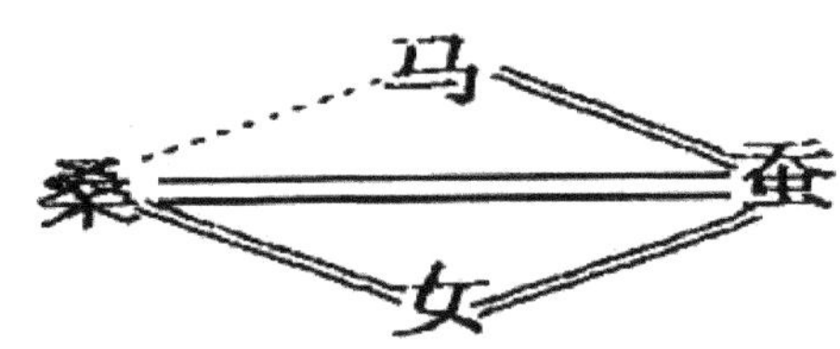

从图中可见，还有两种关系不明，即马与桑、马与女之间，这两组关系从联想的角度看缺乏依据，所以仍未找到答案。

在故事的形象界中，女和马之间无疑是矛盾的对立面，正是因为有了对立的冲突，才造成了那个悲剧的结果（马死、女亡），这个冲突我们试从三个层面展开论述。

（一）生活层面

从生活的角度去看，女和马都有其特定的功能。人类社会在经历了母系氏族社会后进入了父系氏族社会，从这时起，男子与女子的社会分工在氏族内部尤其是进入文明社会之后的家庭生活中得以定型，这一点无需引用任何材料，就可看出：男子主外，女子主内。中原农业文明最典型的生产方式是男耕女织，同时保证农耕生活的稳定、保卫家国的安全又将成为男子无可推卸的责任。在蚕女故事中，女子的父亲“远征”就是证据，战争与马是密切相关的。因此我们可以这样认为，故事中女与马的出现即喻示着女子纺织于家园、男人远征于荒外的社会现实。故事为了保证这种女与马的对应关系，不惜使情节陷入不合情理之境。（1）既然大人远征，他为何不骑上牡马？如果说父亲另有战马，那么他为何见到此马时便“亟乘以归”？父亲在这里成了一个赘疣，事实上，父亲象征着男人（尽管不是丈夫），之所以不将他写成丈夫，是为了让路给情节的进一步发展，只有未嫁之女，才可能、也才允许对公马“以身相许”。（2）故事中此女未见有纺织迹象，而是“穷居幽处，思念其父”。这里牺牲女子纺织功能是为了给蚕的来源让开求溯之道。其实，故事结尾也未能解释蚕的真正来源，“其蚕纶理厚大，异于常蚕”，就是说，在这种蚕产生之前，已有“常蚕”，但从结尾处“邻妇取而养之，其收数倍”之说可以推断妇女纺织乃是分内之事，“其收数倍”，当然是数倍于常蚕之茧，邻妇既然养蚕，此女为何不养？

因此，故事在不合情理的安排中展示了男征女织的社会分工，这种安排为故事的发展提供了生活的依据，即女子养蚕（纺织）于家、男子跨马（远征）于外，这里的冲突只反映在社会分工之上，即“男征女织”是对“男耕女织”理想分工的破坏，它造成了生活中不可避免的男女分离的现实冲突。

（二）文学层面（即情感情面）

在东晋以前的文学作品中，“男征女织”表达了独特的寓意，故而形成了永远解不开的一对文学原型：征夫和思妇。自《诗经》、汉乐府至六朝民歌及五言诗，征夫思妇的形象越来越丰满，到干宝生活的时代，对这对原型的认定应该已经成为普遍的社会观念了。

图 28　［宋］马和之《豳风图卷·七月》（局部）。

征夫与马的关系在《诗经》中已经建立。《小雅·四牡》：“四牡騑騑，周道倭迟。岂不怀归？王事靡盬，我心伤悲。”《小雅·出车》：“我出我车，于彼牧矣……王事多难，维其棘矣。”《小雅·六月》：“四牡骙骙，载是常服……王于出征，以匡王国。”这些诗句所描述的都是王国发起的战争，而这些马上征夫都在异口同声地表达“我心伤悲”之苦楚。之所以伤悲无非是“王事靡盬，不遑将母。岂不怀归？是用作歌，将母来谂”（《四牡》），思念父母；“君子于役，不知其期。曷至哉？鸡栖于埘，日之夕矣，羊牛不来。君子于役，如之何勿思”（《王风·君子于役》），思妇思念其出征在外之夫，也寓征夫思念家室之意；“昔我往矣，杨柳依依。今我来思，雨雪霏霏。行道迟迟，载渴载饥。我心伤悲，莫知我哀”（《小雅·采薇》），是在为生命消耗而悲哀。征人思念故里、父母、妻室是人之常情。故事中的大人“见马惊喜”，见马“悲鸣不已，父曰：‘此马无事如此，我家得无有故乎？’”是担忧家眷出事，所以急忙赶回。

征夫与马的关系到了汉乐府与古诗中有了新的发展。《古诗十九首》通过女子的口吻道出了征人离家“相去万余里，各在天一涯”的悲苦心情，这种心情对于征夫和思妇是可以互证的。在这类描述中，马是不可缺少的风景：“胡马依北风，越鸟巢南枝”[①]“青青河畔草，绵绵思远道”[②]“胡马失其群，思心常依依”“征夫怀远路，游子恋故乡”[③]等都在表达对亲人家乡的思念，对战争的不满，因为战争破坏了田园诗般“男耕女织配成双”的理想生活模式。这些征夫对家乡的思念又往往通过思妇之口来表达，那么思妇又借什么来排遣心中的苦闷呢？

根据生活层面的分析，我们不难看出思妇与桑蚕有着深层的联系，这种深层联系已经不能仅从联想来推断了，它关乎文学原型的确立。“女子采桑”这样一个简单行为经过文学的敷演，最终成了思妇的代名词。“采桑”主题有一个发展的过程。

《诗经》中“采桑”所喻含的意义只与性爱有关。最著名的是《鄘风·桑中》：“爰采唐矣，沫之乡矣。云谁之思？美孟姜矣。期我乎桑中，要我乎上官，送我乎淇之上矣。”写的是一场美妙的桑园约会。《郑风·将仲子》：“将仲子兮，无逾我墙，无折我桑。岂敢爱之？畏我诸兄。仲可怀矣。诸兄之言，亦可畏也。”一位采桑女子不敢越礼（逾墙）与情人幽会。既然这些女子都要在户外与人相约，说明这种情感尚不被认可，那么在女子父母的眼中，那些男子无疑是“非我族类”，要么是“道德败坏”，要么是门不当、户不对，因此，才出现男女私下相约，以致“淫奔”的结局。在蚕女故事中，这种情形也有很好的反映。

① 《古诗十九首》“行行重行行”篇。

② 无名氏《饮马长城窟行》。

③ 《托名苏武李陵赠别诗》之三、之四。

女子“穷居幽处”，为何不嫁人？因礼教是不允许因情而动的，只能以礼而动，即使她想嫁人，也得顺从“父母之命”，所以她“思念其父”。我们不认为这女子有“恋父情结”，女子思父虽然在扮演着思妇的角色，但这是故事作者造成的一种不合情理处，如前所述。但此女在家因苦闷，竟然对公马许以婚姻，此马无疑是“异类”，作为一种象征，它与《诗经》中的男子、后代文学中的贫寒子弟，都是礼教所不许的贵家女子的婚恋对象。

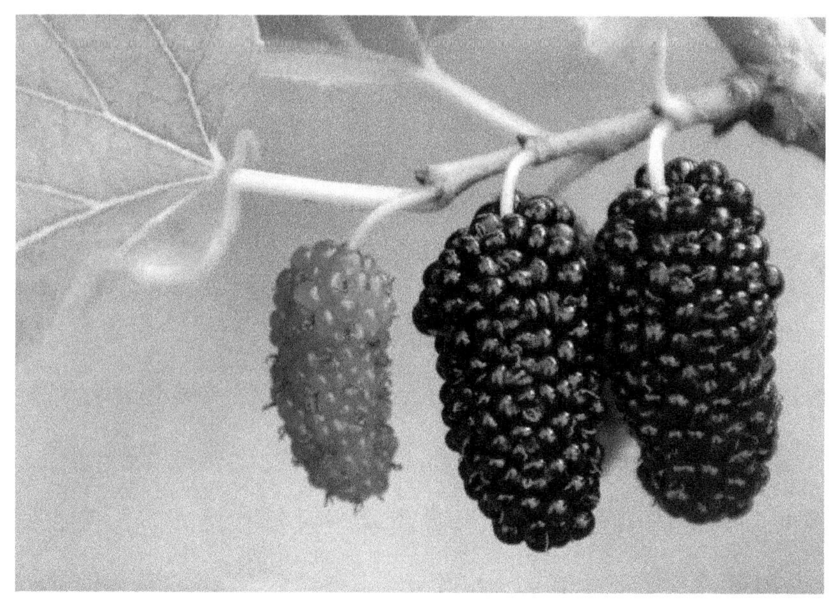

图 29　桑葚。

到了汉乐府中，采桑故事更加完整，意义也发生了转化。采桑女由怨女变成了思妇，这更切合妇女纺织在家园的现实。《陌上桑》《秋胡行》等涉及采桑女内容的诗篇有了一些共同倾向。（1）采桑女子都很美丽。（2）采桑女子独守空房于家，苦闷至极。因思念远人及“畏蚕饥”，于是“提篮行采桑”。此桑即伤、桑之转注，比喻女子伤感不已，这是“桑－丧”转注的现实因缘所在。（3）采桑女断然拒绝诱惑，忠于相隔千山万水、生死为卜的丈夫。所以她们是被歌颂的对象，其优秀品质在于美丽、勤劳、贞烈三个方面。而蚕女在这些方面不很清晰，是因故事的表层并未涉及爱情，所以她是否美丽就被忽略了（美女、青春、爱情在文学中向来是三位一体的）；勤劳之处前文已述及，是故事的不得已的不合情理之处；至于贞烈，这恰是蚕女故事的深层寓意所在，贞烈在汉魏时代与爱情无关，它只是道德要求中的一个合礼教的品质。

这样，从文学建立的原型来看，征夫与马、思妇与桑之间的关系已经成为创作的一种有意识，它必然会影响生活观念及作家创作意识。征夫与思妇（即马与桑）之间的阻隔是无法弥合的，一旦弥合了，这两个原型就会失去相对独立的意义，它们之间的这种恒等的存在构成了一个文学母题，即对旷男怨女的情感世界进行探索的动机。这一层展示的冲突属于情感范畴，因生活中男女社会分工的不同所导致的互相分离的现实，在文学中是通过马和桑两个意象来反映的。

（三）道德层面

拒绝性诱惑的采桑女最终成了被歌颂的贞洁对象，她的行为符合礼教所谓“发乎情、止乎礼义”的原则。苦闷的女子可以表达情感，但这种情感必须是经礼教所规范的结果。如果秦罗敷没有抵挡住那位多情使君的追求，那么她只会落得身败名裂的下场，因为从《秋胡行》中可以隐约感觉到，那位使君说不定正是罗敷丈夫化妆来（或派来）考验妻子是否贞洁的“间谍”，这种不道德的“戏妻”式考察方法后来经常被使用，如《破窑记》中的吕蒙正、《白兔记》中的刘知远。所以，秋胡妻罗梅英在元杂剧《秋胡戏妻》中惊悸道：“假使当时陪笑语，半生谁信守孤灯！”（第四折）

蚕女的悲剧结局实质上是“采桑女子”未能从于礼教的必然下场。此女在道德方面须负“因情而动”和“背信弃义”的双重过失。许以终身，是违背礼教的，因为牡马是异类。此马象征着那些不被礼教接受的诱惑者，女子抵不过幽处之苦，终于逾礼而行，发乎情，未能止乎礼义，此是一过。其二，当她一旦允诺了对方，最终又自食其言：“汝是畜生，而欲取人为妇耶？”她抛弃了对方，也即违背了自己的初衷：“尔能为我迎得父还，吾将嫁汝！”同时悖离了女子应该遵从的“嫁鸡随鸡、嫁狗随狗”的古训。因犯有此两大过失，那么她美丽（因情而动者向来以美丽为前提）和贞烈的品质便随之消失，对于这样的过失女性，最好的惩罚莫过于让她承受永远的劳役（化蚕而织）之苦，因为“妇人夙兴夜寐，纺绩织纴，多治麻丝葛绪捆布縿，此其分事也”[①]。

中国的传统道德对弱者（百姓、女子、奴婢）和过失者向来缺乏宽容精神，欠债还钱、失德受罚是天经地义的原则。马既然是受害者（与作为许诺者和失信者的双重身份），它无言的结局就是凭借道德原则对负心失礼的女子施以报复性惩罚，所以它即使被杀（这也是因情而动的应有结果），只成了一张无生命的陈皮，也要为人间卫道者主持正义，终于卷女而去。这种双双消亡并且死而同在的结局没有任何浪漫色彩（请与“梁祝化蝶”故事相比较），因为它不是从肯定情的角度，而是从维护礼教、扼杀情欲的角度出发的。

对以上三个层次的分析可以概括如下：

这样，前文所未解的“马—女”“马—桑”之间的关系已经十分明了，与已知的四种统一关系不同的是，这两组关系都是对立的。正因为有

① 《墨子·非乐上》。

了这种对立，才有了形象界中故事的完整和经验界中男女社会分工、情感态度以及道德责任的冲突。鉴于此，我们可以建立一个模型，即“经验界（桑—伤）形象界（丧—桑）”，它不仅包含着蚕女故事的文本框架，同时也牢固建立起故事的寓意结构。

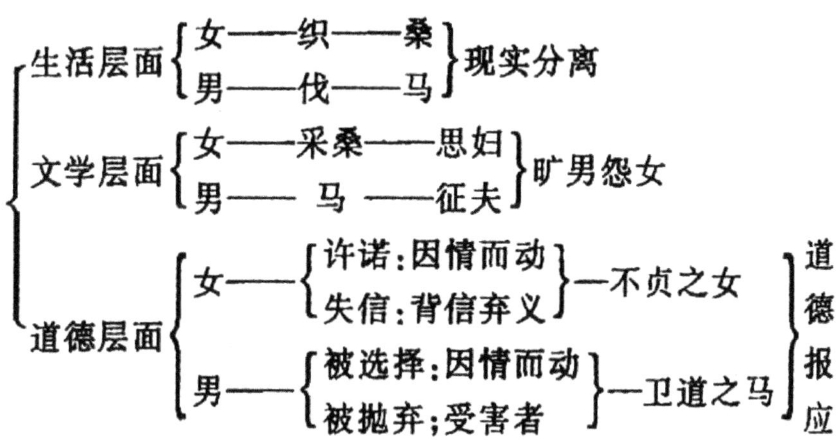

三、中国式“原罪”原型

女子化蚕看似一桩荒诞不经的“神异之事”，实则涵容了丰富的社会文化信息。如果接着前面的论析，进一步将此故事置于中国文化的大背景下来考察，我们会惊奇地发现，蚕女故事包蕴着一种典型的中国式“原罪”心理。这种心理是中国伦理文化的核心内容之一，在文学史上产生了深远的影响。

女子之所以化为蚕，是由她在人间所犯的“罪行”决定的。她的罪行有三：作为女子，居家不织；作为少女，因情而动；身为女性，背信弃义。对于这三条大罪，下面试分论之。

（一）女子居家不织之罪

中国传统文化对女性的社会功能有极系统的认定，概括起来说，不外有三。1. 婚姻功能，它使女性成为合法的性工具；2. 生育功能，即人的生产工具；3. 纺织功能，即物的生产工具。对女性如是的认定是中国古代一切学说、流派最具同调的声音，儒家更不例外。可以看出，前两种功能是女性固有的，只有后者才是人为赋予的。因此如何教导女子安于寂寞、辛苦操劳那才是男权文化机制中最强烈的愿望，因而，女子与纺织之间如影随行的对应关系在中国礼教文化中深深地扎下了根。

纺织之人皆为女性，女子从小就须学会女工针黹，所以“织女”一词便自然地进入了文化视野。织者即女子，女子即织女，这是两个从内涵到外延都叠合的名词。《搜身记》卷一第27则“神女助织”，第28则“董永与织女”以及卷四第19则“蚕神”都在说明蚕神为女性，这些女蚕神似乎都是蚕女故事中化为“马头娘”的那只蚕的幻形。

既然织者皆为女性，那么，如果女子不织，将会如何？牛郎织女的故事即为一例。

> 天河之东有织女，天帝之子也，年年机杼劳役，织成云锦天衣。帝怜其独处，许嫁河西牵牛郎，嫁后遂废织纴。天帝怒，责令归河东，但使一年一度相会[①]。

上帝同情织女辛苦孤单，决定为其择偶，正如耶和华在造了亚当之后所说的：“那人独居不好，我要为他造一个配偶帮助他。”[②]这是从婚姻角度而言的，是性的一种合法的满足指令，但织女却错误理

① 引自袁珂《中国神话资料萃编》，第113页。

② 《旧约·创世纪》。

解了上帝的苦心，一旦与牛郎相遇，大约因情而动，天真烂漫、嬉游无度以致不能自拔，此乃是因情废织的典例，所以她受到惩罚是必然的。

对于蚕女而言，她在家独居，还未接到任何满足性欲的合礼指令（父母之命、媒妁之言）便私许终身，并且未见有任何纺织（它与养蚕、采桑具有同构的意义）之举，既然如此，就让她永世纺织不朽，徒劳悲苦地为他人作嫁衣裳吧，为了达到这个目的，没有比让她最终化为专事纺织、到死丝方尽的春蚕更加合适的手段了。相比之下，上帝对织女的惩罚还带有一丝人情味，因而并不彻底。

图 30　连环画《蚕神的故事》书影。

（二）少女因情而动之罪

礼教文化强调世俗的人际关系，目的是使人能中庸乐和，相安于事；社会能稳定有序，万古长存。但是人的肉欲却是天生的，肉欲的骚动，直至上升为情欲，乃是人性内在的必然逻辑。女子尽管被神权、族权、夫权三条绳索紧紧地勒住，但那不可遏制的情欲在适当的时候会不择地而出（尤其是少女）。礼教在关心国计民生大事的同时，还不得不时刻谨防女子因情而动的小乱子，所以情乃礼教的天敌。

蚕女如同神话中的织女，不仅“废织纴”，而且耽于春情。故事尽管没有正面描写女子的心情，但她对牡马许婚实在是女子性苦闷的无言佐证。发乎情，似乎也是可以原谅的，重要的是一定得“止乎礼仪”。蚕女未能在这关键的一步前停下来，她不仅因情而动，而且还主动扮演着诱惑者的角色，这更是礼教所深恶痛绝的。

可是蚕女没有织女幸运，织女与牛郎还可一年相会一次，而蚕女则永远失去了性功能，表面上女子与马最后在蚕身上融为一体，但这个结局有着与爱情理想截然相反的寓意。前文曾有一疑，故事结尾“身马皮而女首”与现实“身女好而马首”是矛盾的，这个矛盾是由两个原因造成的。一是马皮裹女，喻示着礼教永远束缚了少女，束缚之物已经与被缚者化为一体，不可分离，永世长存。二是形象界与经验界的黏合缺乏逻辑的结果，它只不过是一种附会的手段。

少女最后成为礼教层层包裹起来的思妇（丝妇，一种有趣的谐音，而这又是因为“思父”所引起，即思父—思妇—丝妇。这使她不仅失去了自由，而且俨然也成了“异类”（蚕），既然她有难以排遣的性苦闷，而又不愿从礼而行，那么就让她成为一个被幽闭起来的异类，乃是赎罪的一种有效途径。

（三）女子背信弃义之罪

女子对牡马许以婚姻，看似儿戏，实乃人间头等大事。她一旦许诺，其对象便不再仅仅是牡马一匹，而是阴阳相对、男女相配的天经地义的礼教大幕！从这时起，她已无形中从少女蜕变为妇人了，妇人不能忠于丈夫（哪怕是“鸡犬”等异类），而是还伙同其他男子（此处的父亲又成了一个矛盾的角色）射杀“亲夫”，可见其罪不容赦。既然她不愿与“异类”结为眷属，那么就让她自己也化为异类，永世与那张陈皮为伍，毫无温馨之感，有的只是强行的束缚和冰冷的相伴相随。

图 31　油画《偷吃禁果》。

天真的少女不幸犯了这样三桩与礼教“不共戴天”之罪，她必须以自己的情感、身躯和生命去赎罪！而且这三样罪行几乎是少女最容易犯下的，也是礼教最警惕的事件，它类似于一种“原罪”，此后所有不织之女、动情之女、背信之女必将为此而付出惨重的代价，只有那些礼教驯服的奴隶才可免却受罚之苦，而真正的女性从来都是有血有肉、有情有欲的，她们对情欲的渴望就像野草一样滋生蔓延，更行更远还生。而以上三罪的根源只有一个，即情欲的觉醒（居家不织）、膨胀（因情而动）和转移（背信弃义），这个斩不断的根源历来都生长在女性最真实的心灵深处。

我们说这个故事中包含有一种“原罪”心理，但它明显是“中国式”的，它与基督教的原罪心理有根本的不同。亚当与夏娃之“原罪”是他们偷取了上帝的“智慧”：辨善恶、知羞耻的能力，并借此创造了人类的文明，使上帝的地位受到动摇，所以他们注定要承受永世的惩罚。而中国式的“原罪”则是文明的产物，女子偷取内心之情，抛弃了礼教至尊；牡马其实也是一个罪人，他未能顶住女子的诱惑，最后杀身成仁，并成了忠实的卫道者，遂了礼教之愿，但它的死亡并不比女子化蚕更痛苦。蚕那徒劳的周而复始的劳作正如西绪福斯徒劳地推动巨石、吴刚徒劳地斫砍桂花树一样，都是对不赦之人的一种极端的惩治手段。从文学发展史来看，这个“一级”惩治手段中明显包含着数种“二级”手段，诸如女子因情而遭摧残（莫愁、李慧娘）；女子因情而为异类（化蝶、鬼魅）；女子因情而被隔离（织女、七仙女）；因情而被赶出人间（七仙女、降珠仙子）等等，都是情与礼产生冲突、最后礼教致胜的必然结局。

中西“原罪”差异对照表

<table>
<tr><th>科目内容</th><th>时间</th><th>赃物</th><th>违抗对象</th><th>地点</th><th>诱惑者</th><th>主体</th><th>惩罚</th></tr>
<tr><td rowspan="2">基督教原罪</td><td rowspan="2">人类起源</td><td rowspan="2">智慧</td><td rowspan="2">神</td><td rowspan="2">天堂</td><td rowspan="2">夏娃</td><td>夏娃</td><td>生育之苦</td></tr>
<tr><td>亚当</td><td>劳作之苦</td></tr>
<tr><td rowspan="2">中国式原罪</td><td rowspan="2">文明起源</td><td rowspan="2">情欲</td><td rowspan="2">礼</td><td rowspan="2">人间</td><td rowspan="2">蚕女</td><td>女</td><td>纺织之苦</td></tr>
<tr><td>马</td><td>杀身成仁</td></tr>
</table>

蚕女故事作为一篇有意识的虚构作品，明显具有寓言的特征，它以朦胧态的方式向我们昭示了一个中国式的“原罪”原型：因情而动的女子必将以不朽的纺织作为补偿，方能维护礼教的尊严。在这个最彻底的惩罚手段中，包含有数种次惩罚手段实则是礼与情在斗争中所显示的不同程度。在中国文化史上，情与礼、美丽与贞烈、思春与妇职永远是一个矛盾系团。忠于前者，必将抛弃后者，抛弃后者又必将遭受惨烈的惩处。这种状况在中国文学史上向来是异口同声、一脉相承的，所以才拥有了那么多可歌可泣的爱情悲剧。有了女化为蚕，就会有莫愁被剜眼，霍小玉因情而亡，崔莺莺被抛弃，黛玉、晴雯香销玉殒（宝钗、袭人依礼而嫁），织女被阻隔，英台被活埋，白娘子永镇雷峰塔……

（原载《南都学坛》1999年第2期。）

从织女星到七仙女

董永遇仙传说发展到近代黄梅戏《天仙配》，女主角七仙女已经有了比较独立的个人身份，她的来源、简历和社会关系都已完成。也就是说，她与牛郎织女故事中的织女已经分离。不过，七仙女只是宋元话本改造的产物，而她的前身也是一个“织女”，所以在世俗眼中往往容易被混淆，直到今天，这种混淆现象仍不能完全杜绝。2003年8月1日《江淮晨报》：

> 怀宁县文体局退休干部张亭长期痴心于黄梅戏艺术研究，日前他在该县石牌镇董明平先生的家里，无意中发现了黄梅戏《牛郎织女》中的主人公董永的有关资料。
>
> 董永到底是确有其人还是文学虚构，史学界和文学界一直都在争论不已，由于没有确切可信的资料供人考证，至今依然是个解不开的谜。张亭此次所发现的资料，出自于董明平先生所藏的《董氏宗谱》。《宗谱》卷首“董氏历朝人物考”中云：“董永父亡，贷钱以葬，曰‘无钱当以身为奴’。及葬毕，至钱主家，道遇妇人，求为永妻。钱主令织绢三百匹以偿，一月而毕。辞永去，曰‘我天之织女，天帝怜君至孝，令我助偿债’。”这60多字的珍贵遗墨，不仅简明扼要地讲述了董永遇仙的故事，更重要的是，它可能就是黄梅戏《牛郎织女》最初的创作素材。其理由在于，怀宁是被誉为京剧之父的徽

剧和全国五大剧种之一黄梅戏的发祥地，历史上名伶辈出，有“梨园佳子弟，无石不成班”之说。《牛郎织女》取材于董永遇仙的故事，在“戏曲之乡”完全是有可能的，至于《董氏宗谱》中所记董永其人的资料还有待于进一步考证。

另据张亭介绍，怀宁县洪铺镇一带还广为流传着这样一则故事：该镇冶塘村的村南半山腰上，有一深不可测的山洞，名“雪山洞”：传言此洞直通长江，从来没有人走到洞的尽头。明朝时，有人依洞建庙，取名普陀寺。该庙门前有一棵枝繁叶茂的参天古树，当地的老百姓说：“当年董永与七仙女就是在这棵大树下由土地爷主婚喜结良缘的。七仙女被玉帝逼归天庭后，还来这里送子。往日，周边群众每年逢四月初五、七月十三，必定纷纷到庙里烧香磕头。”

《董氏宗谱》的记载与当地老百姓的口述是相吻合的，不过谱记的是织女，而老百姓说的是七仙女。董永与仙女的故事，诞生在怀宁，黄梅戏诞生在怀宁，黄梅戏《天仙配》也诞生在怀宁，怀宁县因黄梅戏也因《天仙配》的美丽传说而享誉海内外。（钱续坤）

这则报道广泛传播，大受欢迎。报道的题目也很耸人听闻：《安徽省怀宁一退休干部发现董永资料》《“牛郎”历史上确有其人：安徽怀宁发现董永资料》《织女还是七仙女？ 历史上真的有董永其人？》，其实所谓新发现“60多字珍贵遗墨”的“董永资料”不过是从《搜神记》或后来其他类书中一字不动抄来的，哪里用得着“有待于进一步考证”！写这个报道的记者将董永遇仙传说与牛郎织女传说混为一谈，原因就在于“谱记的是织女，而老百姓说是七仙女”。可见他并不明白七仙女的原身就是织女，所以在他眼中董永也就成了《牛郎织女》的主人公了。

图 32　冯小蒋《七仙女》。

织女形象是如何确立的？七仙女是如何从织女中分离出来的？牛郎织女传说与董永遇仙传说又是如何互相独立的？本文试从源流两端来探讨这个从未被解决的问题。

干宝《搜神记》首先确认下凡助织的仙女为“天之织女”，而此前曹植《灵芝篇》只说“天灵感至德，神女为秉机”，虽然神女的功能也表现在“秉机”方面，但她还没有明确地获得“织女”的名分。也就是说，至少在汉魏之际的传说中，那个下凡的仙女是否叫织女其实并不重要，重要的是，她已具有了两个方面的特征，一是她有高超的纺织技术，二是她是来自天上的神女，因为只有来自天上，她的高水平的纺织技术才更有来头。从这两个层面去观照，我们不难发现，这个“织女”其实是汉魏之前现实生活中无数的纺织女子与神话传说中天上织女星相糅合的一个“文化产品”。如果没有对女子纺织功能的现实认定，那么这个仙女下凡就不能完成“助织”的既定任务；如果没有织女星的神话传承，天帝就不能选派一位能织的神女下凡来奖掖至孝的董永。

一、纺织女：对高超纺织技术的礼赞

现实中的纺织女子，在董永传说产生之前，至少可以从两个角度对她们寻踪觅迹。一是在现实的社会与家庭分工中，女子与纺织之间如影随形的对应关系不断被加强，并最终获得完全的认定，也就是说，女子是纺织生产的主体；二是随着纺织技术的不断改进，女子的纺织水平也在逐步提高，现实生产中，一定会涌现水平高超的纺织能手。只有这样，那个帮助董永的角色才能被设定为一个女子，这是符合现实逻辑的。民间传说的合理性首先要求传说的内容与现实生活具有历史与逻辑的统一性，这在董永遇仙故事的发生过程当中一点也不例外。

在中国传统的农耕社会中，男女社会分工很早就形成了男耕女织的基本模式，在这个生产模式产生之前，即所谓“古者民不知衣服，夏多积薪，冬则炀之”[①]。那时候，“古者丈夫不耕，草木之实足实也；妇人不织，禽兽之皮足衣也”[②]。从韩非的话可以看出，战国之时，男耕女织早已是常识。中国纺织技术起源十分古老，在考古发现中，距今7000多年的河北武安滋山遗址和河南密县莪沟遗址分别出土了四个陶制纺轮[③]。而且，“中国是世界上最早饲养家蚕和缫丝制绢的国

---

① 《庄子·盗跖》。

② 《韩非子·五蠹篇》。

③ 《河北磁山新石器时代遗址试掘》，《考古》1977年第6期。《河南密县莪沟北岗新石器时代遗址发掘简报》，《文物》1979年第5期。

家，长期以来曾经是从事这种手工业的唯一的国家。”[①]所以耕和织都被认为是“本业”，“缪力本业，耕织致粟帛，多者复其身”（《商君书》），“所以务耕织者，以为本教也……后妃率九嫔蚕于郊，桑于公田，是以春秋冬夏皆有麻枲丝茧之功，以力妇教也。是故丈夫不织而衣，妇人不耕而食，男女贸功以长生，此圣人之制也”（《吕氏春秋·上农》）。为了保证人民生活的需要，纺织与成衣的技术在春秋战国以后不断得到提高。而这些琐细与繁重的体力劳动从来都是由女性来完成的。《考工记》：“治丝麻以成之，谓之妇功。”秦简《仓律》：“女子操缗（文绣）红（女红）及服（衣服）。”[②]《诗经·大雅·瞻卬》：“妇无公事，休其蚕织。” 到了战国时期，这种认定已不可动摇。《周礼·天官·序官》“缝人”职下有“女工八十人，奚三十人”。“女工”，郑注：“女奴晓裁缝者。”《礼记·内则》：“女子十年不出，姆教婉娩听从，执麻枲，治丝茧，织纴组紃，学女事以共衣服，观于祭祀，纳酒浆笾豆菹醢，礼相助奠。”《诗经·小雅·斯干》：“及生女子，载寝之地。载衣之裼，载弄之瓦。”孔疏：“瓦，纺砖，妇人所用。”朱熹《诗集传》：“瓦，纺砖也。”女子处幼时，就得让她学习纺织的游戏，因为这是她将来的立身之本、终身之职。

墨子基于其小农社会的理想，最乐道此事。略如：

> 《墨子·非乐上》：“农夫早出暮入，耕稼树艺，多聚菽粟，此其分事也。妇人夙兴夜寐，纺绩织纴，多治麻丝葛绪綑布縿，此其分事也。”

---

① 夏鼐《中国文明的起源》，文物出版社 1985 年版，第 49 页。

② 引自周自强主编《中国经济通史·先秦经济卷下》，经济日报出版社，第 1554 页。

《墨子·辞过》："女子废其纺织，而修文采，故民寒。男子离其耕稼，而修刻镂，故民饥。"

《墨子·非攻下》："农夫不暇稼穑，妇人不暇纺绩织纴，则是国家失卒，而百姓易务也。"

《墨子·节葬下》："使农夫行此，则必不能蚤出夜入，耕稼树艺；使百工行此，则必不能修舟车为器皿矣；使妇人行此，则必不能夙兴夜寐纺绩织纴。"

《墨子·非命下》："今也妇人之所以夙兴夜寐，强乎纺绩织纴，多治麻丝葛绪捆布縿，而不敢怠倦者，何也？曰：彼以为强必富，不强必贫；强必烘，不强必寒，故不敢怠倦。"

墨子对"男耕女织"社会分工进行了理论认定，而事实也正如此。孟子也反复讲到这个问题的重要性："五亩之宅，树墙下以桑，匹夫蚕之，则老者足以衣帛矣……百亩之田，匹夫耕之，八口之家，可以无饥矣。"[①]"五亩之宅，树之以桑。五十者可以衣帛矣……百亩之田，勿夺其时，数口之家，可以无饥矣。"女子在照看家庭的同时还参加劳动，最好不要离家太远，所以便有了孟子的精妙设计"树墙下以桑"，这样女子一方面不必离家就可采桑养蚕，另一方面也减轻了劳动量。这其实并非孟子个人一己的梦想，当时的生产正是这样安排的。《诗经·郑风·将仲子》："将仲子兮，无逾我墙，无折我树桑。岂敢爱之？畏我诸兄。仲可怀也，诸兄之言，亦可畏也。"一个女子在自家的院墙内采桑，引起了一个男子的注意，男子想越墙而过，前来幽会，被女子婉言拒绝。

① 《孟子·尽心下》。

纺织的产品主要有三个用途，一是为了自身与家人的生活必需，二是用于纳税，即孟子所谓“布缕之征”（《尽心下》）。除此二途之外，如果有了积余，则就可以进行交易了。《孟子·滕文公下》：“农有余粟，女有余布。”就可以“通功易事”。《诗经·卫风·氓》：“氓之蚩蚩，抱布贸丝。非来贸丝，来即我谋。”男子所抱之丝一定是其家庭女眷的“余布”。管子的思想与孟子的理想设计不同，他是从具体施政角度来思考男女分工问题的。《管子·事语》：“彼壤狭而欲举与大国争者，农夫寒耕暑耘，力归于上，女勤于缉绩徽织，功归于府者，非怨民心伤民意也，非有积蓄不可以用人，非有积财无以劝下。”《管子·轻重乙》：“桓公曰：‘然则何以守时？’管子对曰：‘夫岁有四秋，而分有四时。故曰：农事且作，请以什伍农夫赋耜铁，此之谓春之秋。大夏且至，丝纩之所作，此之谓夏之秋。而大秋成，五谷之所会，此之谓秋之秋。大冬营室中，女事纺织缉缕之所作也，此之谓冬之秋。故岁有四秋，而分有四时。’”

先秦其他诸子大多语涉女织之事。《商君书·画策》：“神农之世，男耕而食，妇织而衣，刑政不用而治，甲兵不起而王。”《韩非子·说林上》：“鲁人身善织屦，妻善织缟。”《韩非子·难二》：“丈夫尽于耕农，妇人力于织纴，则入多。”

汉代之后女子与织事相联也不必过多举证。如贾谊《新书·无蓄》：“古人曰：‘一夫不耕，或为之饥；一妇不织，或为之寒。’”《白虎通义·姓名》：“男女异长，各自有伯仲，法阴阳各自有终始也。《春秋传》曰：‘伯姬者何？内女称也。’妇人十五称伯仲何？妇人值少变，阴阳道促蚤成。十五通乎织纴之事，思虑定，故许嫁笄而字。”为了满足官府日益增长的需求，织女的劳动量也明显增强。《汉书·食货志》：

“冬，民既入，妇人同巷，相从夜绩，女工一月得四十五日。必相从者，所以省费燎火，同巧拙而合习俗也。”颜《注》引服虔曰：“一月之中，又得夜半为十五日，凡四十五日也。”

图 33　牛郎。

这种男耕女织的分工方式从实践角度确立了女子的织女身份。

男耕女织是一种生产方式，是一种社会的分工，也是中国古代小农经济的基础，它在整个古代甚至直到现代都非常普遍。汉代有谚语云：“一夫不耕或受之饥，一妇不织或受之寒。”[①]唐人亦有诗云：“夫是田中郎，妾是田中女。当年嫁得君，为君秉机杼。”[②]男耕女织又是一种生产结构，我国历代的赋税制度都是建立在这种生产结构上的。从历史

① 《汉书·食货志》。

② 孟郊《织妇词》，《全唐诗》卷三七三。

上“女织”为国家赋税所作的贡献来看，可知此为国家财政的支柱之一。[①]

在文学文献中，由女子从织演化而来的形象不仅有织女，还有采桑女、蚕妇等名目。《诗经》：

《魏风·汾沮洳》：“彼汾一方，言采其桑。彼其之子，美如英。美如英，殊异乎公行。”

《豳风·七月》：“七月流火，九月授衣。春日载阳，有鸣仓庚。女执懿筐，遵彼微行，爰求柔桑。春日迟迟，采蘩祁祁。女心伤悲，殆及公子同归。”

《鄘风·桑中》：“爰采唐矣？沬之乡矣。云谁之思？美孟姜矣。期我乎桑中，要我乎上宫，送我乎淇之上矣。”

这些采桑女子其实就是织女的另一种称呼。经过文学的关注，织女与采桑女的感情世界逐渐受到重视，结果织女在文学上的形象定位于“怨女”的一面上，因为男耕女织的理想分工往往要被现实中“男征女织”的模式所打破，于是形成“征夫与怨女”的叙事结构。

从现实到文学，织女的形象越来越丰满，到汉魏时期，已经成为一个拥有独立品格的文化符码了。所以，董永所遇神女取得织女的身份，其“能织”的特征恰好被派上用场。但女子仅仅会纺织还不能完成天帝发派给她“十日织绢百匹”的重任，于是对女子高超纺织水平和能织出高质量的丝成品“缣”的要求也不能忽视。

纺织技术的提高与纺织工具的进步是同步发展的。到汉魏时代，最重要的纺织机械的进步有两样，一是提花机的改进，二是脚踏纺车

① 何堂坤、赵丰《中华文化通志·科学技术典·纺织与矿冶志》，上海人民出版社1998年版，第18页。

的发明。西汉宣帝时，河北巨鹿人陈宝光的妻子将过去复杂的织造提花绫锦的机械简化成容易操作的新式提花机。三国时人马钧对提花机又进行了改进，于是，“织成的提花绫锦，不仅花纹图案奇特，花型变化多端，各式各样的花纹就像天然形成的那样，而且省工省时，操作简便，使生产效率成倍增长”[①]。脚踏纺车最早发明于晋代，东晋顾恺之为刘向《列女传》所作的配画中，有一幅妇女纺纱图，即是妇女脚踏三轮纺车在纺纱。

当时丝织品总称“缯帛”，根据原料和织造技法的不同，可分为平纹与提花两种。绢、纱、缣属平纹织物，绫、绮、罗属提花织物，彩色提花的叫锦。这些高级精美的丝织品当然都是由女性来完成的。

自战国以来，今山东河南就是重要的产丝地区[②]。“山东多鱼盐漆丝声色”(《史记·货殖列传》),“兖豫之漆丝絺纻”(《盐铁论·本议》),西汉曾在齐郡临淄和陈留郡襄邑（今河南睢县）设有服官，掌管高级丝织及成衣。“齐郡世刺绣，恒女无不能。襄邑俗织锦，钝妇无不巧。”(王充《论衡·程材篇》)北朝时，山东盛产“大文绫并连珠孔雀罗”(《北齐书》卷三九)，东阿县“出佳缯绢，故《史记》云，秦昭王服太阿之剑、阿缟之衣也”[③]。秦汉时，河北地区的丝织业技术水平不及齐鲁和中原，但到了魏晋之际，河北已成为丝织业的中心了。“河北妇人织纴、组训之事，黼黻、锦绣、罗绮之工，大优于江东也。”[④]北齐政府还在冀、

① 高敏主编《中国经济通史·魏晋南北朝经济卷（下）》，经济日报出版社1998年版，第983页。

② 参见高敏主编《中国经济通史·魏晋南北朝经济卷（下）》，经济日报出版社1998年版，第978-981页。

③ 郦道元《水经注·河水》。

④ 颜之推《颜氏家训》卷一《治家篇》。

定二州设有织绫局和染署，规定：“自春及秋，男十五已上，皆布田亩。桑蚕之月，妇女十五已上，皆营蚕桑。”[①]与此同时，各地还形成了自己的“品牌”优势，各擅所长：“清河缣总，房子好绵”[②]“常山细缣，赵国之编，许昌之总，沙房之绵”[③]“锦绣邑襄，罗绮朝歌，绵纩房子，缣总清河”[④]。

沿今天黄河下游一线的山东、河北地区正是董永故事发生的原域，上文提及的临淄、清河、房子（今河北高邑附近）等地与高昌侯董永的封地都比较接近，应该属于同一个“经济协作区”。尤其是“缣总清河”之说让我们明白了魏晋时期今河北山东一带有专门以生产“缣”而闻名的中心地带。董永所遇仙女也是为主人“织缣百匹”，可见现实生产正为传说发生提供了土肥水美的沃壤。

那么，女子个人的纺织能力到底能达到什么样的水平呢？《西京杂记》卷一：“霍光妻遗淳于衍蒲桃锦二十四匹，散花绫二十五匹。绫出巨鹿陈宝光家，宝光妻传其法，霍显召入其第，使作之。机用一百二十镊，六十日成一匹，匹值万钱。”陈宝光妻虽然改进了提花机，但是为了织成复杂的花纹，竟然要六十日才能成一匹。这是西汉中期昭帝时，纺织速度还不是很快。到魏晋时期，纺织机械经过改进之后，即使是一般人家的女子纺织速度也大为提高。古诗《上山采蘼芜》：“新人工织缣，故人工织素。织缣日一匹，织素五丈余。将缣来比素，新人不如故。”按一匹缣约长四丈，所以认为新人织得不快呢。《孔

---

① 《隋书·食货志》。

② 何晏《九州论》，《太平御览》卷八一八。

③ 石崇《奴券》，《全晋文》卷三三。

④ 左思《魏都赋》，《文选》卷六。

雀东南飞》也是极好的一个例证，“汉末建安中，庐江府小吏焦仲卿妻刘兰芝”的水平就是很高了，“三日断五匹，大人故嫌迟”。董永妻所织的是平纹“缣”，不用提花，成品速度一定比织提花产品要快。刘兰芝三日能织五匹，她自己当然已是很满足了，“非为织作迟，君家妇难为”，可是婆母还是嫌她慢，说明这个速度还有增长的空间，也说是说，当时社会上的纺织能手肯定会大有人在。董永之妻既然为仙女，她应该比人间的能手水平都要高，但又不能完全脱离现实纺织速度的极限，所以她“十日织成百匹”，一定会让时人大加称叹了。

董永遇仙传说对织女纺织能力的设定，是与魏晋时代女子的纺织水平相适应的，她的超常水平不会像今日人们凿空虚拟、不加约束的想象。故事既没有让仙女大施法术，盗来钱物帮助董永，也没有让她一眨眼就织成千万匹精美的提花织物，或者干脆帮助他脱逃责任，而是从当时现实可能性出发，以缣的流行与技艺、纺织的极限速度等现实因素为背景，这样塑造出的仙女就既能让主人与董永相信她，又能让世俗感叹她无与伦比的高超技巧。若是从织女角度来回味董永遇仙的原始传说模式，它其实包含着世俗世界对当时女子高纺织水平的礼赞。所以这个故事在当时之所以能够流行，就不仅是因为董永的至孝品格让人钦敬了，俗众对仙女纺织水平的惊叹也是一个极重要的传播亮点。唐宋之后织女的纺织速度衍变为“一月三百匹”或“一夜织成十匹绫”，其实只是“一旬一百匹”的别样说法，都没有摆脱手工业时代的极限速度，也就是说，在封建时代，不管后来纺织机械如何改进，纺织技艺怎样提高，这个速度还是难以超越的，所以“仙女助织”才能成为这个传说中的“传奇”因子之一。

对高水平织女的赞叹，干宝《搜神记》一书还有两则故事可为内证。

今本卷一第27则“神女助织”：

园客者，济阴人也。貌美，邑人多欲妻之，客终不娶。尝种五色香草，积数十年，服食其实。忽有五色神蛾止香草之上，客收而荐之以布，生桑蚕焉。至蚕时，有神女夜至，助客养蚕，亦以香草食蚕。得茧百二十头，大如瓮，每一茧缫六七日乃尽。缫讫，女与客俱仙去，莫知所终。

卷四第19则“蚕神”：

吴县张成夜起，忽见一妇人立于宅南角，举手招成曰：“此是君家之蚕室，我即此地之神。明年正月十五，宜作白粥，泛膏于上。”以后年年得大茧。今之作膏糜象此。

因此我们有理由说，干宝将董永遇仙故事“搜”进他的书，其实并不在意董永的孝行，而在于他对女子出神入化纺织水平的称颂，因为其意在于“搜神”，并不在于道德劝化。这种对董永妻纺织水平的赞美之声在唐代依然未绝。《全唐文》中录有一篇无名氏的《对织素判》[①]：

樊贵使妻织素，先示其式而告之曰：“必如此。”妻织遂，善于式，乃出妻。见诉州特（一作将），判合。仍笞贵六十，因损一脚，履地不得，贵不伏，诉台。

龟浪披图，地演金夫之卦；鹊桥构象，天垂织女之星。故能阴阳克谐，琴瑟斯和。其道且合，庄敬表于齐眉；其情或乖，忿怨形于反目。樊贵飞鸣圣代，饮啄昌期。预详结媛之谈，早契伐柯之义。皇皇受业，初未见于拾青；轧轧弄机，

① 董浩等《全唐文》，中华书局1983年版，第10186页。此文其实录自《文苑英华》卷五四六。

遽有闻于裂素。蜘蛛网户，朝续断丝；蟋蟀鸣阶，夜催残织。光明似雪，未惭董永之妻；皎洁如霜，翻学王阳之妇。兄莫能忍，是归妹之无家；女既不良，何立身于有地？闺门险诐，丑行已彰；州将科绳，罪人斯得。有亏于礼，善是责之难逃；不足与行，何借跛而能履。以郭贺为州牧，用刑而尚宽；既不疑为台郎，所诉之何益！

二、织女星：跨越银河的漫漫历程

从纺织业角度讨论了纺织女子，其实只明确了女性的社会功能，而接下来的问题是，为什么这样的女子天上也会有呢？也即，神仙世界的织女是从哪里来的？要回答这个问题，我们要讨论的就是星象世界中的织女星了。

一提及织女星，总让人感到其迹渺茫无稽，研究者一般都是在研究牛郎织女神话故事时才会追溯她的源头。笔者所见数十篇相关论文在研讨织女原型时，都不约而同地上溯至今存“最古老的文献”——《诗经·小雅·大东》，而且这些研究都有共同的两个必须予以纠正的缺陷：一是当溯源至《大东》时，研究者心中早已横亘了一个先入之见——牛郎织女的故事在先秦时代已经形成，这个观点导致董永在遇“织女”时变得不能名正言顺了；二是当他们在大东中看到“织女”星与“牵牛”星之名时，因为后世传说的巨大干扰，致使他们都不加辨析武断地认为——《大东》中的“牵牛”星就是后世传说中的“牛郎星”。这两个“误解”在今天仍然“似成定论”，其实它们的起源却是很早的，甚至可以说，正是这两个古老的“误解”帮助并加速了牛女神话故事的独立。

要想理清天上织女的源头，并解释关键的问题——时至汉魏时代，在织女下凡帮助董永的同时，她与牛郎的关系到底怎样？我们最好还是从中国早期天文星象学的角度来看看“织女”与“牵牛”二星在天上的位置和在当时观念中的角色究竟如何。而以前所有研究者在论及牛郎织女时，均只从故事演变的线索求解，而忽略了这个更能说明事实真相的天文知识。

先来看《诗经·小雅·大东》：

有饛簋飧，有捄棘匕。周道如砥，其直如矢。君子所履，小人所视。眷言顾之，潸焉出涕。

小东大东，杼柚其空。纠纠葛屦，可以履霜。佻佻公子，行彼周行。既往既来，使我心疚。

有冽氿泉，无浸获薪。契契寤叹，哀我惮人。薪是获薪，尚可载也。哀我惮人，亦可息也。

东人之子，职劳不来。西人之子，粲粲衣服。舟人之子，熊罴是裘。私人之子，百僚是试。

或以其酒，不以其浆。鞙鞙佩璲，不以其长。维天有汉，监亦有光。跂彼织女，终日七襄。

虽则七襄，不成报章。睆彼牵牛，不以服箱。东有启明，西有长庚。有捄天毕，载施之行。

维南有箕，不可以簸扬。维北有斗，不可以挹酒浆。维南有箕，载翕其舌。维北有斗，西柄之揭。

这首诗只是后面三章涉及了织女与牵牛。历来的注解对此诗提及二星的用意都说得很明确。《毛诗正义》解释“虽则七襄，不成报章”

时说："不能反报成彦也。笺云：织女有织名尔，驾则有西无东，不如入织相反报成文章。"所谓"七襄"即是："跂然三隅之形者，彼织女也。终一日历七辰，至夜而回反，徒见其如是，何曾有织乎？言王之官司，徒见列于朝耳，何曾有用乎？"又谓："正义曰：言虽则终日历七辰，有西而无东，不成织法报反之文章也。言织之用纬，一来一去，是报反成章。今织女之星，驾则有西而无东，不见倒反，是有名无成也。"解释"睆彼牵牛，不以服箱"时说："又睆然而明者，彼牵牛之星，虽则有牵牛之名而不曾见其牵牛以用于牝服一大车之箱也。"换言之，即是说天上的织女星，虽然有织女之名，每天在天上从东向西行经七个星宿之区，但她并不像织机上引纬工具一来一往而只是自东向西，一日一次，可见只是徒有其名，何曾织出美丽的布帛来？牵牛星虽然有其名，且明亮耀眼，却不曾见他拉过车辆！此诗点出的其他星名如启明、长庚、捄、毕、箕、南斗以及天汉等，其意都在考问其有名无实的特征[①]，进而上升到对周王室各"官司"的有名无成的责难与讽刺。

研究者对此诗的误解之一是：认为此诗中的织女星、牛郎星与银汉的关系已经构成了男女生情与被阻隔的整一关系，也即认为其时牛女神话已经形成[②]。但是这种对应关系在此诗中全然不见踪影。诗中提及天汉，是从它发着微光的角度出发的；提及织女，是从它与人间纺织女相同的名称出发的；提及牵牛，是从当时牛用于拉物运载的角度出发的。织女、牵牛、银汉与启明、箕等星在同一首诗中出现，一点也不表明它

---

① 陈子展《诗经直解》："织女、牵牛、启明、长庚以及天毕之星，皆以有名无实为喻。孙广（金旁）云：'所征天象，也是谓徒有虚名而不适于用，以喻财用匮乏。'"复旦大学出版社 1983 年版，第 726 页。

② 胡安莲《牛郎织女神话传说的流变及其文化意义》，《许昌师专学报》2001 年第 1 期。

们之间构成了神话情节上的关联，而只在于一根线索的联结——有名无实用意的类比或博喻。其实，虽然这些星名都是人们根据人间生活内容来命名的，但是在这里它们的真实身份仍然是天上的星宿，它们被提及只是为了说明问题而用作喻体的。这些星都没有包含任何神话与传说的信息，所以认为此诗是牛郎织女神话的渊源之说是没有根据的。因而，若是从此诗引出牛女神话的“男耕女织”的用意[①]，其实也是违背历史事实的，因为在《诗经》的时代，牛的主要功用只在于祭祀与拉物运载之上，牛广泛用于农耕那只是后来的事[②]。此诗批评牵牛星的名不副实也不言耕种之义。据考古发现，牛耕虽是在春秋时期出现的（如孔子弟子司马耕，字子牛；冉耕，字伯牛），但当时并不普及，时至西汉后期，才开始产生广泛影响[③]。即使《大东》的时代已经有了牛耕的出现，可此诗并不点出，也可以说明，当时牛力并未广泛用于耕种。若将牵牛之耕与织女之织进行比照则更富寓意，因为其时男耕女织已经成为当时社

---

① 杨挺《汉魏六朝七夕文学的嬗变》，《上海交通大学学报》（哲社版）2003年第2期。

② 邱福庆《中国爱情文学中的牛郎织女模式》：“中国在诗经年代之前就已进入农耕文明，耕和织是农耕文明的主要生产方式，而男耕女织是这种文明的自然结构，耕和织左右着人们的生存，耕的主要工具牛在中国古代就具有了神秘的力量，古代人们以牛为牺牲祭天，就很清楚地说明了牛在人们心目中具有通天的神秘力量。因此在这个传说中才会出现牛晓天意，告诉牛郎天女下凡洗澡的消息，而后又以它自己的死亡带着牛郎及一对儿女升天追赶妻、母。”《龙岩师专学报》1999年第12期。这段话中前一句当然没问题，但越说就越离谱了，早先的耕田用的是人力，而非畜力，这种情况在牛耕广泛使用的两汉时代仍然大面积存在。而“牛晓天意”的故事则更是近代的传说了。

③ 参见宁可主编《中国经济发展史》第1卷，中国经济出版社1999年版，第101、253页。周自强主编《中国经济通史·先秦经济卷（下）》，经济日报出版社2000年版，第1122页。

会的普遍意识。可见，其时牛耕之义并不突显[①]，所以从《诗经·大东》中借“牵牛”“织女”预先挖出“男耕女织”（当时的男耕方式主要为“耦耕”——借人力播耕）的传说主题是不切合实际的。

有人认为：

> 无庸讳言，《大东》简约的记载使我们无法看清织女牵牛这一星宿神话的原本面貌，直到汉代这一现象才得到扭转……从神话学的角度来看，《迢迢牵牛星》最大的贡献在于它使一度几乎湮没的织女牵牛神话明晰起来……很可能在《诗经》时代已经定型……秦代以前牵牛织女的星宿神话没能得到应有的记载。毫无疑问，这是一种历史的遗憾。秦汉两代牵牛织女神话得到广泛传播。[②]

这是一个典型的受到先入之见干扰的观点，还说：“尽管我们还不能肯定《大东》中的织女牵牛是一对夫妇，但《古诗十九首》中的《迢迢牵牛星》已经传达出织女牵牛为夫妇的意象，联系汉代其他典籍对织女神话记录的情况来看，织女牵牛为一对恋人是可确信无疑的。因此，到了建安时期在文人的创作中已直说织女牵牛是一对夫妇了。”这只说明了一个事实，并没能解决牛女神话起源于上古的大问题，倒是起源于汉末更有说服力。

这种观点还认为：“《大东》时代是否有牛耕，这不应成为问题。”

---

① 冯光明《落入人间的仙子——论汉魏诗歌中的织女》：“这两颗星之所以被赋予‘牛郎’‘织女’之名，并非古人观察天文现象的凭空想像，而是结合了祭礼仪式与农耕信仰崇拜以及男耕女织的现实生活的背景所形成的神话传说。”《闽西职业大学学报》2001 年第 2 期。这位论者极不严肃的一点是，将“牵牛”一名擅改为“牛郎”。

② 张强《桑文化原论》，陕西人民教育出版社 1998 年版，第 178-184 页。

于是引《山海经·海内经》：“稷之孙叔均，始作牛耕。《山海经》虽是神话典籍，但其记录亦有历史的影子。（王孝廉说）‘由此推想，在殷商时代牛已经是很重要的动物了，也许已经有了使用牛耕的现象了。’应该说王孝廉先生的论述是精辟的，即使殷商没有出现牛耕，在周代进入牛耕时代当不成问题。”这段话有三个严重的问题：第一，这样论证牛耕的起源简直如同猜谜，人类社会的发展与进步是一个历史的问题，生产劳动中以畜力代替人力不是今人凭想象或靠神话所能真实反映的，它要受到生产力和社会意识的限制，所以必须以“多重证据”来说话。王孝廉在此不过是做了一个简单的推测，而这位论者就认为“精辟”，着实令人费解！第二，这样的论证方法也不可取，要证明周代开始使用牛耕，何劳绕那个大弯子推说殷商之事，其实，若按这种方法，何不从盘古开始讲起？第三，以《山海经》中有史料为由而不加辨析就随意引用它们，则《山海经》中任一条材料都可以以史料观之，这是十分荒谬的方法。

《诗经》看不见牛女神话，正是那时还没有这个神话；秦人不言也是同理；汉人所言牛女之情只是自己情感与观念的投影，《迢迢牵牛星》岂能有办法“使一度几乎湮没的织女牵牛神话明晰起来”？因为它不是“一度湮没”，而是“从来就没有”！

研究者第二个误解是：认为此诗提及的“牵牛”就是后世传说中的“牛郎星”。《尔雅·释天》：“何鼓谓之牵牛。”《注疏》：

> “何鼓谓之牵牛”者。李巡云：“何鼓、牵牛皆二十八宿名也。”孙炎曰：“何鼓之旗，十二星，在牵牛北也。或名为荷鼓，亦名牵牛。”如此文，则牵牛、何鼓一星也。如李巡、孙炎之意，则二星。今不知其同异也。案《汉书·天

文志》：“牵牛为牺牲，其北河鼓。河鼓大星，上将；左，左将；右，右将。”亦以牵牛、河鼓为二星。郭云：“今荆楚人呼牵牛星为担鼓，担者荷也。”顺经为说，以时验而言也。

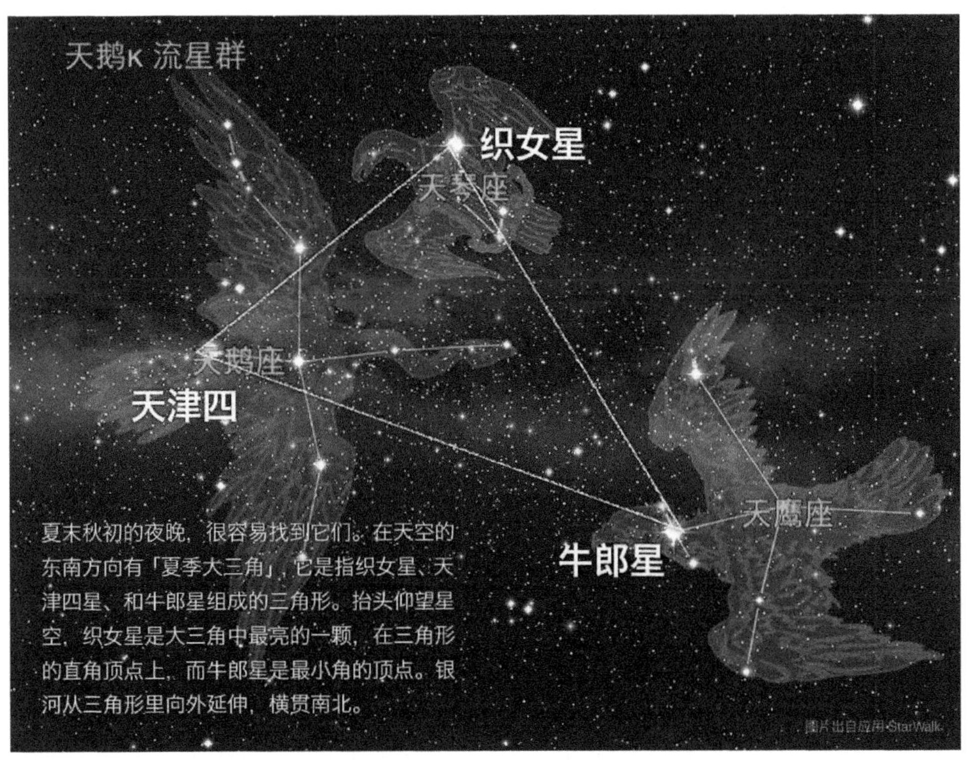

天鹅κ 流星群
织女星
天琴座
天鹅座
天津四
天鹰座
牛郎星
夏末秋初的夜晚，很容易找到它们。在天空的东南方向有「夏季大三角」，它是指织女星、天津四星、和牛郎星组成的三角形。抬头仰望星空，织女星是大三角中最亮的一颗，在三角形的直角顶点上，而牛郎星是最小角的顶点。银河从三角形里向外延伸，横贯南北。
图片出自应用·StarWalk

图 34　牛郎织女星。

这段话其实是有问题的。（一）说何鼓（即河鼓）就是牵牛，于理不通。而李巡之注也有问题，牵牛六星之中央大星为二十八宿北方七宿中牛宿之距星[①]，说何鼓也是二十八宿则无任何文献支持，只有一

① 距星是指二十八宿各宿中取作依据的代表星。崔石竹等《追踪日月星辰》：“由于古人全凭肉眼直接观测，为了测定天体的位置，必然在每一宿中选取一颗较亮的星作为测量的标准，这颗被选定的星叫‘距星’。某一宿的距星与下一宿的距星的赤经差，叫作某一宿的赤道距度，简称距度。”人民日报出版社 1995 年版，第 41 页。

种解释，那就是信从了前面那句话。若何鼓与牵牛为一星，李说则通，而李说中“皆”字可疑，说明是二星，所以李说不通。孙说所谓十二星即牛宿北环绕河鼓三星的左旗、右旗，但二旗实际各有星九颗。李说与事实不符。注者谓李孙二人之文似说牵牛、何鼓为一星；可他又揣测二人意实为二星，不知何据？（二）注者引《汉书》并不严谨，《汉书》之说其实全从《史记》抄来，所以应先引《史记》。（三）解释“河鼓”之义用后来民俗谣传的资料，也不科学，因为星名产生更早。按荆楚人因称担鼓（即担鼓、挑鼓之意），其实这只是很后起的民间附会之说。而《史记》对“河鼓”的解释为“河鼓大星，上将；左，左将；右，右将”，这应该比后起的说法更符合先秦时代的实际——河鼓一名未发现于先秦文献，当产生于秦汉之际，笔者颇疑《尔雅》之说是受了《史记》之后汉人观念的影响。张守节《史记正义》：

> 河鼓三星，在牵牛北，主军鼓。盖天子三将军，中央大星大将军，其南左星左将军，其北右星右将军，所以备关梁而拒难也。占：明大光润，将军吉；动摇差戾，乱兵起；直，将有功；曲，则将失计也。自昔传牵牛织女七月七日相见，此星也。

张守节为唐人，所以末一句定是唐人观念。河鼓之“河”字也不应该讹成“何”或“荷”字，这个“河”字就是指的河汉，因为河鼓三星正在银河边上，这看上去正是一个有利的战场据点，即所谓“备关梁而拒难”。左旗、右旗也是军事术语。《太平御览》卷七引《荆州星占》：“河鼓一名三武，一名天鼓。”卷二三七引《石氏中官占》：“河鼓星，主军鼓。一曰三星主天子三将军，中央大星为大将军，左星为左将军，右星为右将军，所以备关梁而距难。”均是此意。

《太平御览》卷六引《大象列星图》：

> 又曰河鼓三星在牵牛北，主军鼓，盖天子三将军也。中央大将军也，其南左星左将军也；其北右星右将军也，所以备关梁而拒难也。昔传牵牛织女七月七日相见者，则此是也。故《尔雅》云："河鼓谓之牵牛。"又古歌曰："东飞伯劳西飞燕，黄姑织女时相见。"黄姑者，即河鼓也，为吴音讹而然。今之言者，谓是列舍牵牛而会织女，故为此分析，令知断其疑焉。

此说已将河鼓与牵牛明确分开，且引《尔雅》之语作为结果，所谓"故《尔雅》云……"，这是对"河鼓谓之牵牛"的一种合理解释，把河鼓视作牵牛宿的一个部分。但又说此河鼓就是会织女的"牵牛"，所谓"昔传"之"昔"只能追溯到东汉以来。

以上各家对河鼓三星的认定其源全出《史记》。《史记·天官书》：

> 南斗为庙，其北建星，建星者，旗也。牵牛为牺牲，其北河鼓。河鼓大星，上将；左，左将；右，右将。婺女，其北织女。织女，天女孙也。

所谓"牵牛为牺牲"，其实是从牛在先秦最重要的功用（祭祀）而言的。中国古人给天上星宿的命名，最能体现人间的社会秩序和生活图景，三垣、四象、二十八宿及各单位下的所有星名都是人间事象的对应，有些星的命名方法今天依晰可辨。牵牛星即牛宿距星所在的星群，共六颗星，看上去牛有四脚，加上牵牛之人的两脚，共六点，或以牛两角与四脚为六点。牵去用作祭祀的牺牲，于是便有了牵牛一名，而此名与天汉边上的河鼓三星并不相干。

自《史记》之后，历代正史《天文志》对于牵牛六星与河鼓三星从不混淆，只有民间根据各地的生活图景和传说需要才会将它们混为一物——因为河鼓三星与织女星相配有更好的视觉效果。王逸《九思·悯上》："越云汉兮南济，秣余马兮河鼓。"自注："河鼓，牵牛别名。"洪兴祖补注："《尔雅》：河鼓谓之牵牛。《晋志》：河鼓三，在牵牛北。"王逸为东汉中期人，《后汉书·文苑传》："王逸字叔师，南郡宜城人也。元初中，举上计吏，为校书郎。顺帝时，为侍中。"元初为公元114-120年，可知此时二星已经混同。《魏书》卷九一："织女朗列于河湄，牵牛焕然而舒光。"注曰："织女三星在纪星东端，牵牛六星在河鼓南。世人复以河鼓为牵牛。"曹植也将二星混同，《洛神赋》："从南湘之二妃，携汉滨之游女。叹匏瓜之无匹兮，咏牵牛之独处。"[①]李善注：

史记曰：四星在危南。匏瓜。牵牛为牺牲。其北织女。织女，天女孙也。天官星占曰：匏瓜一名天鸡，在河鼓东。牵牛一名天鼓，不与织女值者，阴阳不和。曹植九咏注曰：牵牛为夫，织女为妇。织女、牵牛之星，各处河鼓之旁。七月七日，乃得一会。阮瑀《止欲赋》曰：伤匏瓜之无偶，悲织女之独勤。俱有此言[②]。

① 朱东润《中国历代文学作品选》注"匏瓜"："星名，一名天鸡，独在河鼓星东。无匹，没有配偶。因匏瓜星不与它星相接，故谓无匹。"注"牵牛"："星名，古代神话，牵牛、织女二星为夫妇，各处天河之旁，每年七月七日乃得一会，故云'独处。'"此二注对河鼓与牵牛二星的关系没有说明。

② 此将"河鼓"理解为银河之岸，则牵牛也指河鼓三星；如就指本星，则牵牛为六星。李善又注曹丕《燕歌行》："曹植九咏注曰：牵牛为夫，织女为妇，织女、牵牛之星，各处一旁，七月七日得一会同矣。"可见曹植之意已以河鼓为牵牛，前注"各处河鼓之旁"中"鼓"字衍。

关于牵牛六星[①]、河鼓三星、织女三星的方位，旧称隋丹元子所作的记诵星垣名、数的天文口诀《步天歌》[②]说得非常形象明确：

图 35　男耕女织图。

牛宿：六星近在河岸头，头上虽然有两角，腹下从来欠一脚。牛下九点是天田，田下三三九坎连。牛上直建三河鼓，鼓上三星号织女，左旗右旗各九星，河鼓两畔右边明。更有四黄名天桴，河鼓之下如连珠。罗堰三乌牛东居，渐台四星

① “牵牛”之所以可指六星，是民俗观念的反映。一人一牛，共六只脚，像六颗星。民间有歇后语：“牵牛下水——六脚湿”“牵牛下水——六脚齐湿”等。

② 引自潘鼐《中国恒星观测史》，学林出版社 1989 年版，第 128 页。

似口形，辇道东足连五丁，辇道渐台在何许（一本作河浒），欲得见时近织女。

王力先生也认为《大东》中的“牵牛，指牛宿（不是‘牵牛星’）”[①]，其实他的说法也不清爽，因为他也受到后来将牵牛星名移作河鼓星观念的影响，应该说，《大东》中的牵牛星指牛宿距星所在的牵牛六星，而不是河鼓三星（后来也称作牵牛星或牛郎星，即织女的对应星）。天文学书籍大多将二星辨析清楚[②]，而文学研究者在论及该星时，唯恐《诗经》中的牵牛与织女星挂不上关系呢，哪里还去辨析牵牛与河鼓的不同[③]。如较早研究此主题的黄石先生在文中先已明明辨析了“牵牛与河鼓非同一星座”，而接着又说：“再说牵牛星，他的位置适在银河岸边，北极之南。由北极向南引一条线，通过织女星，长约八十度，这条直线的南端，有三颗星落在上面，三颗星的中间一颗，最光耀明亮，西方叫Altair，中国人叫作牵牛。”[④]有的论者看上去对二星的

---

① 王力《谈谈学习古代汉语·为什么学习古代汉语要学点天文学》，山东教育出版社1984年版，第226页。

② 刘韶军编著《古代占星术注评》：“牵牛、牛宿，北宫七宿之一，共六颗星，在占星术上牛宿主牺牲。牺牲，指祭祀时奉献的牛羊猪。织女，星名，共有三星，在女宿之北，与河鼓三星隔银河迢迢相对，民俗中的牵牛星即指河鼓星，所谓牛郎织女即河鼓星与织女星。”北京师范大学出版社1992年版，第28页。

③ 聂石樵主编，雒三桂、李山注释《诗经新注》：“牵牛，星座名，由三颗星连成，因在牛星上端而得名。”齐鲁书社出版2000年版，第415页。此注有两个明显错误。第一，星座是西方天文学之名，中国古代称星宿或星官，二者在所指上不是对等关系，所以不能说牵牛为星座。第二，“因在牛星上端而得名”全是臆想，没有任何文献支持。

④ 黄石《七夕考》，原载《妇女杂志》第16卷第7号（1930年7月），《黄石民俗学论集》，上海文艺出版社1999年版，第451、354页。

不同似乎从不知晓[①]。有的学者的研究方法真让人匪夷所思："对于其中的'牵牛'，唐代的韩愈、今人王力先生等认为不是指的牛郎三星，而是指的二十八宿中的牛宿六星，我也曾有此认识。近从牛女等神话的源流来考察，觉得还是指牛郎三星为好。"[②]根本不考察星名的演变而只从自己"觉得为好"出发，岂能得出正确的结论！

在《史记》中，牵牛星尽管与织女星在同一段文字中出现，可是常引传说入史的司马迁并没有将二者之间的"神话传说"向后人点出，而在这段话中，织女星的神格已经形成——即所谓"天女孙也"。这只能说明，当时牛郎织女的传说还没有成形。河鼓三星在后世传说中才有了牵牛星、牛郎星之名目，这种混同是在汉代完成的，也正是这种混同才为牛女神话发展起来提供了机会，因为这两个分处银河两岸的亮星更容易引起人们的遐思。有人则将牵牛与河鼓的先后顺序颠倒，认为牵牛原就是河鼓三星，后来才将牛宿六星称为牵牛，不知何据。

> 牵牛即河鼓，也作何鼓，《尔雅·释天》"何鼓谓之牵牛"，郭注："今荆楚人呼牵牛星为但鼓，担者，荷也。"牵牛也是三星，排列成中间微微隆起的扁担形。河鼓二于三星中最明，是一颗一等亮星——诗所以曰"睆彼牵牛"，睆，"明星貌"也。不过在后来的二十八宿体系中，牵牛的名称给了不很明亮的牛宿六星。《史记·天官书》："牵牛为牺牲，其北河鼓。"可知至迟到西汉，河鼓就已明确不再是牵牛。只是民间依然

---

① 薛以伟《浅谈"七夕"传说与诗词》："牵牛星（民间俗称牛郎星），二十八星宿之一，玄武七宿的第二宿，有星6颗，即摩羯座6星，在银河南边；织女星，即天琴座的3颗主星，在银河之北。牵牛、织女在银河两岸遥遥相对。"《彭城职业大学学报》2000年第2期。此说根本不知还有河鼓星的存在。

② 徐传武《漫话牛女神话的起源和演变》，《文学遗产》1989年第6期。

长久保留了古老的名称。南阳出土的东汉画像石中，仍有它的形象——画面上，一童子牵牛，牛的上方，横排一列三颗星，依然是用牵牛的形象来为河鼓三星写照。虽然这些象征式的星图并不严格考究星官与星官之间及星官与日、月之间的位置关系，但就单个星官来说，常常是写实的[①]。

所谓“不过在后来的二十八宿体系中，牵牛的名称给了不很明亮的牛宿六星”这话只是武断，因为二十八宿的距星选择并不以星的亮度为依据的[②]。此说也是受到后世牛女神话影响的一种误解。汉画像石正好说明了至东汉时代，河鼓已经混同为牵牛了，这为牛女结缘提供了前提。

除《诗经·大东》外，认定牛女神话起源亘古者通常引及的第二条材料是汉武帝时修凿昆明池，池边立有牵牛、织女二石人像，因而以为武帝之前牛郎织女已经结缘。

班固《两都赋》：“集乎豫章之宇，临乎昆明之池。左牵牛而右织女，似云汉之无涯。茂树荫蔚，芳草被隄。兰茝发色，晔晔猗猗。若摛锦布绣，烛燿乎其陂。”李善注曰：“《三辅黄图》曰：上林有豫章观。《汉书》曰：武帝发谪吏穿昆明池。《汉宫阙疏》曰：昆明池有二石人，牵牛、织女像。《毛诗》曰：倬彼云汉。”张衡《西京赋》：“乃有昆明灵沼，

---

① 扬之水《诗经名物新证》，北京古籍出版社2002年版，第371-372页。

② 夏鼐《从宣代辽墓的星图论二十八宿和黄道十二宫》：“二十八宿并不是恒星中最明亮的，并且也不是赤道附近最明亮的星，二十八宿的星辰中，包括距星，只有一个一等星（角宿）和一个二等星（参宿），一般是三、四等星，甚至于有四个（奎、柳、翼、亢）是五等星，一个六等星（鬼）。反之，许多邻近赤道的一等至三等星，倒没有入选，最显著的例子如一等星中的河鼓二、天狼、大角、五车。有人以为各宿的距星大都是‘显著之星’，这并非事实。”《考古学论文集》，河北教育出版社2002年版，第358页。

黑水玄阯。周以金堤，树以柳杞。豫章珍馆，揭焉中峙。牵牛立其左，织女处其右。日月于是乎出入，象扶桑与濛汜。”

昆明池建于武帝元狩三年（公元前120年），班固《汉书·武帝纪》载：汉武帝元狩三年秋，“发谪吏穿昆明池”。臣瓒曰：“《西南夷传》有越嶲、昆明国，有滇池，方三百里。汉使求身毒国，而为昆明所闭。今欲伐之，故作昆明池象之，以习水战，在长安西南，周回四十里。”《食货志》：“时越欲与汉用船战，遂乃大修昆明池。”《西京杂记》卷一：“武帝作昆明池，欲伐昆明夷，教习水战，因而于上游戏养鱼，鱼给诸陵庙祭祀，余付长安市卖之。池周回四十里。”

从以上几条材料来看，牵牛织女的石像并不包含有二人已结良缘的信息。其实班固与张衡二赋说得再清楚不过，“左牵牛而右织女，似云汉之无涯”“牵牛立其左，织女处其右。日月于是乎出入，象扶桑与濛汜”，都在说明，牵牛织女二石像的设立是为了模拟天象，牵牛（六星）与织女分处银河两岸，是自古以来的常识。《三辅黄图》卷四“汉昆明池”条就明确说：“昆明池中有二石人，立牵牛织女于池之东西，以象天河。”同书卷一“咸阳故城”条：“渭水贯都，以象天汉。横桥南渡，以法牵牛。”后一句已经掺杂了后世的观念。笔者认为，昆明池边的牵牛仍然与《诗经》一致，不指河鼓三星而是牵牛六星——因为汉代如此重要的工程，其设计的参考文献一定是“经”，在昆明池边，他们是用作突出“云汉”的参照物，以显示汉武昆明池的浩大无垠。虽然二星宿已经人格化，这也只为不过是《诗》意的延续，在这个教习战守的大池边，一对男女的私情根本没有存身之地，所以此时牛女故事尚未确立。

有学者认为“织女与牵牛的情感纠葛传说至迟在战国末年秦朝初

年已经广为流传”[①]。笔者不能同意此说，因为这个结论只是建立于两条考古竹简之上，一条为云梦睡虎地秦简《日书》甲种第155简正记：“取妻”忌日说：“戊申、己酉，牵牛取织女，不果，三弃。”另一简文：“戊申、己酉，牵牛以取织女，不果，不出三岁，弃若亡。”文章紧接着说：“由此可证当时不仅流传牵牛与织女缔婚的传说，而且因为织女牵牛为河汉的阻隔未能成婚的传说而影响到民俗生活，形成一种民间婚嫁的时间禁忌。”两条竹简的内容因为过于简略，我们从中根本看不出这个以后世牛女故事的完整版本为前提的结论。笔者认为，竹简上所说的“牵牛”“织女”仍然是天上星名，这是占星术的一种语符，是天人感应的一种认同；之所以将二人与“取”联系上，也不是因为美丽的神话已经形成，而是二星的名字正好象征男女之间的对应关系。时至战国时期，牛耕的进一步推广，牵牛与男耕之间的对等关系正在形成。但是在人们观念中，二人分处银河两侧的现实难以突破（两条竹简均说“不果”），二人结缘之事便不能构成。如果从这两条偶然存世的简文出发，就得出牛女故事在当时就“广为流传”，且推想出河汉阻隔在二人婚配中的作用，是不能服人的，因为没有其他任何材料能够证明这个冒险的结论，而且从《诗经》至东汉末年的漫长时间中，都只有牵牛织女作为星宿的材料。牛女婚配故事只有等到东汉中后期才有可能流传开来。

还有一种观点实在令人难以置信。明人冯应景《月令广义·七月令》引有梁殷芸《小说》中的一段话，是牵牛织女故事的较完整版本：

> 天河之东有织女，天帝之子也，年年机杼劳役，织成云

① 萧放《七夕节俗的文化变迁》，《文史知识》2001年第8期。

锦天衣。帝怜其独处，许嫁河西牵牛郎。嫁后遂废织纴。天帝怒，责令归河东。但使一年一度相会[①]。

说织女在河东、牵牛在河西与事实天象不符。陆机《拟迢迢牵牛星》也说："牵牛西北回，织女东南顾。"杜甫《牵牛织女》："牵牛出河西，织女处其东。"有人于是得出结论："公元前 2400 年，相当于母权制氏族向父权制氏族过渡的时期……我认为牛郎织女的神话，即起源于这个时期。"[②]其根据是天文学家郑文光的一句话："据计算，公元前 2400 年，河鼓星（牛郎星）在织女西。"这个推论本没有问题，但用它来解释牛女神话的起源我认为极不可靠。郑文光原话是：

竺可桢也指出过，牛、女两宿距星本来是牵牛（河鼓，天鹰座 α）和织女（天琴座 α）两星，后来才为今牛宿一（摩羯座 β）织女宿一（宝瓶座 ε）替代。但目前织女在河鼓西，不符合牛、女的顺序，据计算，公元前2400年，河鼓在织女西。这是否意味着，二十八宿形成于公元前 2400 年？

但是，说二十八宿整个体系形成于公元前二千多年的原始社会或奴隶制初期，论据还略嫌不足。竺可桢本人，后来又修改他自己的观点。他于 1951 年说："大概在周朝初年已经应用二十八宿。"在 1956 年，他认为，二十八宿的形成不会早于公元前四世纪。郭沫若则认为在战国初年。钱宝琮认为黄道二十八宿成立于战国，而赤道二十八舍则成立于春秋。

---

① 《佩文韵府》卷二六引《荆楚岁时记》又有这段话，但今本《荆楚岁时记》无此语。据明张鼎思《琅邪代醉篇》卷一"织女"条说，此段又见于梁任昉《述异记》，今无。参见袁珂《中国神话史》，上海文艺出版社 1988 年版，第 318 页。

② 徐传武《漫话牛女神话的起源和演变》，《文学遗产》1989 年第 6 期。

新城新藏认为，二十八宿形成于周初以前①。

首先，既然多数学者认为二十八宿只产生于东周之际，那么再上溯二千年，人类各种生活信息都茫不可知，而如此明确的“牵牛在河西，织女在河东”的观念在事实天象已经发生变化的前提下还在固执地传播着，直到汉魏时代才由陆机等人第一次记录下来，这说法本身就是一个“神话”。其次，根据现有的材料，我们很容易看清，牛女生情的故事是随着时代发展而逐步形成并丰满起来的，它不是一个古老的神话，而与中国大多数“神话”一样，是后起的产物，尤其与文人的参与分不开，因为牛女传说包含着一个情感命运的主题，而这样的主题又是在东汉末年“文的自觉”、生命与情感意识觉醒之潮流中突现出来的②。

那么，为什么文人笔下的牵牛织女星的方位与事实不符？只有两个原因，一是观察上的失误。因为星空具有运动和纷杂的特征，所以确定星宿的相对位置并不是一件易事。今所见历代星图在星宿的定位上都有不同程度的误差，对天象的认识和记录的准确性也是逐步完成的。其实，牵牛织女二星并不在明确的东西方向上，银河是斜着穿过天空的。如晋苏彦《七月七日咏织女》：“织女思北沚③，牵牛叹南阳。”苏轼《百步洪二首之二》：“我时羽服黄楼上，坐见织女初斜河。”

---

① 郑文光《中国天文学源流》，科学出版社1979年版，第77页。

② 钱志熙《唐前生命观和文学生命主题》：“汉末文人在表现生命主题上的最大成就还不是对自身生命价值的表现，而是在其表现的一切生活境界中都渗透着的生命意识，将生活境界升华为生命境界。爱情、友情、别情、离思是汉末文人诗的几项最重要的主题。可是这些主题的表现都与感伤生命的意识相结合。这是古诗对文学生命主题的最大发展。”东方出版社1997年版，第182页。

③ 《岁时杂咏》作“织女思北征”，《北堂书抄》作“织女思北陆”。

笔者认为天河最早得名为“汉”而不是“河”，乃是古人以汉水作为它的人间对应物的，因为汉水在东西方向上也是斜着的。牛、女二星其实在南北方向上更明显，观察者在夜间会发现，因地球自转，星汉是“西流”的，以北极星为圆心由东向西呈扇形运动，观察者在东西方向上产生错觉是完全可能的。《文选》李善注陆机诗：“《大戴礼·夏小正》曰：七月初昏，织女正东而向。”其次，一旦有一个人将错觉记入文字之中，那么后来者在引用时因为要遵循“用典”的准确性，岂能随意更改？杜甫诗就是最好的说明，在唐代，难道牛女的方位还与公元前 2400 年一样？他难道只是笔误？[①]都不是，他其实是为了遵从用典的原则才将错就错的。所以用这个错觉来解释牛女神话起源于上古，那只会带来更多问题。

西汉以后，因为对牵牛与织女二星神的男女性别的认定，那么相应之社会功能也逐步附着于其身。比如织女因为是天上星神，且又为女性，于是她往往成为配婚的拟想对象，这并不要等到牛女故事完全丰满之后才会出现，甚至可以说，她与牵牛的结缘是因为，此前她的性别功能逐渐被发掘出来已经成为一个必要的前提。《淮南子·俶真训》：“若夫真人……驰于外方，休乎宇内，烛十日而使风雨，臣雷公，役夸父，妾宓妃，妻织女，天地之间何足以留其志！是故虚无者道之全，平易者道之素。”王逸《楚辞·九思·守志》：“历九宫兮遍观，睹秘藏兮珍宝；就傅说兮骑龙，与织女兮合婚。”这两则材料都将天上织女作为性幻想的对象，也可以证明，此时——东汉初年以前，天上织女不仅没有与牛郎相匹配，甚至还没有固定的任何婚配对象，所

① 浦起龙《读杜心解》卷一：“‘牵牛织女’四字宜倒转。牵牛三星如荷担，在河东；织女三星如鼎足，在河西。公偶涉笔误耳。”

以文人才可以随意将之纳入自己的“有色”视野。

图 36　胡伯祥《织女图》。

现存较早透露牛女生情的材料是东汉末年的一些诗文。《古诗十九首》第十首突出了两个重要情节点：二人已经生情；因河汉而暌违的无奈。

> 迢迢牵牛星，皎皎河汉女。纤纤擢素手，札札弄机杼。终日不成章，泣涕零如雨。河汉清且浅，相去复几许。盈盈一水间，脉脉不得语。

宋代蒲积中编《岁时杂咏》卷二五“七夕”下所录前三首诗为：第一是《古诗十九首》“迢迢牵牛星”。第二为李充《七月七日》：“日朗垂玄景，河汉截昊苍。牵牛难牵牛，织女守空箱。河广尚可越，怨此汉无梁。”第三是曹植《九咏》：“乘回风兮浮汉渚，目牵牛兮眺织女。交有际兮会有期，嗟痛吾子兮来不时。”李充的诗感叹河汉不能逾越的痛楚，牛女相会之事似未形成[1]；曹植的诗已然表明牛女相会有期，而感慨于自己与心上人的分离之痛。若据《艺文类聚》卷四“岁时中”[2]，此李充为晋人，其诗应置于曹植之后。从这几首诗中似可获取这个故事情节的增殖痕迹。《古诗十九首》突出的是分隔的苦恼，因为天汉无梁可通，所以产生怨恨之情。只是更加人性化，情感更加缠绵。曹丕《燕歌行》：“明月皎皎照我床，星汉西流夜未央。牵牛织女遥相望，尔独何辜限河梁。”陆机《拟迢迢牵牛星》：“昭昭清汉晖，粲粲光天步。牵牛西北回，织女东南顾。华容一何冶，挥手如振素。怨彼河无梁，悲此年岁暮。跂彼无良缘，睆焉不得度。引领望大川，双涕如霑露。”这些诗都已经透露了牵牛织女虽受阻隔却有相思相恋之情的信息。从曹植的诗看，这个分隔的遗憾其实已经有了弥补的机会——相隔但能相望也能胜过渺然无期的等待。

有人从中国古代大家庭中父权对子女婚姻干涉之起源来考察牛郎

---

① 广为引用的《岁时杂记》卷二六引《淮南子》一句：“乌鹊填河成桥而渡织女。”此句不见今本《淮南子》，所以笔者认为有待求证，不可盲信。而《岁华纪丽》卷三引东汉应劭《风俗通》一句：“织女七夕当渡河，使鹊为桥。相传七夕鹊首无故髡，因为梁以渡织女故也。”当有可信处，它与东汉时期牛女故事的发展相同步。支持本人观点的如汪玢玲《织女传说与中国情人节考释》：“很明显，到西汉初年虽然已将牛女二星人格化，隐约有两星神相恋的韵味，却还没有具体情节，更没有七夕和鹊桥会的内容。到东汉应劭《风俗通义》（逸文）中才有‘以鹊为桥’的记载。”《梧州师范高等专科学校学报》2000年第1期。

② 此卷宋本《艺文类聚》缺，据明本补入。笔者颇疑此李充为后汉人，后汉李充生活于和帝、安帝之时。理由之一是《古今岁时杂吟》将之列在曹植之前；之二是此诗中牵牛织女的功能仍以《诗经》为据，其诗意尚不能见二人有相会之机。

织女生情的时间，也得出与笔者相同的结论："我们查先秦的神话、传说、诗辞歌谣，都找不到父母干涉子女婚姻之事实。这些事实只能发生在东汉大家庭制巩固之后，有两代人共居的事实才会有共居产生的矛盾，才会有表现这种矛盾的文学作品。"[①]可见，织女与牛郎生情是有一个过程的，在这个比较微妙的过程中，当织女与牛郎还没有完全订立"终身之盟"时，织女的身份仍是自由的。只有这样，"织女"才可能有下凡来与董永相交接的机会。从这个角度去看，董永遇仙应当在牵牛织女故事定型之前发生，那时候，织女作为天神是可以随意下凡的，因为她还没有被牵牛所独占。由此也可以得出与前文相同的结论，董永遇仙故事当发生于东汉中期。

不过，在曹植眼中帮助董永的仙女只称"神女"，他并不认为她就是银河岸边的织女星。织女与银河岸边的织女星并不是同一体，因为她的能织，在干宝笔下，她才第一次自称是"天之织女"。然而，在牛女故事已经成熟的东晋时代以后，正是织女的这种自我表态使董永的故事一下子受到了极端的冷落，只有董永的孝行在民间还有些市场，比如大家墓室中的董永行孝壁画等，而那时，织女助织的故事也就不会特别有魅力了。唐宋之后，织女才取代董永成为这个传说的主导性人物，与此同时，织女之名也必然要被改写成为七仙女。因为牛女故事在文化、民俗界的巨大影响几乎不能使董永遇织女故事有存身之地。好在民俗理想在唐宋时代的"引槐入文"改变了董永遇仙传说的命运，使这个故事终于拥有了自己的舞台与看点。

① 郑慧生《先秦社会的小家庭制与牛郎故事的产生》，《华侨大学学报》1997年第3期。

三、七仙女：寻找星辰与民俗的对应

汉魏之际，牛女故事定型之后，这个故事的情节不断得到丰富，受到文人的重视，并形成了相关的民俗。一方面，它所包含的阻隔模式具有极强的象征寓意，所以使之进入了文人的视野。宋代蒲积中编《岁时杂咏》收录曹植以后37首魏晋南北朝“七夕诗”，唐代有59首，宋代有29首，这些诗都以牵牛织女故事为咏吟内容[①]。而汉魏至唐代除曹植《灵芝篇》外，未见一首诗咏及董永遇仙之事！另一方面因为牛女故事与民俗的紧密关联，所以其传播的深度与广度都十分可观，七夕节俗与牛女故事的联结，为这个故事添上了传播的翅膀。正因为牛郎织女传说的广泛流传，倒使董永遇仙传说相形失色，甚至有被遗忘的迹象。整个南北朝时期乃至隋唐的漫长时代，董永传说的材料几乎是空白。笔者认为最重要的原因即在于织女角色的混同，因为南北朝时代牛女故事向文人与民俗两大阵营长驱直入，从而阻碍了董永与织女之间故事的传承与衍化。

为了打破董永传说这个尴尬的局面，只有将遭遇董永的织女与牛郎的织女分离出来，才附合现世的情感与伦理秩序。这个任务在《董永变文》里首次得到解决。

---

① 余敏芳《宋代七夕词的民俗文化阐释》：“据欧阳询《艺文类聚》所录，自《古诗十九首·迢迢牵牛星》以下至唐，七夕诗有24位作者的25首作品；《全唐诗》以七夕为题者，有54位作家82首诗（无题者未记入内）。词体兴起以来最早以七夕入词的，是五代毛文锡，入宋以后，作者渐多。《全宋词》中以七夕为题者有62位作者108首词，若计入无题者，则在300首以上（参见蔡镇楚《宋词文化学研究》，长沙：湖南人民出版社，1997，P204）。”《语文学刊》2001年第5期。

(49)錦絹織成，七仙姬謝过姐妹，并送她們回天宫去了。

图37　连环画《天仙配》书影。

阿耨池边澡浴来，先于树下潜隐藏。三个女人同作伴，奔波直至水边旁。脱却天衣便入水，中心换取紫衣裳。此者便是董仲母，此时修见小儿郎。

“三人行浴”并不是为了董永故事而专设的，它自有其古老的源头，但用在此处真是恰到好处。这让读者听众明白了一个道理，天上织女不止一个，而那个穿紫衣裳的才是下凡相助董永的织女，唐代以紫色表示高贵。然而，变文中三个织女的身份并不明确，也不知道她们与牛郎的织女是什么关系，到了宋元话本《董永遇仙传》中，意将董永的织女与牛郎的织女分离开来的用心才真正明了。

先生道：“难得这般孝心。我与你说，可到七月七日，你母亲同众仙女下凡太白山中采药，那第七位穿黄的便是。”

这段话中点出“七月七日”是暗示牛郎的织女也在其中，董永的织女被确认为第七位，即七仙女。这位七仙女的服色甚至上升了一级，为的是突出她的重要性。因为她来自天上，自然与人间“天子”是本家，黄色只是皇家的专用色。从此之后，七仙女正式明确了身份。这种结局与宋代之后对女子贞洁的要求是对应的[①]，下凡配董永的织女必不能与牛郎的织女为同一人，否则这个故事在当时就不会受到欢迎。然而，即使果真如此，又为什么将天上织女设定为七位呢？

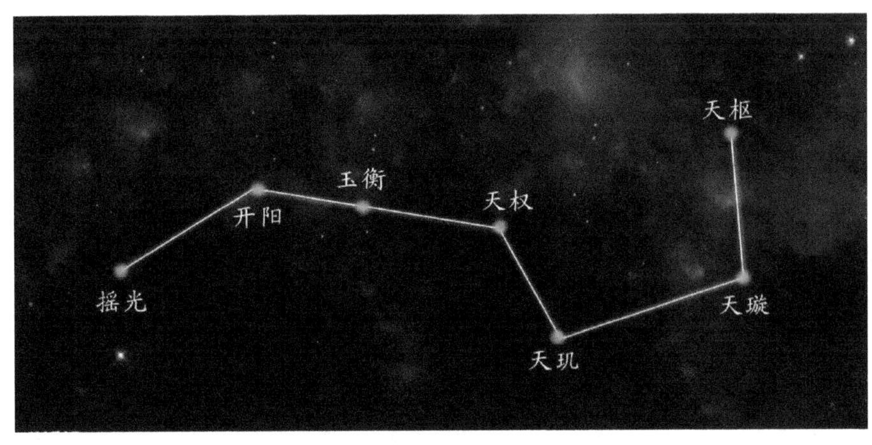

图 38　北斗七星。

“七”是一个神秘的数字[②]，有人认为数字“七”与女性有文化、生理、心理上的对应关系[③]，七夕乞巧即是典型一例。七夕节俗产生

① 在唐代文人眼中，织女曾偷情于凡男郭翰，见《太平广记》卷六八引《灵怪集》。

② 参见叶舒宪《中国神话哲学》，中国社会科学出版社 1992 年版，第 234、268 页。叶舒宪、田大宪《中国古代神秘数字》，社会科学文献出版社 1998 年版，第 135-168 页。吴天明《七夕五考》，《中国民族大学学报》2003 年第 3 期。

③ 钟年《女性与数字“七”》，《民间文学论坛》1996 年第 2 期。巫瑞书《南方传统节日与楚文化》，湖北教育出版社 1999 年版，第 178 页。

于汉代，本与牛女爱情故事无关，后来才成为牛女相会的规定时间点[①]。《西京杂记》："汉彩女常以七月七日穿七孔针于开襟，楼人俱习之。"

笔者认为，董永遇仙传说在宋后将天上仙女定为七位也是从星宿的角度来寻根求据的。中国古星象学中定名为"七星"的共有十三组，它们的位置与占星学上的"功能"如下。

1. 北斗七星。《史记索隐》："《春秋运斗枢》云：斗，第一天枢，第二（天）旋，第三（天）玑，第四（天）权，第五（天）衡，第六开阳，第七摇光。第一至第四为魁，第五至第七为标，合而为斗。"又马融注《尚书》云："七政者，北斗七星，各有所主：第一曰正日；第二曰主月法；第三曰命火，谓荧惑也；第四曰煞土，谓填星也；第五曰伐水，谓辰星也；第六曰危木，谓岁星也；第七曰剽金，谓太白也。日、月、五星各异，故曰七政也。"《晋书·志一》："北斗七星在太微北，七政之枢机，阴阳之元本也。故运乎天中，而临制四方，以建四时，而均五行也。"

2. 紫微垣华盖七星。《宋史·志二》："华盖七星，杠九星，如盖有柄下垂，以覆大帝之坐也，在紫微宫临勾陈之上。正，吉；倾，则凶。客星犯之，王室有忧，兵起。彗、孛犯，兵起，国易政。流星犯，兵起宫内，以赦解之；贯华盖，三公灾。云气入，黄白，主喜；赤黄，侯王喜。"

① 何根海《七夕风俗的文化破译》，《民间文学论坛》1998年第4期。该文认为"七夕源于牛郎织女鹊桥相会的古老神话"。萧放《七夕节俗的文化变迁》，《文史知识》2001年第8期。该文认为"汉代是七夕由古代历法的天文点向岁时节俗转变的时期"。

3. 太微垣常陈七星。《隋书·志十五》：“常陈七星，如毕状，在帝坐北，天子宿卫武贲之士，以设强御也。星摇动，天子自出，明则武兵用，微则兵弱。”

4. 天市垣七公七星。《晋书·志一》：“七公七星，在招摇东，天之相也，三公之象也，主七政。”

5. 东方亢宿折威七星。《隋书·志十四》：“亢南七星曰折威，主斩杀。顿顽二星，在折威东南，主考囚情状，察诈伪也。”

6. 北方女宿扶筐七星。《晋书·志一》：“东七星曰扶筐，盛桑之器，主劝蚕也。”《隋书·志十四》：“东七星曰扶筐，盛桑之器，主劝蚕也。”《宋史·志三》：“扶筐七星，为盛桑之器，主劝蚕也，一曰供奉后与夫人之亲蚕。明，吉；暗，凶；移徙，则女工失业。彗星犯，将叛。流星犯，丝绵大贵。”

7. 北方危宿车府七星。《宋史·志三》又：“车府七星，在天津东，近河，东西列，主车府之官，又主宾客之馆。星光明，润泽，必有外宾，车驾华洁。荧惑守之，兵动。彗、客犯之，兵车出。”

8. 西方奎宿外屏七星：“奎南七星曰外屏。外屏南七星曰天溷，厕也。屏所以障之也。”《宋史·志四》：“外屏七星，在奎南，主障蔽臭秽。”

9. 西方奎宿天溷七星。《宋史·志四》：“天溷七星，在外屏南，主天厕养猪之所，一曰天之厕溷也。暗，则人不安；移徙，则忧。”

10. 西方昴宿昴七星。《史记·天官书》：“昴曰髦头，胡星也，为白衣会。”《史记正义》：“昴七星为髦头，胡星，亦为狱事。明，天下狱讼平；暗为刑罚滥。六星明与大星等，大水且至，其兵大起；摇动若跳跃者，胡兵大起；一星不见，皆兵之忧也。”《隋书·志十五》：“昴七星，天之耳目也，主西方，主狱事。又为旄头，胡星也。又主丧。昴毕间为天街，天子出，旄头罕毕以前驱，此其义也。黄道之所经也。昴明则天下牢狱平。昴六星皆明，与大星等，大水。七星黄，兵大起。一星亡，为兵丧。摇动，有大臣下狱，及白衣之会。大而数尽动，若跳跃者，胡兵大起。一星独跳跃，余不动者，胡欲犯边境也。”

11. 南方鬼宿天狗七星。《隋书·志十五》：“东井西南四星曰水府，主水之官也……星曰天狗，主守财。”《宋史·志四》：“天狗七星，在狼星北，主守财。动移，为兵，为饥，多寇盗，有乱兵。填星守之，人相食。客、彗守之，则群盗起。”

12. 南方星宿星七星。《史记·天官书》：“七星，颈，为员宫，主急事。”司马贞《索隐》：“宋均云，‘颈，朱雀颈也；员宫，喉也。’物在喉咙，终不久留，故主急事也。”《隋书·志十五》：“七星七星，一名天都，主衣裳文绣，又主急兵，守盗贼，故欲明。星明，王道昌，暗则贤良不处，天下空，天子疾。动则兵起，离则易政。”

13. 南方轸宿青丘七星。《晋书·志一》：“轸南三十二星曰器府，乐器之府也。青丘七星，在轸东南，蛮夷之国号也。青丘西四星曰土司空，主界域，亦曰司徒。土司空北二星曰军门，主营候彪尾威旗。”《隋书·志十五》：“轸南三十二星曰器府，乐器之府也。青丘七星在轸东南，蛮夷之国号也。”《宋史·志四》：“青丘七星，在轸东南，蛮夷之国号。星明，则夷兵盛；动摇，夷兵为乱；守常，则吉。”

以上十三种“七星”，有的非常古老，有的得名较迟。其中星宿七星有一项功能为“主衣裳文绣”，但它的主功能则是主兵象急事。而最能引起我们注意的是得名迟较的“扶筐七星”，首见于《晋书》，而《晋书》《隋书》均为唐人所修，可见此星得名于隋唐之际。元人所修的《宋史》对之记录甚明，可知当宋末元初扶筐七星主桑蚕之功在民间定有流播。而首出七仙姑的《董永遇仙传》正出于宋元之际或者元末明初。《元史·志二十三》《新元史·志四十九》仍然提及“扶筐”。《明史·志一》称扶匡：“（恒星）又有古多今少，古有今无者……女宿中之赵、周、秦、代各二星今各一，扶匡七星今四，离珠五星今无。”《清史稿·志五》《清史稿·志九》也有此星。明清之后其星占功能正史不见记载，而唐宋时期，扶筐七星的主功能却非常明确，为人间桑蚕、纺织的主星神，因七星相围如采桑之提筐所以得名扶筐，即“盛桑之器”。《步天歌》：“四个奚仲天津上，七个仲侧扶筐星。”奚仲在天津九星之上，扶筐在奚仲四星之侧，因为它与织女三星距离较近，往往二者在功能上也互有关联。

《史记正义》：“织女三星，在河北天纪东，天女也，主果蓏丝帛珍宝。占：王者至孝于神明，则三星俱明；不然，则暗而微，天下女工废；明，则理；大星怒而角，布帛涌贵；不见，则兵起。”此说又见《隋书·志十四》。

《宋史·志三》：“织女三星，在天市垣东北，一曰在天纪东，天女也，主果蓏、丝帛、珍宝。王者至孝，神祇咸喜，则星俱明，天下和平；星怒而角，布帛贵。陶隐居曰：‘常以十月朔至六七日晨见东方。’色赤精明者，女工善；星亡，兵起，女子为候。织女足常向扶筐，则吉；不向，则丝绵大贵。”

所谓“织女足常向扶筐，则吉；不向，则丝绵大贵”就是一种民俗认定，织女星与扶筐七星的位置在民间纺织吉凶预兆上的反映正是七星姑形成的星辰源典。这与宋元话本《董永遇仙传》中次出现七仙女身影在时间与寓意上都是非常吻合的。

图 39　安庆芜湖公园严凤英七仙女造型雕像（纪永贵摄）。

在民间，有关七仙姑的传说还有很多，并一直影响到近代各地的民俗信仰。

民间有关紫姑神的传说中也有七姐之称。《月令广义·正月令》："唐俗元宵请戚姑之神，盖汉之戚夫人死于厕，故凡请者诣厕请之。今俗称七姑，音近也。"据说，紫姑就是由七姑音讹而来。湘西南侗族地区有"唱七姐"、湘西土家族地区的"请七仙姑"之俗，湘黔桂边界、湘鄂川边界土家族及湘西瓦乡人都有"请七姑娘"或"化七姑娘娘"的民俗活动[①]。紫姑神演成七姑还可以从另一条思路求解。《荆楚岁时记》："正月十五，……其夕迎紫姑以卜将来之事，并占众事。按帝喾女将死，云，生平好乐，至正月，可以迎见，又其事也。"原

① 巫瑞书《南方传统节日与楚文化》，第 76-82 页。

来紫姑神既是厕神也是蚕神，南朝宋刘敬叔《异苑》："世有紫姑神，古来相传，云是人家妾，为大妇所嫉，每以秽事相次役。正月十五，感激而死。故世人以其旧日作其形，夜于厕间或猪栏边迎之……能占众事，卜未来蚕桑。"[①]后世传说中，董永所遇七仙女是纺织高手，在民间与紫姑神相混同也不是没有可能[②]。

在南方和台湾地区，民间崇拜七娘妈，又称七星夫人、七星妈、七娘夫人等，为保护孩子平安和健康的神。在台湾，男孩的成丁礼也要拜七星妈，在农历七月七日七星妈诞辰日那天，长到 16 岁的男孩要在父母的带领下去七娘庙"酬神"，女孩有时也要去[③]。闽粤民俗中有"七星娘娘"之神，笔者以为也是由天上七星姑衍绎而来。有人认为："织女如何一分为七，成了七星娘娘呢？织女星在天琴座，共有三颗星而不是七颗星。织女星衍变为七星娘娘，大概是由民间流传的七仙女的故事附会而成。"[④]因为不知道天上有扶筐七星，所以产生这样因果颠倒的观点。

实际上，将厕神命名为七仙姑，从以上"奎宿外屏七星"和"奎宿天溷七星"的主功能上一看便知，原来厕神得名七仙姑也离不了天上七星——隋唐时代新出现的星名也正是当时民俗信仰的浓缩。民间将厕神与紫姑相混同，所以又将紫姑与蚕神相混同，实际上是天上扶筐七星与天溷七星的混合认定。

所以，笔者认为，宋代之后，相助董永的仙女演变为七仙女，正

---

① 引自赵杏根《中国节日风俗全书》，黄山书社 1996 年版，第 72 页。

② 关于民间紫姑传说民俗，参见张强《桑文化原论》第三章第三节《祭紫姑民俗探源》，陕西人民教育出版社 1998 年版，第 158-175 页。

③ 马书田《中国民间诸神》，团结出版社 1997 年版，第 141 页。

④ 马书田《中国民间诸神》，团结出版社 1997 年版，第 143 页。

是那个时代民间对天上“扶筐七星神”与纺织功能相勾连的产物。她不是无中生有的，从星宿的角度去看，七仙女与织女在理论上都获得了相对独立的身份。黄梅戏电影《天仙配》中，当姐妹们看到傅员外给她们的是一只坏织梭时，大姐命仙鹤道：“你到织女那里借来天梭一用，速去速回。”可知，唐宋之后，民间观念中织女与七位仙女已经不相混同，牛女传说与董永传说则完全分离开来。

在近代戏曲中，七仙女的身份一经确定，她的六个姐姐的身世也得到了相应的补写。黄梅戏电影《天仙配》中，七仙女意欲下凡相助董永之时，大姐就对小妹说：“做姐姐的是过来人了。”在民间，七个仙女都曾下凡过，都曾有过自己的心上人和爱情故事，尤以三仙女、四仙女和七仙女下凡故事为民间所乐道[①]。这样，七个仙女的设定其实是符合民俗理想的，因为仙女之多，所以可以满足民间传说新领地的拓展。

（原载纪永贵著《董永遇仙传说研究》第188-225页，安徽大学出版社2006年版。）

① 陈建宪《玉皇大帝信仰》，学苑出版社1994年版，第65页。

樟树意象的文化象征

一、当代城市的文化名片和实用功能的退化

樟树是生长于我国长江流域和珠江流域之间的一种常绿阔叶乔木，今天在城市绿化方面是一种十分普遍的风景树种。近年来，一些省及许多城市都将樟树选作自己的省树或市树，在已公布的最新中国省树、市树目录中，浙江省和江西省均选择樟树为省树，同时，樟树竟然被37个地级以上城市定为市树，还有为数众多的县和县级市也跟风如潮。樟树在所有地级以上城市市树树种中被选次数名列第一，超过了历史文化象征深厚的北方主要树种槐树（27个市）。这种现象勾勒出当今时代一道有趣的城市风景线。

现将选择樟树作为市树的城市列表如下[①]。

序号	省	市	市树
1.	浙江	杭州	香樟

① 本表参考了吴福川等《中国的市树市花一览》，《南方农业》2009年第2期。该文资料搜集不全，有个别错误与遗漏之处，如将湖北十堰市树错成月季，将四川德阳市树、江西九江市树空缺等。

2.	浙江	嘉兴	香樟
3.	浙江	衢州	香樟
4.	浙江	台州	香樟
5.	浙江	宁波	香樟
6.	浙江	金华	香樟
7.	江苏	无锡	香樟
8.	江苏	苏州	香樟
9.	安徽	芜湖	香樟、垂柳
10.	安徽	马鞍山	香樟
11.	安徽	安庆	樟树
12.	安徽	池州	樟树
13.	江西	南昌	香樟
14.	江西	九江	樟树
15.	江西	吉安	香樟
16.	江西	新余	香樟
17.	江西	景德镇	樟树
18.	江西	上饶	樟树
19.	江西	鹰潭	樟树
20.	湖南	长沙	香樟
21.	湖南	株洲	香樟
22.	湖南	湘潭	香樟

23.	湖南	衡阳	香樟
24.	湖南	邵阳	香樟
25.	湖南	常德	香樟
26.	湖南	郴州	香樟
27.	湖南	娄底	樟树
28.	湖南	张家界	樟树（备）
29.	湖北	鄂州	樟树
30.	湖北	黄石	樟树
31.	湖北	十堰	香樟
32.	四川	自贡	香樟
33.	四川	绵阳	香樟
34.	四川	德阳	樟树
35.	四川	宜宾	香樟
36.	贵州	贵阳	樟树、竹
37.	福建	龙岩	香樟

县级市选樟树为市树、县树的也很多，如浙江温岭、义乌、海宁、慈溪，安徽祁门，福建永安，台湾云林、凤山等地。

樟树在淮河以南地区的广泛栽培，导致这个树种与民众生活息息相关，指樟为地名的现象十分普遍。一个特例是，江西省宜春市下辖有一个县级市樟树市，该县原有古樟树镇，自古被称为药都[①]，是江西四大名镇之一（景德镇、樟树镇、河口镇、抚州镇）。该县也是中国唯一以樟树命名的城市，县内现有樟树乡。南方地区以樟树命名的镇、乡、村、组、社区、路等比比皆是，现将网络可以查询到的相关资料辑成一表，略见其概。

序号	省	市	县区	乡镇	村组区路
1.	浙江	杭州市			樟树村路
2.	浙江	杭州市	萧山区	闻堰镇	黄山村樟树村路
3.	浙江	宁波市	慈溪市	匡堰镇	樟树村
4.	浙江	宁波市	象山县	丹城镇	樟树村
5.	浙江	宁波市	宁海县	西店镇	樟树村
6.	浙江	宁波市	鄞州区		樟村
7.	浙江	金华市	浦江县	黄宅镇	樟树村
8.	浙江	温州市	瑞安市	市场桥	樟树村路
9.	浙江	丽水市	龙泉市	西街街道	下樟村
10.	安徽	池州市	贵池区	池口街道	樟树湾小区
11.	安徽	池州市	东至县	尧渡镇	樟树村
12.	安徽	池州市	石台县	小河镇	樟树村

① 参见熊健耕《药都——樟树》，《企业经济》1981 年第 3 期；朱庚朝《南国“药都”樟树镇》，《今日中国（中文版）》1984 第 1 期；陈国中《药都——樟树镇》，《江西教育》1987 年第 2 期。

13.	安徽	安庆市	潜山县	黄浦镇	樟树组
14.	江西	宜春市	樟树市	樟树乡	
15.	江西	宜春市	袁州区	湖田乡	樟树村
16.	江西	九江市	德安县	樟树乡	
17.	江西	九江市	德安县	吴山乡	樟树村
18.	江西	九江市	瑞昌市	范镇	樟树村
19.	江西	九江市	修水县	马坳镇	樟树村
20.	江西	上饶市	玉山县	樟村镇	
21.	江西	上饶市	上饶县	枫岭头镇	樟树村
22.	江西	上饶市	婺源县		樟村
23.	江西	赣州市	全南县	城厢镇	樟树村
24.	江西	赣州市	宁都县	长胜镇	樟树村
25.	江西	赣州市	南康市	凤岗镇	樟树村
26.	江西	赣州市	上犹县	油石乡	樟树村
27.	江西	赣州市	信丰县	虎山乡	樟树村
28.	江西	赣州市	兴国县	樟木乡	
29.	江西	赣州市	兴国县	高兴镇	樟坑村
30.	江西	赣州市	龙南县	桃江乡	樟树村
31.	江西	抚州市	广昌县	甘竹镇	樟树村
32.	江西	吉安市	吉安县	桐坪村	樟坑村
33.	湖南	长沙市	浏阳市	蕉溪乡	樟树村

34.	湖南	湘潭市	湘潭县	易俗河镇	樟树村
35.	湖南	湘潭市	湘潭县	茶恩寺镇	樟树湾村
36.	湖南	岳阳市	云溪区	永济乡	樟树村
37.	湖南	岳阳市	湘阴县	樟树镇	
38.	湖南	株洲市	醴陵市	石亭镇	樟树村
39.	湖南	衡阳市	衡阳县	樟树乡	樟树村
40.	湖南	衡阳市	衡阳县	樟木乡	樟木寺居委会
41.	湖南	衡阳市	祁东县	粮市镇	樟树岭村
42.	湖南	衡阳市	祁东县	过水坪镇	樟树村
43.	湖南	郴州市	永兴县	樟树乡	樟树村
44.	湖南	郴州市	安仁县	樟树乡	
45.	湖南	郴州市	桂阳县	樟木乡	樟木村
46.	湖南	郴州市	桂阳县	樟市镇	
47.	湖南	邵阳市	新邵县	潭府乡	樟树村
48.	湖南	邵阳市	大祥区	城西路街道	香樟村
49.	湖南	常德市	桃源县	木塘垸乡	樟树村
50.	湖南	常德市	临澧县	官亭乡	樟树村
51.	湖南	常德市	汉寿县	三和乡	樟树村
52.	湖南	常德市	津市市	李家铺乡	樟树村
53.	湖南	张家界	慈利县	溪口镇	樟树村
54.	湖南	湘西自治州	涟源市	荷塘镇	樟树村

55.	湖北	宜昌市	夷陵区	樟村坪镇	
56.	湖北	宜昌市	远安县	河口乡	樟树村
57.	湖北	黄冈市	蕲春县	青石镇	樟树村
58.	湖北	黄冈市	浠水县	白莲镇	樟树村
59.	湖北	黄石市	大冶市	东岳街道	樟树村
60.	上海	徐汇区		华龙镇	樟树村社区
61.	福建	南平市	武夷山市	武夷街道	樟树村
62.	福建	龙岩市	上杭县	茶地乡	樟树村
63.	福建	龙岩市	长汀县	新桥镇	樟树村
64.	福建	泉州市	泉港区	涂岭镇	樟脚村
65.	广东	揭阳市	普宁市	船埔镇	樟树村
66.	广东	深圳市	罗湖区		樟树村
67.	广东	东莞市			樟村
68.	广西	玉林市	福绵区	樟木镇	
69.	广西	梧州市	岑溪市	樟木镇	
70.	广西	贵港市	覃塘区	樟木乡	
71.	四川	成都市	崇州市	隆兴镇	香樟村
72.	四川	绵阳市	三台县	北坝镇	樟树村
73.	四川	德阳市	绵竹市	汉旺镇	香樟村
74.	四川	资阳市	安岳县	千佛乡	香樟村
75.	四川	遂宁市	市中区	横山镇	香樟村

76.	四川	遂宁市	射洪县	太和镇	香樟村
77.	四川	宜宾市	筠连县	团林苗族乡	香樟村
78.	四川	南充市	营山县	消水镇	樟树村
79.	四川	巴中市	巴州区	羊凤乡	香樟村
80.	四川	泸州市	古蔺县	水口镇	樟树村
81.	四川	凉山自治州	雷波县	汶水镇	香樟村
82.	贵州	安顺市	西秀区	蔡官镇	樟树寨村
83.	西藏	日喀则	聂木拉县	樟木镇	
84.	台湾	苗栗县		铜锣乡	樟树村

另外，以樟湖、樟溪、樟河、樟桥、樟田、樟石、樟岩等命名的村镇则不胜枚举。这些地名的存在充分体现了樟树在民间生活中的重要性。

在当代社会生活中，以樟树命名的公司、酒店和品牌等都很常见。安徽池州市烟草公司曾注册“香樟树”作为自己的服务品牌，公司建有香樟园，还定期出版内部服务刊物《香樟报》。近年有32集电视连续剧《香樟树》播放，影响颇大。可见樟树文化在当代生活中是根深叶茂的。

樟树，樟科樟属，别名有香樟、木樟、乌樟、芳樟、番樟、香蕊、樟木子等。樟树为亚热带常绿阔叶林的代表树种，分布区域在北纬10°－30°之间，主要产地是中国台湾、福建、江西、广东、广西、湖南、湖北、云南、四川、浙江等省区。1999年8月4日，国务院公布《国家重点保护野生植物名录（第一批）》，樟树为国家二级保护珍贵树木。

图 40　村口老樟树。

樟树为亚热带地区重要的材用和特种经济树种。樟木可提取樟脑、樟脑油，樟脑供医药、塑料、炸药、防腐、杀虫等用，樟油可作农药、选矿、制肥皂、油漆及香精等原料。樟树的木材耐腐、防虫、致密、有香气，是制作家具、造船、雕刻的良材。

南方城市选择樟树作为市树的主要原因大致有四点，都与樟木传统的材用及经济特性关系不大，也可以说是樟树文化价值的新发掘。

第一，樟树是就地生长的常见树种。樟树自然生长的区域主要在长江流域及向南延伸的珠江流域和向东延伸的台湾地区。樟树的习性喜光，稍耐荫，喜温暖湿润气候，耐寒性不强，对土壤要求不严，较耐水湿。以上地区的气候特征正可保证樟树生长的需要。因为这些城市随处可见樟树，樟树正可代表一个城市的形象。没有城市会选择一个该地不易生长且不常见的树种作为自己的形象代言者。由前表可知，浙江、安徽、江西、湖南、四川、福建等地是樟树代言的主要省份。

图 41　樟果。

第二，樟树的外表特征便于城市绿化与美化。樟树枝叶茂密，冠大荫浓，树姿雄伟，能吸烟滞尘、涵养水源、固土防沙和美化环境，是城市绿化的优良树种，常作庭荫树、行道树、防护林及风景林，配植池畔、水边、山坡等，或在草地中丛植、群植、孤植以作为背景树。在城市绿化中，樟树是沿江地区首选的行道和园林树种。

第三，樟树的花香可为城市净化空气。樟树高大俊伟，但花形却很碎小，与桂花比较类似，花的香味浓郁芬芳，因此该树又拥有香樟的专名。与桂花不同的是，香樟花与叶有杀虫功效，从樟树中提炼的樟脑是重要的杀虫、解毒产品。每当春末，樟树开花之时，满城芳香四溢，确是提升城市生活品位的添加剂。

第四，樟树培植成本不高、移植容易成活、生长速度较快。城市道路绿化一般都移植多年生的成材树，有的广场绿化还喜移植树龄较长的大树，大树能够快速成林，美化环境。

关于樟树意象在当代的象征意义，可以从樟树的习性、特征和功效出发引申出丰富的内涵。安徽省池州烟草公司在注册香樟树服务品牌时，曾对该树的象征意义进行过系统的梳理，在当代樟树文化的认识方面很具有代表性。今简录如次①。

1. 奉献篇。香樟树特色显著，树皮粗糙，质地却很均匀，从来没有白杨树的斑斑驳驳、没有柳树的肿瘤结节；树枝树干一分为二，二分为四，一路长去，不会偷工减料，也不会画蛇添足。树冠成球形，曲线流畅，形态圆润，是风景区和道路两侧靓化、美化的理想植物，其经济价值较高。香樟树就像是苏东坡的书法，圆润连绵、俊秀飘逸，却又中规中矩。2. 合作篇。香樟树参天相映，抱团成林，四季长青，生机勃勃，象征长寿、吉祥。3. 价值篇。香樟树主根发达，具有深根性。4. 务实篇。香樟树的木材有天然美丽的纹理，像是大有文章之意。香樟作为优质的名贵木材，木质致密坚硬，质地坚韧而且轻柔，不易折断，不易裂纹，不易腐变，能抵御虫蚀。5. 责任篇。香樟树枝叶茂密，冠大荫浓，可遮荫避凉。香樟树有美化环境的能力。能吸收有毒气体，是生态环境的生力军。6. 满意篇。春天，香樟树开花。花呈淡绿色，跟新叶一样，躲在浓密的绿叶里，花叶相映。花香清冽，仿佛沐浴在

① 引自《池州烟草企业文化理念体系》（内部材料），2007年10月印制。

森林王国里，仿佛无处不在，却又不着痕迹。香樟木散发出幽幽清香，可以驱虫防毒，自古以来就是制作衣柜和木箱的最佳材料。7. 成就篇。香樟树是特种经济树种，具有重要的材用价值，根、干、枝、叶均可提取樟脑和樟油。8. 永恒篇。香樟树生命力强，种子的适应性很强，在任何地方都能扎根、发芽。香樟树的树龄很长，可存活千百年，可成参天古木。

樟树在南方城市的广种普植，已经与其主要实用功能渐行渐远。台湾地区曾是樟脑的最大生产地，但是近年来生产已经滑坡。樟树的材质功能与作为市树的身份是不协调的，也就是说，广大城市爱护樟树主要是从其外表形象出发的，重视的是其视觉效果，而不是其木质和防毒的实用功能。樟树成了市树之后，将逐渐成为被保护一族。现在江苏、浙江、安徽等省广大的樟树苗木市场的经济规划多在绿化树一端，樟树在被两个省和几十个城市定为市树之后，其作为树的实用价值已经式微，高大、健壮、浓密的樟树无论怎样芳香四溢，都不能摆脱其已退化成为一种观赏植物的命运。

二、实用功能的早发与古代文化视野的缺失

当我们将研究视野回转古代时，发现樟树的实用价值虽然很早就被发现，可是它却未能进入传统文化视野，其象征意义在传统文化体系中并没有定型。

作为一种野生树种，樟树自古就生长在南方地区，人们也很早就认识到其实用功效，但是从观念上重视樟树的时间却很晚。许慎《说

文解字》中“木部”收字众多，却未收“樟”字。其实早在秦汉之际，樟已成字，通章字，盖因樟木上有纹路，像文章之意[①]。连称豫章，又作豫樟，一说“豫”为高大之意，一说“豫”为枕木。豫章乃传说中异木名。

《山海经·中山经》：

东四百里曰蛇山，其上多黄金，其下多垩，其木多栒，多豫樟。

又东北二百里曰玉山，其阳多铜，其阴多赤金，其木多豫樟。

《神异经·东荒经》：

东方荒外有豫章焉，此树主九州。其高千丈，围百尺，本上三百丈，本如有条枝，敷张如帐，上有玄狐黑猿。枝主一州，南北并列，面向西南，有九力士操斧伐之，以占九州吉凶。斫之复生，其州有福；创者州伯有病；积岁不复者，其州灭亡。

《左传·哀公十六年》：

子期曰：“昔者吾以力事君，不可以弗终。抉豫章以杀人而后死。”

《战国策·宋卫策》：

荆有长松、文梓、楩、楠、豫樟，宋无长木，此犹锦绣之与短褐也。

《史记·司马相如列传》：

① 李时珍《本草纲目》卷三十四：“其木理多纹章，故谓之樟。”

其北则有阴林巨树，楩楠豫章。

颜师古注：豫樟二木，生至七年乃可分别，《礼斗威仪》：君政讼平，豫章常为生。

樟树的实用价值首先表现在其材质的长大坚固之上，主要用于建筑、造船和制棺方面，多是贵族统治者的专利，庶民是无权享用的。

图 42　樟木箱（民国时期）。

因为樟木的细密高大，可防虫蛀，是用于建筑宫殿的嘉木。《太平御览·木部六》引南朝梁任昉《述异记》曰："豫章之为木也，生七年而后可知。汉武宝鼎二年，立豫樟宫，于昆明池中，作豫樟木殿。"时至唐代，樟木还是由皇家所独享。《新唐书》卷二〇七："宪宗之立，贞亮为有功，然终身无所宠，假吕如全历内侍省、内常侍、翰林使，坐擅取樟材治第，送东都狱，至阌乡自杀。"如此高官因为"擅取樟材治第"而获罪，是一个很典型的例子。

《太平御览》又引《淮南子》曰："藜藿之生，蠕蠕然，日加数寸，以为栌、栋、梗、柟、豫章之生也，七年而后知，故可以为棺、舟。”《太平广记》四〇七引段成式《酉阳杂俎》：“斗蛟船木。樟木，江东人多取为船，船有与蛟龙斗者。”用樟木制棺，与樟木的生香、防虫、坚固和高大都有关系，不过普通人也不能享用，中古时期朝廷有用樟木制棺的明文规定。

《后汉书·礼仪志下》：

诸侯王、公主、贵人皆樟棺，洞朱，云气画，公、特进樟棺、黑漆，中二千石以下坎侯漆。

《宋书》卷一五：

宋孝武大明五年，闰月，皇太子妃薨，樟木为椋，号曰樟宫。

以樟木制船及航行工具，既与樟木的优质特征有关，又与南方水域广阔、樟木易得相符。

宋王质《绍陶录》卷上：

桨、棹、桡、篙宜用白橚木、白植木、乌圆木、樟木、椿木，篙宜用筀竹，以坚致为良。

樟树的第二个重要的实用价值——提制樟脑比其材用起源要迟。较早提到樟脑的是唐代陈藏器撰于开元二十七年（739）的《本草拾遗》（已佚，有辑本）[①]，樟脑的发现是中国古人科技上的重要贡献，此后，樟脑进入社会生活，影响甚巨。明代李时珍著《本草纲目》卷三十四：“樟脑出韶州、漳州，状似龙脑，色白如雪，樟树脂膏也。”明末樟脑业开始传入台湾。后樟脑开始行销国外，台湾樟脑由此闻名世界。

① 傅京亮《中国香文化》，齐鲁书社2008年版，第66页。

在民间生活中，樟树的实用功能一直沿用不衰，但是在文化视野中，樟树意象却很少受到文人学者的偏爱，以致与松、柏、槐、桑、枫、桂、竹等木相比，樟木没有形成明确独立的文化品质。

以农耕立国的中国古代社会是非常重视草木文化的，孔子所谓学《诗》“多识于鸟兽草木之名”就是一个早期典训。但在先秦文献中，樟字则非常罕见。据统计，《诗经》出现植物的字辞一共有160类，其中150类专指特定植物，却无樟树[①]。主要取材于黄河流域的《诗经》中没有出现樟树不必奇怪，因为樟树生长区从不过淮河。令人奇怪的是，主要敷陈南方风物的《楚辞》也对樟树视而不见。今存《楚辞》中共出现植物135种（类），其中华中、华南地区特有植物27种，如木兰、扶桑、杜衡、桂、芭、橘、柘、枫、芙蓉、柚、桢、榛等常见草木[②]，尤其令人置疑的是，《楚辞》多描摹香草之属，而樟树之香却未引起重视。高大、易成活并广泛分布的香樟树不能进入诗人视野，实在是一种文化缺失。究其原因，樟为深山乔木，而《楚辞》多取湖、沼、洲、渚之芳草，虽然樟树木香，但离人间太远，是不易引起行吟泽国的屈原等人注意的。

魏晋时期，松、柏、槐、桂等木均广泛受到文人的关注，如今残存的《槐树赋》就有十多篇[③]，北方的槐树与南方的樟树就形态、浓荫、树龄、材质、花色等相较，堪称同类，槐树落叶，樟树常青，但是槐树自古就附着了深厚的文化内涵，成为北方社树，并长期被选作行道树。樟树在文化上之所以没有成为槐树的同列，主要原因在于它生长的地

① 潘富俊《诗经植物图鉴》，上海书店出版社2003年版，第10页。
② 潘富俊《楚辞植物图鉴》，上海书店出版社2003年版，第12页。
③ 参见纪永贵《槐树意象的文学象征》，《东方丛刊》2004年第3期。

域（不过淮河的南方）自古不是政治中心。“忠州之南无槐”[①]的槐树则得天时、地利、人和之便，成为政治、文学、民俗的全方位参与者，而南方芳香、清新、高伟的樟树因为远离政治中心便被历史文化视野所忽视。《太平御览》引《高士传》曰：“尧聘许由为九州长，由恶闻，洗耳于河。巢父见，谓之曰：豫章之木，生于高山，工虽巧而不能得，子避世，何不藏身？”又引《新语》曰：“贤者之处世，犹金石穴于沙中，豫章产于幽谷。”这两个例子正好说明，樟树野生于高山之巅顶、幽谷之深处，自古以来，就不为世俗所知，因为樟树已被认定为世外高士。

在中国传统植物文化中，生长于南方的其他樟科植物如楠木虽然也是人间良材，但是因生于深山、不易采择，在文化史上终属无名之辈。同生南方、独木成林的桑科榕树，在文化史上与樟、楠均属被遗忘一族。还有以植物界“活化石”著称的银杏树自古以来也不为文人重视，与其生长在深山且大规模分布在南方地区有密切的关系。郭沫若曾在散文《银杏》中深表诧异：“可是我真有点奇怪了，奇怪的是中国人似乎大家都忘记了你，而且忘记得很久远，似乎是从古以来。我在中国的经典中找不出你的名字，我没有读过中国的诗人咏赞过你的诗。我没有看见过中国的画家描写过你的画。”银杏与松、柏、槐同列为中国四大长寿观赏树种，但它并没有进入传统文化视野。野生银杏可生长于辽宁、山东等地，但它的主要分布区域则在北纬30度的长江以南，其不受重视也就不必“奇怪”了。

时至唐代，诗人在营造大量植物意象的时候，樟树也没能被文化视野所覆盖。《全唐诗》数万首诗，言及的植物众多。有人以《唐诗

---

① 佚名《大唐传载》：“白宾客居易云：‘忠州有荔枝一株，槐一株。自忠之南更无槐，自忠之北更无荔枝。’”

三百首》为例，统计出所选的310首唐诗中共有109首出现植物，植物种类近60种[①]。唐诗中，凡是吟唱到樟或豫樟（章）的多指地名。一名为豫章，所谓“豫章故郡，洪都新府”，也当是因其地广生樟树而得名。应劭《汉官仪》曰：“豫章郡，树生庭中，故以名郡。”《太平御览·木部六》：“《地理志》曰：豫章郡，城南有樟树，长数十丈，立郡因以为名。至晋永嘉年尚茂。”文学家鲁迅，幼时学名樟寿，字豫山（后改为豫才），就是取的豫樟且樟树长生寿久之意。

图43　村口古樟。

另一个地名叫樟亭驿，在杭州，登亭可以观钱塘潮，引起过一些诗人的雅兴，如孟浩然“挥手杭越间，樟亭望潮还”，皇甫冉“樟亭待潮处，已是越人烟”，羊士谔“曲水三春弄彩毫，樟亭八月又观涛”，

① 潘富俊《唐诗植物图鉴》，上海书店出版社2003年版，第4页。

白居易“夜半樟亭驿，愁人起望乡”，罗隐“戏悲槐市便便笥，狂忆樟亭满满杯”。又如张祜《题樟亭》、许浑《九日登樟亭驿楼》，郑谷《题杭州樟亭》等，诗中均未提及触目即有的樟树，只是提醒人们，此处的亭驿以樟命名，这与樟生江南、杭越奇多的事实相符。只有罗隐的那句诗将樟亭与槐市[①]相对，是有一层象征意味的。清翟均连《海塘录》卷十“樟亭驿”：“《神州古史考》：古樟林桁也，唐曰樟亭驿。按樟林桁者，若江南朱雀航……航、桁通称，以樟木得名矣。”

以樟树（豫樟、豫章）为诗歌意象的，唐诗中仅有几例可资参考，樟树在诗人眼中高大挺拔，譬如栋梁之才，此外别无深意，这与时至唐代被赋予的槐花象征功名的意义定位很不相同。下面以《全唐诗》为例。

卷一四九刘长卿《奉饯元侍郎加豫章采访兼赐章服（时初停节度）》：“豫章生宇下，无使翳蓬蒿。”

卷三九七元稹《谕宝二首》之二：“千寻豫樟干，九万大鹏歇。栋梁庇生民，艅艎济来哲。”

卷四二五白居易《寓意诗五首》之一：“豫樟生深山，七年而后知。挺高二百尺，本末皆十围。天子建明堂，此材独中规。匠人执斤墨，采度将有期。孟冬草木枯，烈火燎山陂。疾风吹猛焰，从根烧到枝。养材三十年，方成栋梁姿。一朝为灰烬，柯叶无孑遗。地虽生尔材，天不与尔时。不如粪土英，犹有人掇之。已矣勿重陈，重陈令人悲。不悲焚烧苦，但悲

① 《太平御览》引纬书《三辅黄图》曰：“元始四年，起明堂辟雍，为博士舍三十区，为会市。但列槐树数百行，诸生朔望会此市，各持其郡所出物及经书，相与买卖，雍雍揖让，议论树下，侃侃誾也。”

采用迟。”

卷六六三罗隐《奉使宛陵别二三从事》：“豫章地暖矜千尺，越峤天寒愧一枝。”

卷六七一唐彦谦《感物二首》之二：“豫章值拥肿，细细供蒸薪。论材何必多，适用即能神。”

卷八四七齐己《啄木》：“层崖豫章，耸干苍苍。无纵尔啄，摧我栋梁。”

唐宋时代的类书以广博著称，如《艺文类聚》《初学记》《太平御览》等书按类罗列，均有木部之属，但《艺文类聚》和《初学记》的木部中皆未收樟、豫樟或豫章之木，《太平御览》“木部六”收有豫章一木，排在松、柏、槐、桑、榆、桐、杨柳、桂、杉、枫之后，列第十一位，是不太起眼的。

与槐树一样，樟树因其高大久生，又被赋予了一层民俗象征。颜师古所引《礼斗威仪》“君政讼平，豫章常为生”就是一种祥瑞之兆。但因为樟树缺乏丰厚的政治寓意，这层民俗象征终于没能在历史文化平台上展开。

《晋书》卷二八：

其七月，豫章郡有樟树久枯，是月忽更荣茂，与汉昌邑枯社复生同，占是怀愍、沦陷之征。

《宋书》卷二七：

豫章有大樟树，大三十五围，枯死积久。永嘉中，忽更荣茂，景纯并言是元帝中兴之应。

《陈书》卷二：

初，侯景之平也，火焚太极殿。承圣中，议欲营之，独阙一柱，至是有樟木，大十八围，长四丈五尺，流泊陶家后渚，监军邹子度以闻。

清钱泳《履园丛话·旧闻·康熙六巡江浙》：

初，无锡惠山寄畅园有樟树一株，其大数抱，枝叶皆香，千年物也。圣祖每幸园，尝抚玩不置。回銮后，犹忆及之，问无恙否。查慎行诗云："合抱凌云势不孤，名材得并豫章无。平安上报天颜喜，此树江南只一株。"迨圣祖宾天，此树遂枯，亦可异也。

在民间，樟树还化为神鬼，不过面目模糊，人格未成，神功不显。《太平广记》卷三五四"田达诚"，一个鬼欲娶樟树神女儿为妻。卷四一五"陆敬叔"，"使人伐大樟树，不数斧，有血出，树断，有物人面狗"，樟木已成精。清初民间流行一个叫樟柳神[①]的，虽以樟名，但也不知与樟何干。清钱泳《履园丛话·杂记下·樟柳神》[②]：

今吴越间有所谓沿街算命者，每用幼孩八字呪而毙之，名曰樟柳神。星卜家争相售买，得之者，为人推算，灵应异常，然不过推已往之事，未来者则不验也。乾隆甲辰七月，有邻人行荒野中，闻有小儿声，似言奈何，倾听之，又言奈何，乃在草间拾得一小木人，即星卜家之所谓樟柳神也。

樟树死而复生的祯祥之兆和神异之事，其实是从《山海经》中的

① 李雨河《奇异樟柳神》，《民间传奇故事（A卷）》2005年第9期。

② 关于樟柳神，清代文人多有涉猎，如纪昀《阅微草堂笔记·如是我闻三·六十七》："人侧耳尼腋下，亦闻其语，疑为樟柳神也。"宣鼎《夜雨秋灯录·樟柳神》："懊侬氏曰：近有人亲往姑苏，从巫蛊家买一樟柳神而回，意可以未卜先知矣。讵神殊缄默，所报者无非鼠动鸡啼鸦噪等事，且夜伏枕畔，哓哓烦琐，搅梦不酣。及问以他事，稍有关系者，皆对以不知。"

神树衍化而来，但因樟树的文化身份不明、资质甚浅，樟神或樟鬼之类文化人格没能树立出来。不过在民间，因为樟树与日常生活非常接近，在南方村中、渡口、桥头、井边、院内、庙前、路侧或野外等处，樟树几乎是如影随形地存在着。虽然在社树文化系统中樟树册上无名①，但在民间，它们却肩负着村社神树功能，民间以樟名地的习俗就是这种心理的一种折射。

图 44　樟花。

樟树一方面参与村野之人的经济生活，另一方面也成为南方村落的文化守护者。至今皖南、苏南、浙江、江西、湖南等地古镇、古村落里遍地植樟且多有树龄悠久的老樟，它们已经成为村庄的镇村之宝，

① 班固《白虎通义·社稷篇》引《尚书·逸篇》曰："大社为松，东社为柏，西社为栗，北社为槐。"

成为需要被保护的文化遗产，与城市中疯狂栽种的风景樟树大异其趣。如广东湛江粤西南亚热带植物园附近，保存了一片有500余年历史的古樟神林，被称作“云脚古樟神林”，已成为旅游景点。其实这样的老樟在明清时代就已屡见不鲜，我们可以从明清时期南方与樟有关的地名来略见一斑。现以影印《文渊阁四库全书·大清一统志》为例作一简表。

序号	卷次	省	县	地名
1.	二一六	浙江	富阳县	樟岩山
2.	二一七		仁和县	樟亭
3.	二四三	江西	建昌县	寿樟
4.	二四六		临川县	樟源山
5.	二五一		上高縣	樟树潭
6.	二五三		龙南县	樟山
7.	二五六		宁都州	樟树潭
8.	二六三	湖北	黄冈县	樟松山
9.	二七六	湖南	湘阴县	樟树港
10.	二七八		新宁县	樟木山
11.	二八一		耒阳县	樟楻岭
12.	二八一		衡阳县	樟木关
13.	二八一		安仁县	樟桥
14.	三二五	福建	永福县	大樟镇

15.	三三一		建阳县	樟槎滩
16.	三三一		建阳县	南溪樟隐
17.	三四三		永安县	樟树围
18.	三四四	广东	澄海县	樟林巡司
19.	三四六		开平县	樟村营
20.	三六一	广西	武宣县	六樟水

若从南方各县市的明清地方志来搜寻，收获将会更大。将这份表与今日南方各省以樟名村的简表对照起来看，不难发现，它们古今呼应的态势其实是一脉相承的。

图 45　樟树行道树。

小　结

樟树作为文化符号所遭遇的古冷今热的现象很值得研究。作为自然生长的南方树种，其实用价值表现多多，但是在芬芳比德、植物象征极为盛行的传统时代，樟树却没能获得应有的文化品质，这与其生长在非政治中心的南方区域且隐居深山幽谷有关。至而今，尤其是近十余年来，樟树的符号价值迅速飙升，其主要的实用价值反而在无意间被掩盖忽略了。樟树作为市树确实让城市更美了，道路更清凉了，颜色更好看了，樟树就像时装模特一样，经过包装后，伫立在大街小巷，成为当代人视觉上的一道盛宴。在古代时期，只在深山幽谷之间自生自灭或作为神树守护村庄的樟树，终于走到繁华城市的最前沿，不过它们展示的不是其健壮的肌体，而只是其亮丽的外表。

同是樟树，古冷今热，这巨大的反差之间，到底潜藏着怎样的心理暗示呢？樟树被当代城市大规模圈养起来的结果到底是利是弊？笔者不揣谫陋，提出六个未经证明的论点便可以结束本文了，但是这六个论点的代价甚至危害性却是难以评估的。第一，樟树已成为园艺刀斧的受刑者。第二，樟树已成为当代生活的陪衬者。第三，樟树已成为城市建设的短命者。第四，樟树已成为政绩工程的标识者。第五，樟树已成为自然遗传的退化者。第六，樟树已成为野生环境的遗忘者。

（原载《闽江学刊》2010 年第 1 期。）

枫树意象的文化象征

在中国传统植物文化平台上，不同时代，各种植物受到关注的程度、承载的意义都有所不同。有的植物，从上古时代就受到膜拜，比如松、柏、桑、柳等；有的在中古代时代才受到关注，比如槐、梅、杏等；还有些南方的乔木树种，高大荫浓，有顶天立地的气概，也是生活中常见的可用之材，可是它们进入文学文化视野的进程却是比较的迟缓，比如生于南方的樟树、枫树、榕树等。笔者已经讨论过槐树与樟树的有关问题，曾认为："樟树作为文化符号所遭遇的古冷今热的现象很值得研究。作为自然生长的南方树种，其实用价值表现多多，但是在芬芳比德、植物象征极为盛行的古代，樟树却没能获得应有的文化品格。"[①]枫树受到文人关注的时间与樟树大体同时，但积累的文化象征意义比樟树略显丰厚。不过，二者在当今时代，都获得各自不同的重要景观价值：枫为观赏树，樟为行道树。本文试就枫树的文化发现与文化象征等方面作一个粗浅的探讨。

一、枫树的实用价值

一个树种，与人类生产生活取得联系然后成为文化象征符号的起

---

① 纪永贵《樟树意象的文化象征》，《阅江学刊》2010 年第 1 期。

点，都是它的实用功能的开发，枫树也不例外。枫树是今天南北区域内一种常见但用处不大的树，也就是说，作为材木，这种树的经济价值很一般，植株或木材，均称不上名木奇材。枫树肯定是先实用、后文化的，而进入文化视野则是从“枫”字的出现开始的。

图 46　枫叶。

（一）“枫”字考释

关于枫树的植物特性，台湾出版的《异体字字典》[①]说得最为简明：

> 枫，植物名。金缕梅科枫香属，落叶大乔木。叶互生，菱形，掌状分裂为三，边缘有细锯齿。单性花，雌雄同株。春季抽新叶并开黄褐色花。蒴果集生。木材可供建筑箱柜之用。秋间叶落前，叶色由黄而红，甚为美观，故常栽培为庭园树。俗称为“枫树”。

① 台湾“教育部”网站《异体字字典》电子版，“中华民国”一〇一年八月，台湾学术网络十二版（试用版）。

“枫”字起字较迟。今存文献，这个字最早见于宋玉《楚辞·招魂》：“湛湛江水兮上有枫，目极千里兮伤春心。”又见于《山海经·大荒南经》：“有宋山者，有赤蛇，名曰育蛇。有木生山上，名曰枫木。蚩尤所弃其桎梏，是谓枫木。”西汉司马相如《上林赋》：“沙棠栎槠，华枫枰栌。”[①]西汉刘歆《西京杂记》：“上林苑，有枫四株。”东汉张衡《西京赋》：“林麓之饶，于何不有。木则枞栝棕楠，梓棫楩枫。”东汉许慎《说文解字》卷六“木部”：

> 枫，木也。厚叶弱枝，善摇。一名欇。从木风声。

许慎的意思是，“枫”字得字的根据，是此树枝干羸弱而叶片密实，容易招风摇动。此说非许慎首创，而是来自《尔雅注》。清段玉裁《说文解字注》：“犍为舍人曰：枫为树。厚叶弱茎。大风则鸣。故曰欇欇。”犍为舍人即所谓“鳖邑南郭外舍月山人”，为《尔雅注》的编者，早于许慎。后来字书均从此说。北宋苏颂（1020-1101）《本草图经》：“《尔雅》谓‘枫为欇欇’，言天风则鸣鸣欇欇也。”

对于枫树因风摇叶而得名之说，也有人提出不同看法：

> 刑疏韵会，皆引说文，一名欇欇，尤误矣。知欇非枫名者，下文欇云：木叶摇白也。则白杨之摇，亦可谓之欇，不第枫也。欇字上下皆木，枝条形状之类，不专指一物也[②]。

此说拘泥，因风摇叶而得枫字，这是造字的一种经验类比法，不必因风叶摇者均名枫也，否则，所有带叶植物都可命名为欇，实乃无稽之谈也。

---

① 《上林赋》中“枫”一作“氾”。《史记》引作“氾”，《汉书》引作“枫”。《说文解字诂林·补遗》六上“木部”：“盖枫有凡音，与氾近，故可借耳。”

② 丁福保《说文解字诂林》，中华书局1988年版，第2427页。

不过，今人农学家夏纬瑛在《植物名释札记》第一篇“枫”中说：枫树之风即峰之假借字，因其为木而作“枫”。枫之叶有岐，作三角，犹如山之有三峰，故名“枫树”[①]。此说过于拘泥，若其说可信，则造字时何不直接将枫写成“梇”字？这里犯的毛病，正如有学者批评的“随意音转”[②]。

后来的文字学家从殷契书文中检出“机”字，认为是枫的本字。《集韵》：“机，木名，皮曰木桴。”又谓：“机，或从风作枫。”李玲璞（1934-2012）《古文字诂林》五“枫”：

> 然则，（机）字为今字枫之初形也，兹据契文之构形隶定为机。机，《说文》虽未录，并见于《玉篇》及《集韵》。《辞》曰：“机雨”，或即“风雨”之意矣。（白玉峥《殷虚第十五次发掘所得甲骨校释》，《中国文字》新十三期）[③]

“机”字的记载还“见于《玉篇》及《集韵》”。《玉篇》即南朝梁顾野王所撰，该书“木部一百五十七”：“甫红切，香木。”《集韵》为北宋仁宗宝元二年（1039）重修的古韵书：“枫，木名，似白杨”；“机，枫，木名，或从风”。但认为在甲骨文中就已有枫字出现，是令人难以置信的。如果早有此字，先秦的文献里为何都没有出现过？那么这个字，静静地躺在那儿上千年才又被重新启用的吗？枫字从木从风的形声结构，倒更可能是春秋以后才成字的。

古人说到枫，因分不清枫树的品种，大致认为有两种。段玉裁《说

---

① 夏纬瑛《植物名释札记》，农业出版社 1990 年版。

② 谭宏娇《夏纬瑛〈植物名释札记〉补正》，《自然科学史研究》2005 年第 4 期。

③ 李玲璞《古文字诂林》第五册，上海教育出版社 2002 年版，第 790 页。

文解字注》曰："嵇含《南方草木状》，分枫人、枫香为二条，实一木也。"[1]丁福保《说文解字诂林》辨正道：

> 段氏只见枫香，故说枫字未确。北方枫木，其实类樗，但两两相对而生，俗以形似，呼为燕子。南方之枫香木，其叶似枫，而实如栗房，焚之有香气，非一物也。如或枫人即枫香，则不当反遗北方之枫也。仓颉籀斯，皆生北方，苟非橘柚锡贡，将侪于荔枝龙眼，不为之专制字矣。况无大用如枫者乎。

要想将枫树的品种分清楚，必须等到现代植物分类学的建立方才可行，古人完全凭经验而辨别树种的方法，是经不起推敲的。

图 47　枫果。

① 丁福保《说文解字诂林》，中华书局 1988 年版，第 2427 页。

图 48　枫花。

（二）枫树的实用价值

1. 药用价值

《太平御览》卷九五七“木部六”胪列了关于宋前枫的文献资料。我们可借此来看看枫树及其产品在古人生活中究竟有些什么功用。

> 《尔雅》：枫，欇欇。郭璞注：之叶反。天风则鸣，故曰欇欇。树似白杨，叶圆而歧。有脂而香，今之枫香是。

此处将“枫”字得字之由说得更生动，枫叶因风而鸣，所以称枫。郭注指出了枫叶的形状，点出枫香之名的由来。郭璞 (276-324) 是西晋末年人，可见西晋以前，枫香之名已出现。他还指出，枫树之所以叫枫香，是因为枫树产有带香味的脂膏。

北周庾信《园庭诗》：

> 古槐时变火，枯枫乍落胶。

老槐生磷容易自燃，而老枫自行落胶。胶，即枫香脂。

《金楼子》曰：

枫脂，千岁为虎魄。

《金楼子》为梁元帝萧绎（508-555）所编。他认为，枫脂凝固千年便成琥珀（虎魄）。琥珀也是一味药。枫香脂到底是一种什么东西？

《南方草木状》：

枫香树子，大如鸟卵，二月花，色白，乃猎菖子，八九月熟。曝干，可烧。惟九真郡有之。

《南方草木状》是晋代上虞人嵇含编撰于永兴元年（304）的一本书，记载了岭南及域外植物 80 种。这里介绍了“枫香树子”的特征和生长过程，其实用功能语焉不详，难道仅仅是晒干可烧的引火材料？九真郡为汉武帝所置郡，在今越南北部。

枫香脂在民间渐渐显现出它的药用价值，北宋后期唐慎微（1056-1093）《证类本草》所辑材料最为丰富。卷十二“枫香脂”：

味辛、苦，平，无毒。主瘾疹风痒，浮肿齿痛。一名白胶香。其树皮，味辛，平，有小毒。主水肿，下水气，煮汁用之。所在大山皆有。

陈藏器云：枫皮本功外，性涩，止水痢。

苏云：下水肿，水肿非涩药所疗，苏为误尔。又云有毒，转明其谬。水煎止下痢为最。

日华子云：枫皮，止霍乱，刺风，冷风。煎汤浴之。

《南方草木状》曰：枫实唯九真有之。用之有神，乃难得之物。其脂为白胶香，五月斫为坎，十一月采之。其皮性涩，止水痢。水煎饮之。

《简要济众》：治吐血不止。白胶香不以多少，细研为散。

每服二钱，新汲水调下。

陶隐居云：枫树上菌，食之令人笑不止，以地浆解之。

《衍义》曰：枫香，与松脂皆可乱乳香，尤宜区别。枫香微黄白色，烧之尤见真伪。兼能治风瘾疹痒毒。水煎，热炸洗。

这一段文字很长，笔者引用时有删节，涉及枫树药学价值的材料如上。文中提到的陈藏器（约687-757）是唐代中药学家，四明人，著有《本草拾遗》10卷，佚。引文中“苏云”，可能是指主持编纂《新修本草》的苏敬（657-659年），所言也当出自《新修本草》。“日华子”也是唐代本草学家，原名大明，以号行，四明人，著有《诸家本草》，佚。《简要济众方》为北宋宋周应所著的药学著作。“陶隐居”即南朝梁朝的陶弘景（456-536），丹阳人，自号华阳隐居，著名医药家、炼丹家、文学家，著有《本草经注》等医书。《衍义》即《本草衍义》，北宋寇宗奭编著于宋政和六年(1116)。

以上所引七条关于“枫香脂”的材料均出自晋代以后、北宋以前。主要是唐人的观念。枫香脂又名白胶香，有“主瘾疹风痒，浮肿齿痛”“止水痢”“止霍乱”“治吐血不止”等功效，即消肿、止痛、止痒、止泄、止血。

其中陶隐居所说的似乎是一味迷幻药，枫树上所生的一种菌类，吃了之后会让人“大笑不止”，解药是“地浆”。当然，枫树上生的菌类特性未必就是枫树本身的功能之所出，不过，这种迷幻药功效倒是非常强大的。

明代名医李时珍《本草纲目·木一·枫香脂》：“枫木，枝干修耸，大者连数围。其木甚坚，有赤有白，白者细腻。”该书提供的关于枫香脂的药方可治吐血、鼻血、咯血、便痈脓血、瘰疬软疖、疮不收口、恶疮、小儿疥癣、大便不通等病症。白胶香是枫香树的树脂，功能止血、活血、解毒、生肌、止痛等功效。

到了清代，赵学敏（约 1719-1805）著《本草纲目拾遗》一书，增加了枫香树的一项药用部分，即它的干燥成熟果实，药名“路路通”，味苦、性平、微涩，能通经利水，除湿热痹痛，治月经不调、周身痹痛、小便不利、腰痛等症（但阴虚内、经水过多及孕妇忌用）。

至此，中医关于枫香脂的药用功能已开发至极致，具有很好的实践疗效，而且枫香脂是民间非常易得的药材，应该惠民至多。

2. 材用功能

唐宋之前的文献中，枫香的医用价值已成常识。枫树高大的材质难道没有开发出合理的用途？而同时期，樟树因为其香味可以杀虫以致木材不腐，所以成为造船和制棺的良材。枫树既然也有香味，为何没有受到人们的青睐？

上古时代“枫”已成字，可见其早已参与人类生产生活，但因其“厚叶弱枝”的特点，枝条、枝干难堪大任。所谓弱枝，并不是说枫树长不高、长不粗，而是指枫材的密度不大，比较松软。这样不仅显得不结实，同时也不能承载特别的重量，所以枫树未能开发出建造广厦立柱等用途。枫材的这个特点，东汉王充也为我们提供了证言。

《论衡·状留》：

> 枫桐之树，生而速长，故其皮肌不能坚刚。树檀以五月生叶，后彼春荣之木，其材强劲，车以为轴。殷之桑谷，七日大拱，长速大暴，故为变怪。

王充对比枫与桐、檀、桑谷几种树木的生长速度后，推测造成木材坚刚程度不同的原因。枫材之所以不能坚刚，快速生长确是主要原因。

图 49　老枫树。

文献中，关于枫树材质功用记载的非常少。

(1) 可以为桎梏

《山海经·大荒南经》所说的“蚩尤所弃其桎梏，是谓枫木”是一条好材料。这看上去有些荒诞不经，但却透露了上古时期枫材功用的信息。桎梏是中国古代的一种刑具，在足曰桎，在手曰梏，类似于现代的脚镣与手铐。蚩尤丢弃的桎梏是用枫木制成的，可以表明枫木具有材质轻便、表面光滑的特征。虽说脚镣与手铐是用来惩罚罪人的，重一点、粗糙一些也无妨，但若要长期戴着这副“桎梏”，还是需要其材质的重量与质量让人能够承受，否则，罪人就无法活动，也就存活不久了。虽说现代常用生铁制成脚镣与手铐，但其重量也在戴者可以承受的范围之内，主要是限制其快速奔跑逃逸，而不能一戴上脚镣与手铐，人就瘫在地上不能活动，那肯定不是个好办法。

袁珂先生注释说："神话传说，蚩尤被黄帝捉住后，给他的手脚系上刑具，后又杀了蚩尤，而刑具丢弃，刑具就化成了枫香树。"神话是用来解释枫树的来历，实际上就是枫树可以作为刑具的早期观念的反映。

《太平御览》："《山海经》曰：黄帝杀蚩尤，弃其械，化为枫树。"所说即为同一事。所谓械，就是刑具。《说文·木部》："械，桎梏也。"上古时代，人们用枫木来制桎梏，也应该是从枫木轻便这个角度来考虑的。这可以说明，古人对各种木材的合理用途早已了然于胸。

段宝林先生认为，这段记载是与南方的蚩尤崇拜有关，其相关点是血色相通：

> 此传说与蚩尤血传说相似，都是因为蚩尤族人对蚩尤被杀一事的怀念而产生的一种艺术想象。枫树叶是红色的，正和蚩尤血相映照[①]。

并引《轩辕本纪》为证："杀蚩尤于黎山之丘，掷械于大荒之中宋山之上，其械后华为枫木之林。"这些材料能够说明蚩尤为南方苗民的祖先，但枫树与蚩尤的关系明显不是因为血崇拜，而是与枫材的材质特征有关，因为记载的是"桎梏化为枫木"。且所用之材为枫木，而非枫叶。

(2) 庭栽

枫树本是生长于高山峡谷之间的乔木，繁殖能力很强，生长速度也很快，容易形成连片的树林。《楚辞》《名山记》等书记载的"江枫""涧枫"均是野生枫树。《本草图经》曰："枫香脂，旧不载所出州郡，

---

① 段宝林《蚩尤考》，《民族文学研究》1998 年第 4 期。

云所在大山皆有，今南方及关、陕多有之。”古人认为，枫香树主产区为“南方及关陕”即今秦岭山脉以南地区，所以关中地区引种枫树是非常方便的。

于是，宫廷院落及富家庭院，枫树就是一道常见的风景。《上林赋》提到上林苑中有“华枫枰栌”，《西京杂记》说上林苑中“有枫四株”，《西京赋》也说到“梓棫楩枫”等树种。

《太平御览》引《晋宫阁名》曰：“华林园，枫香三株。”华林园即芳林园。魏正始初年，因避齐王曹芳讳而改名为华林园，故址在今河南洛阳东。昏庸无能的晋惠帝就呆在华林园里。

《晋书·惠帝纪》：

帝尝在华林园，闻虾蟆声，谓左右曰：“此鸣者为官乎，私乎？”或对曰：“在官地为官，在私地为私。”及天下荒乱，百姓饿死。帝问：“何不食肉糜？”其蒙蔽皆此类也。

华林园肯定是一个极其奢华的宫禁园林。名为“华林”也好，“芳林”也罢，大概是以名树异木为主题的林园。这里有三株枫树，一定高大挺拔，浓荫如盖，春来青绿养眼，秋来丹霞迷目，这才能满足昏庸帝王目迷耳背的享乐需要。

(3) 江中枫材

《太平广记》卷四0七“草木二”有一条记载：

江中枫材。循海之间，每构屋，即命民踏木于江中，短长细大，唯所取。率松材也。彼俗常用，不知古之何人断截。埋泥沙中，既不朽蠹，又多如是。事可异者。(出《岭南异物志》)

这种奇异的“枫材”，应该是由地震或者海啸所致的古树沉埋，而且是经过人工整理截取过的木材：“短长细大。”因为年久隔氧，竟然未至腐朽。“率松材”，意思是，这些枫材与松材大体相当。松材可以构屋，但枫材致密度有限，不做屋材之用。是否这些经过沉埋的古枫已经脱水硬化，材质可以构屋了？

(4) 可以为式

北周庾信 (513-581)《咏树诗》：

> 交柯乍百顷，擢本或千寻。枫子留为式，桐孙待作琴。残核移桃种，空花植枣林。幽居对蒙密，蹊径转深沈。

庾信是由南而北的著名诗人，自然见多识广。枫子并非枫实、枫果，而是枫树苗，正如桐孙指“桐树新生的小枝”。意思是，若好好照看枫树与桐树的苗柯，长大之后，枫树可以做车轼，桐树可以作琴体。这是枫树可以为式的较早说法。

式通轼，是指车厢前面用来扶手的横木。《史记·绛侯周勃世家》：“天子为动，改容式车。”颜师古注：“式，车前横木也。”枫木之所以可做车前横木，主要是因为此木轻便光滑，用作扶手，也是不必负重的，为了减轻车子的重量，越轻的材质越好。枫木用在此处真是木尽其材了。

但因庾信并未明说“式”为何指，所以既可理解为车轼，也还别有一种解释。

北宋陆佃 (1042-1102)《埤雅·释木》：

> 所谓丹枫，其材可以为式。《兵法》曰“枫天枣地，置之槽则马骇，置之辙则车覆”是也。旧说枫之有瘿者，风神居之……故造式者以为盖也，又以大霆击枣木载之。所谓枫天枣地，盖其风雷之灵在焉，故能使马骇车覆也。

陆佃为北宋人。他提出的“式”是一种占卜道具，即所谓“枫天枣地”。

虽然这种说法有民俗信仰的因素，但也许与枫木的轻便、枣木的密实有关，所以枫木可以为盖，枣木可以为底。

(5) 爆干可烧

还有一项就是枫树子可烧的记载。《南方草木状》：“枫香树子……曝干，可烧。”但不知这种烧法有何用意？在唐代，枫树还可以用来钻木取火，盖因其木材风干后易燃的特性。杜甫《清明二首》：“旅雁上云归紫塞，家人钻火用青枫。”

当然，高大枫树的实用功能不会仅仅局限于现存的有限文字记载。因为枫树易生易长，分布广泛，则在民间生活中作为木材应该可以随需随取，因为不像楠木、樟木那样贵重，所以人常用之，人常忘之，这种情况也是难免的。秋后枫叶落地，也未必不是引火的好材料。元稹《遣悲怀》就说“落叶添薪仰古槐”，比枫树叶还细小的槐树叶都可以成为炊火材料，则枫树落叶肯定也不会只当作垃圾扫进沟壑去。

图 50　枫叶。

(6) 可以为茶

清代顾仲《养小录·论酒·诸花露》：

仿烧酒锡甑、木桶，减小样，制一具，蒸诸香露。凡诸花及诸叶香者，俱可蒸露，入汤代茶。种种益人，入酒增味。调汁制饵，无所不宜。

将枫露点入茶汤中，即成枫露茶。《红楼梦》第八回，宝玉喝的是枫露茶："早起沏了一碗枫露茶……那茶可是泡了三四次才出色。"枫露如何入茶，倒不是常见之法。有人推测说："枫露茶可能是枫露点茶，用春枫之嫩叶，取香枫之嫩叶，入甑蒸之，滴取其露。"[①]

(7) 惜无糖枫

说到枫树的功用，还有一种可以产糖的枫树，但中国境内自古以来未见记载。古人所谓枫香脂、白香胶，都是药用而非食用的。应该说枫胶中是含有糖分的，但中国枫树含糖量不高。终古之世，都没有从枫胶中提炼糖分的先例。用树汁提炼糖，史有记载。《新唐书》卷二二一：

贞观二十一年，（摩揭陀）始遣使者自通于天子，献波罗树。树类白杨，太宗遣使取熬糖法，即诏扬州上诸蔗，榨沈如其剂，色味愈西域远甚[②]。

根据《中国植物志》可知，可以炼糖的枫树叫糖枫，原生于加拿大等北美地区，又叫糖槭、梣叶槭、复叶槭、美国槭、白蜡槭等。近百年内始引种于我国，北到辽宁，南到长江中下游地区的各主要城市都有栽培。在东北和华北各省市生长较好。本种早春开花，花蜜很丰

① 邹剑川《红楼梦里的茶》，《九江日报》2015年5月28日。

② 引自季羡林《季羡林文集·糖史·引言》，江西教育出版社1998年版，第3页。

富，是很好的蜜源植物。本种生长迅速，树冠广阔，夏季遮荫条件良好，可作行道树或庭园树。

其实，糖枫不仅花是蜜源，更重要的是可以从其树汁中提取糖浆。可惜的是，中国枫树品种繁多，却没有出现这种产糖的枫树。

3. 观赏价值

枫树的观赏价值其实是它最重要的价值之所在，这个价值有一个审美认识的发展过程。到了唐代，枫树审美已丰富多彩。当然，在唐代观赏枫叶是免费的，而当今的枫叶胜地都是旅游目的地，收费无商量，所以枫树的观赏价值必然是实用价值之一极。

(1) 江枫

最早出现枫树意象的文学作品是《楚辞·招魂》，此前的先秦文献都还见不到“枫”字。

> 朱明承夜兮，时不可淹。皋兰被径兮，斯路渐。湛湛江水兮，上有枫。目极千里兮，伤春心。魂兮归来，哀江南。

这可谓是枫树意象最早的美学影像。“湛湛江水兮上有枫”是由深蓝的“江水”与高大的“青枫”两个意象联袂构建了一个审美原型。由“伤春心”一句可知此时的季节应该是春天，正是枫树发叶的盛季。枫树立在江边，远看还有水中倒影的视觉效果。《太平御览》引《名山记》曰：“天姥山上，长枫千余丈，萧萧临涧水。”枫树高干临水的视觉效果也相当不错。

东汉王逸《楚辞章句》注曰：

> 言湛湛江水浸润枫木，使之茂盛。伤己不蒙君惠而身放弃，曾不若树木得其所也。或曰：水旁林木中，鸟兽所聚，不可居也。

此注有些阐释过度，主要是往屈原流放的事实上靠得太紧，倒失了含蓄的美感。水边枫、江边枫是枫树进入文人视里的首选。南朝之后，这种意象的组合已成模式化。略如：

梁王僧孺《至牛渚忆魏少英诗》：

枫林暧似画，沙岸净如扫。

梁刘孝绰《答何记室》：

忽忆园间柳，犹伤江际枫。

梁简文帝萧纲《曲水联句诗》：

汉艾凌波出，江枫拂岸游。

隋杨广《江都夏》：

黄梅雨细麦秋轻，枫叶萧萧江水平。

杨广《夏日临江诗》：

图 51　江枫。

夏潭荫修竹，高岸坐长枫。日落沧江静，云散远山空。

枫树为什么都要与江水、沙岸、高岸、沧江等意象相联属？这可能与枫树的生长环境有关，虽说枫树是原生于关、陕山区，但枫树含水量大，喜湿，枫树的果球可以随水下山，流向山外，并能随处生根发芽，所以枫树容易在水边生长成林。在诗人眼中，高枫与江水相映成趣，此意象便成了写入诗歌的首选。

(2) 丹枫

枫树的现代审美热点表现在观者对秋后红叶的着迷。秋枫叶红是自然现象，自古皆然。人们其实早就对此有了偏爱，这也成为枫树进入审美视野的重要切入口。从此之后，这种高大的树种之躯干已不在我们留意之列，倒是红成一片的枯枝败叶成了人们欣赏的焦点。丹枫可爱至少从汉代就成通识。

宋洪兴祖 (1090-1155)《楚辞》补注：

> 《本草》云：树高大，商、洛间多有。《说文》云：枫木，厚叶弱枝，善摇。汉宫殿中多植之。至霜后，叶丹可爱，故骚人多称之。

后一句已非《说文》原文，但洪氏没有提供此语的出处。不过，这一句话对枫树的观赏价值已有了明确的认定："至霜后，叶丹可爱，故骚人多称之。"洪氏是南北宋之间人氏，其时，枫树霜叶的审美意识早已是常识，因为唐代诗歌已大面积吟到枫树的此类特征。

比洪兴祖略早的陆佃 (1042-1102)《埤雅》也说过："枫，霜后色丹，谓之丹枫。"但这还不是此语的源头。历代字书中常有一条来历不明的引文。如清代吴其濬《植物名实图考长编》卷二一一"木类·枫香"[①]：

---

① 吴其濬《植物名实图考长编》，商务印书馆 1959 年版，第 1137 页。

《说文解字》云：枫木厚叶弱枝，善摇。汉宫殿中多植之。至霜后，叶丹可爱，故骚人多称之。

这几乎就是对洪兴祖注文的移用，不过，他将"《说文》"改成了"《说文解字》"。而《说文解字》里并没有后面这条话，连清代《康熙字典》、段玉裁《说文解字注》里都没有这句话。苏颂（1020-1101）《本草图经》里也说此语来自《说文解字》，肯定是另有出处。洪氏所引的《说文》文字只是前面一句"枫木，厚叶弱枝，善摇"，后面一句明显不是《说文》的原文，但后来的引用者都一连引用，这个误解至今一直存在着[①]。

此语是说汉宫殿中多植枫树，骚人就已爱丹枫。但这种认识在汉代文人作品中是缺位的，要等到六朝后期，丹枫意象才渐次多起来。

图 52　丹枫。

① 高明乾、卢龙斗《植物古汉名图考》"枫宸"条："《说文解字》云：枫木，原叶弱枝善摇。汉宫殿中多植之，至霜后叶丹可爱，故称枫宸。"引文中"原"字应是"厚"字误。科学出版社 2013 年版，第 384 页。

东晋谢灵运《晚出西谢堂诗》：

晓霜枫叶丹，夕曛岚气阴。

梁简文帝萧纲《咏疏枫诗》：

萎绿映葭青，疏红分浪白。

陈朝江总《赠贺左丞萧舍人诗》：

芦花霜外白，枫叶水前丹。

丹枫意象的出现，是枫树进入审美高地的重要象征。枫叶的色泽变化使这个树种的观赏价值一下子超越了松、柏、槐、桑、柳、樟、桐等等古老的文化树群。从此不仅诗人情怀难释，而且一路下来，枫叶审美已成为普通百姓的日常功课了。

唐宋之后，不仅诗人对丹枫热情不减，画家也对之留情甚深。据专家考察，隋唐时代的国画植物主要有“松柏类，或杉类、竹类、枫、槭等”，“唐和五代以前已经出现在各种画作中的植物，可辨识的乔木类有松、杉、木兰、银杏、杨、柳、槐、枫等”。如杜甫的题画诗《奉先刘少府新画山水障歌》：“堂上不合生枫树，怪底江山起烟雾。闻君扫却赤县图，乘兴遣画沧洲趣。”画里的枫树无疑也是江枫，因“沧洲”即是水边。枫树入画与这个树种的广泛生长有关，即画家乐于取材于自己熟悉的事物，但画家更喜欢富于表现力的意象。比如“秋季叶片会变色的落叶乔木，叶呈红色者有枫、黄栌、乌桕、槭树等”[①]，这些才是画家不舍的素材。

(3) 落枫

枫树是落叶乔木，秋意渐浓时，枫叶先是变黄，然后变红。当然，

① 潘富俊《草木缘情：中国古典文学中的植物世界》，商务印书馆 2015 年版，第 139、154、163 页。

不同的枫树品种，叶片变红的程度是有差别的，但变红是却是必须的。我们观赏的丹枫是尚未凋落前的红叶，它们迟早是要落地的。随着秋风渐凉，枫叶因为叶面较大，其飘落的姿态与过程也是非常凄美的，是那些如杨柳、槐树等小叶植物无法比拟的，所以在审美上生成了一个相关意象：翻飞的枫叶。

隋杨素《豫章行》：

枫叶朝飞向京洛，文鱼夜过历吴洲。

(4) 青枫

枫树在春天有一个疯长新叶的时段，叶大、稠密、翠绿等特点，容易引起诗人的关注。若从审美觉醒的角度来考察，青枫意象虽然在唐代诗歌中大放异彩，可此前并不受到特别的重视。唐前的材料非常稀见。

图 53　青枫。

隋皇甫毗《玉泉寺碑》：

巨力穷奇之象，洪崖谲诡之形，冈曲抱而成垣，水萦回而结乳。青枫动叶，远照金霞。翠柳摇枝，低临玉沼。

枫树的观赏价值表现在枫叶的形态色相之上，这是枫树这个树种的与众不同之处。高大连片的枫林本可以比肩松柏，但它却不耐寒；本可以与槐樟为伍，但它却不成材。枫树审美最后定位于丹枫红叶的色泽，是南北朝即已形成的认识。

4. 枫树用途的现代认识

根据《中国植物志》提供的资料，我们可以知道，枫树又称枫香树。枫香树的学名是Liquidambar formosana。所谓formosana，即葡萄牙人眼中的台湾，枫香树被称为“有型岛的枫香树”，即台湾的枫香树，这其实是西方殖民历史的文化痕迹。

枫香树为落叶乔木，树高可达30米，冠幅可达16米，胸径最大可达1米，是名副其实的乔木。原产我国秦岭及淮河以南各省，北起河南、山东，东至台湾，西至四川、云南及西藏，南至广东；亦见于越南北部，老挝及朝鲜南部。现已延伸到东北、西北地区，分布极为广泛。性喜阳光，多生于平地，村落附近，及低山的次生林。在海南岛常组成次生林的优势种，性耐火烧，萌生力极强。可见枫树主要生长于秦岭——淮河一线南北，比樟树的生产地域更为广大。

枫树属于槭树科槭属树种，是一些种槭树的俗称。全世界的槭树科植物有199种，分布于亚洲、欧洲、北美洲和非洲北缘，中国也是世界上槭树种类最多的国家，目前已有151种，全国各地均有分布，主产于长江流域及其以南各省区，是世界槭树的现代分布中心。槭属植物中，有很多是世界闻名的观赏树种。也就是说，枫树是槭树的一种，在中国古代，二者也常相混淆。

中国枫树有很多品种，主要有以下八种。（1）元宝枫，又名平基槭，多生于华北地区，甚至到东北地区。（2）茶条槭，又名华北茶条，分布地区比元宝枫还靠北一些，蒙古、俄中西伯利亚东部、朝鲜和日本也有分布。（3）鸡爪枫，（又名鸡爪槭、青枫）。（4）建始槭，产于湖北建始县。这两种均产于黄河与长江流域的广大地区。（5）血皮槭，产河南西南部、陕西南部、甘肃东南部、湖北西部和四川东部。（6）光叶槭，生长于西南地区，包括南亚、东南亚。（7）厚叶槭，产于云南东南部。（8）橄榄槭，多生于浙江、安徽南部和江西东部[①]。

从今天的视角看，枫树的主要实用价值仍然表现在三个方面，与古人的认识是完全对应的。一是材质价值。枫树的材质有弹性，不易萎缩，抗屈能力强，常用于工程装修和家具制作，因为其表面容易加工，抛光、酸洗、上漆操作简便。二是药用价值。枫根性苦、温，主治祛风止痛。用于风湿性关节痛，牙痛。枫叶性苦、平，可祛风除湿，行气止痛；用于肠炎，痢疾，胃痛；外用治毒蜂螫伤，皮肤湿疹。枫树种子可祛风通络，利水，下乳等。三是观赏价值。枫叶的观赏性极强，成片枫林深秋景色美极，中国形成数量极多的赏枫胜地，如北京香山、苏州天平山、南京栖霞山、湖南长沙岳麓山等。枫树的观赏价值已经成为枫树最突出的审美价值之所在，是现代旅游文化中的重要产品。

古人早就认识到，枫树实用功能与其高大的乔木树形之间似乎并不是很相称。松柏可为栋梁之材，樟木可为造船之料，但枫树的高大材身却不成栋梁，原因在于其成长迅速，木质疏松，不能负重，所以

① 参见“百度百科”。

高大的枫树只是徒有其表。在民间，枫树只成引火之材。枫树虽然很早得名为“枫香树”，其皮、叶、果均有一股很苦辛的气味，与樟木的芳香相比，它的香味并不好闻。不过，于今，枫树最突出的功能只是表现在它的秋叶如染的轻佻。其次是因家居装修业的狂暴而使其材质成为备选之料——然而，今天又是一个疯狂使用复合材料的时代，实木家俱已是奢侈至极而不可轻得的珍品。至于它的药用价值，只在可有可无之间，枫材中药是否具有传统的药效，在实践中，与百姓生活已隔了一层。

二、枫树意象的民俗象征

枫树一旦因其实用功能进入人类生产与生活之后，其神秘特性便随之而立。古人对树木的植物学特征认识不足，无法解释一些树木自有的非凡特性，便从万物有灵的角度来理解甚至膜拜，并将之引入人类的文明象征符号体系。松、柏、槐、桑等树木都有这样的一个精神认识过程，这种现象我们称之为民俗象征。

（一）枫者，封也

枫树的这一层民俗象征是笔者提出的，但并非无中生有，而是对一些史料进行民俗学解读得出的认识。这也与其他树木的民俗象征相类：槐者，怀也；桑者，丧也。

《太平御览》引《山海经》曰：“黄帝杀蚩尤，弃其械，化为枫树。”这其实也是对枫树神秘特性的一种展示。为什么黄帝囚禁蚩尤的桎梏（械）可以化为枫树？前文我们是从枫材轻便可以制桎梏的实用思路来理解的。笔者颇疑这里还有更深一层的民俗心理，即枫者，封也。《说文》："封，爵诸侯之土也。从之从土从寸，守其制度也。"黄帝虽然杀了蚩尤，但蚩尤毕竟也是一方诸侯，即使死了，也可以守土为封，所以化为枫树。

后来关于枫树的神秘特性常常体现在祯祥灾异方面。如《太平御览》引《后周书》："武帝天和玄年，秋七月辛丑，梁州上言：凤皇集于枫树，群鸟列侍以万数。"这里指的是北周的武帝宇文邕时代的事。凤凰集于枫树，群鸟列侍。事实若果如此，其实也只是鸟类的一种迁徙，凤凰不过是一种大鸟。这样的祥瑞，估计一半是事实，一半是虚构，它的意义所指只是政治与民俗的附会。不过在我们看来，已是一种民俗象征了。

图 54　霜枫。

这句话出自《周书》卷五：

六月辛亥，尊所生叱奴氏为皇太后。甲子，月入毕。闰月庚午，地震。戊寅，陈湘州刺史华皎率众来附，遣襄州总管卫国公直率柱国绥（国）〔德〕公陆通、大将军田弘、权景宣、元定等，将兵援之，因而南伐。壬辰，以大将军、谯国公俭为柱国。丁酉，岁星、太白合于柳。戊戌，襄州上言庆云见。 秋七月辛丑，梁州上言凤凰集于枫树，群鸟列侍以万数。甲辰，立露门学，置生七十二人。庚戌，太白犯轩辕。壬子，以太傅、燕国公于谨为雍州牧。

此段文中共有六处征祥灾异之兆，这是天人感应的认识模式：天有征兆，则必有人事相随。凤凰集于枫树的祥瑞之事便是“置太学生七十二人”，这些群鸟都集于枫树，列于凤凰的周围，无非是一群人才围绕在帝王之侧。为什么也是枫树？枫者，封也。

（二）枫者，风也

文献中，民间还有关于俗民因枫树而出现神秘之事的案例。

《太平御览》引《异苑》卷五：

乌阳陈氏，有女未醮。著屐，径上大枫树颠，更无危阂。顾曰：“我应为神，今便长去。惟左苍右黄，当暂归耳。”家人悉出见之。举手辞诀，于是飘耸轻越，极睇乃没。既不了苍、黄之意，每春辄以苍狗、秋以黄犬，设祠于树下。

这确是一件神异之事。一个未嫁的女孩穿着拖鞋跑到大枫树顶上，说自己原本为神，接着在众人眼皮底下，青天白日，飘然而去。并留下一句暗语，家人不能理解，只好按照字面的意思去附会行事。

这里的叙事背景也是枫树。从女孩的语言行为来看，世俗眼中，她其实只是疯言疯行而已。这种青天白日玩失踪的方式，科学的解释的是，她被龙卷风卷走了。因为她上树时，家人都不在场，她上去后，家人才“悉出见之”，可见她是被突然且小范围的力提升而上。她于是“飘耸轻越”，是当空飘上去的，家人没有办法去拉她，还能望着她流完了泪就慢慢看不见了。从科学的角度来看，这种运动的力只有龙卷风一种可能。可她碰巧是从枫树上去的。这个事件与风有关，与枫有关，而且与疯也有关。宋陆佃《埤雅 • 释木》就说过“旧说枫之有瘿者，风神居之”。因之可理解为，枫者，风也。

至于她说的那句“惟左苍右黄，当暂归耳”一语，家人未能准确理解，只好“每春辄以苍狗、秋以黄犬，设祠于树下”。后来苏东坡《 江城子 • 密州出猎》“左牵黄，右擎苍”，就是这样理解的。但事实上，“左苍右黄”应该指时间节点。

《墨子•所染》：“染于苍则苍，染于黄则黄；所入者变，其色亦变。”苍指青色，黄指黄色。素丝染色，可以染成青的，也可以染成黄的。后来，苍黄一词表示变化很快。纬书《黄帝占》曰：“视两角星明，王道大治；其星微小，不明，王道失政，辅臣不言。角星左苍、右黄，正色也，吉。”说的是二十八宿角星的色泽与祥瑞的关系。但此事与时间有何对应关系，尚不清楚。左苍右黄，也可能指称春秋节点，春天对应青色，秋天对应黄色。《异苑》之书主要是记录神异之事，不求甚解，所以也没能就此提供合理解释。

但这个故事与枫树民俗关系的形成，与同音字“风”有关，枫原本就因风而成字的。女孩白日升天与龙卷风务必相干，所以这个故事已将枫树的民俗象征包含其间。

（三）枫者，鬼也

老树生精，是中国传统民俗的固有观点，老松、老槐都可能成精化鬼。《太平广记》卷四一五“草木十”《贾秘》：

乃笑谓秘曰：“吾辈是七树精也：其一曰松，二曰柳，

三曰槐，四曰桑，五曰枣，六曰栗，七曰樗。今各言其志，君幸听而秘之。”（出《潇湘记》）

这里一下展示了七种老树精，而且每个树精都自说一段自己的特征。《太平御览》就引了两则枫鬼的故事。

任昉（460-508）《述异记》卷下：

南中有枫子鬼。枫木之老者，为人形，亦呼为灵枫焉。

唐刘恂《岭表录异记》卷中：

枫人岭，多枫树，树老则有瘤瘿。忽一夜遇暴雷骤雨，其树赘则暗长三数尺。南中谓之枫人。越巫云：“取之雕刻神鬼，易致灵验。”

所谓枫子鬼、灵枫、枫人等，都是指的“枫木之老者”“树老则有瘤瘿”，用这样的老枫树来雕刻鬼神之像，就是灵枫神。还有一个老树成精的案例。

《太平广记》卷四〇七“草木二”《枫鬼》：

《临川记》云：抚州麻姑山，或有登者，望之，庐岳彭蠡，皆在其下。有黄连厚朴，恒山枫树。数千年者，有人形，眼鼻口臂而无脚。入山者见之，或有斫之者，皆出血。人皆以蓝冠于其头，明日看，失蓝，为枫子鬼。（出《十道记》）

《初学记》卷八《枫鬼》：

《临川记》曰：麻姑山上人登之，有物人形，眼鼻口面，无臂脚，俗名之枫子鬼也。已上抚州。

这个两个版本的故事说的枫子鬼，所谓老枫出血或与枫叶丹红相关联。

唐诗也有提到枫人的，如白居易《送客春游岭南二十韵》：“路足羁栖客，官多谪逐臣。天黄生飓母，雨黑长枫人。”

老枫成精成鬼的观念，至明清时代，在民间生活中已不言自明。《西游记》第六十四回：

他三人同师父看处，只见一座石崖，崖上有木仙庵三字。三藏道：“此间正是。”行者仔细观之，却原来是一株大桧树，一株老柏，一株老松，一株老竹，竹后有一株丹枫。再看崖那边，还有一株老杏，二株腊梅，二株丹桂。行者笑道：“你可曾看见妖怪？”八戒道：“不曾。”行者道：“你不知，就是这几株树木在此成精也。”八戒道：“哥哥怎得知成精者是树？”行者道：“十八公乃松树，孤直公乃柏树，凌空子乃桧树，拂云叟乃竹竿，赤身鬼乃枫树，杏仙即杏树，女童即丹桂、腊梅也。”

这里一共点出了老桧、老柏、老松、老竹、丹枫、老杏、腊梅、丹桂等八种树妖，而“赤身鬼乃枫树”，与枫叶的红色相对应。

（四）枫者，卦也

《太平广记》卷四〇七“草木二”《枫生人》：

江东江西山中，多有枫木人，于枫树下生，似人形，长三四尺。夜雷雨，即长与树齐，见人即缩依旧。曾有人合笠于首，明日看，笠子挂在树头上。旱时欲雨，以竹束其头，禊之即雨。人取以为式盘，极神验。枫木枣地是也。（出《朝野佥载》）

这里的枫木人，一般认为是枫树的寄生植物，但无疑染上了枫树的神秘灵性。式盘是中国古代术数的占验道具，若用枫树制成，是非常灵验的。所谓“枫木枣地”即“枫天枣地”，是一种占卜器具，因以枫木为盖，枣木为底盘，所以得此名号。这与枫木轻便、枣木结实的特质是有直接关系的。

图 55　秋枫。

唐张鷟《龙筋凤髓判·太卜》：

枫天枣地，观倚伏于无形；方智圆神，察幽明于未兆。

宋陆佃《埤雅·释木》：

所谓丹枫，其材可以为式。《兵法》曰“枫天枣地，置之槽则马骇，置之辙则车覆。

明陈继儒　《枕谭·枫天枣地》：

张文成《太卜判》有“枫天枣地”之语，初不省所出，后见乃《六典》“三式”，云“六壬卦局，以枫木为天，枣心为地”，乃知文成用此。

（五）枫者，图腾也

苗族自古就有枫树崇拜，这是一个非常独特的民族民俗现象。

段宝林《蚩尤考》说：

> 苗族有枫木崇拜的民俗，甚至以枫木为图腾。古文献中亦可找到根据，说明此俗与蚩尤有关……枫木是一种灵木，对枫木的崇拜古已有之。而在苗族生活中枫木的神性更强，《苗族史诗》中《枫木歌》是整个史诗的核心部分之一，把苗族的来源、人类始祖都说成是从枫木中产生的①。

关于苗族枫树崇拜，研究成果已很多。如西南交通大学2009年黎明明的硕士论文《苗族古歌枫树原型研究》和云南大学2010年田艳飞的硕士论文《苗族神话意象“枫木”研究》。后者主要从《苗族古歌》中的枫木意象出发，讨论了“枫木崇拜背后的文化意义”，表现在图腾崇拜、祖先崇拜、崇敬求同和认亲心理、生殖巫术、生命树、保护神、外在的符号等七个方面。枫树为南方乔木，在西南地区有非常好的生长环境，想来苗族深山不乏枫树之参天古木，所以引为图腾而加以崇拜是不难理解的。

在中国传统民俗视界里，除了苗族枫木崇拜之外，枫树在汉民族及其他少数民族中都没有发生什么特别惊天动地的大事件，它不如松树、槐树、桑树、桐树那样寓意深厚，但比樟树、榕树受到的关注更多些。因为这个树种是民间生活中的常见之物，所以与民俗生活息息相通。不管你见不见它，用不用它，看不看它，它都站在那儿。枫树浑身药味、周身鬼气，是民俗理想的需要，这一点跟槐树、樟树是相通的。但到了今天，枫树的这些鬼气都已烟消云散，它红色似火的观赏效果已完全征服了当代人。

① 段宝林《蚩尤考》，《民族文学研究》1998年第4期。

三、枫树意象的美学象征

枫树意象在唐代受到文人的追捧，被隆重地写入诗歌，并且形成了以枫树为核心的一组枫树意象群，这个意象群在宋以后的诗歌中不断地被重复吟诵，形成古典文学中一个规模不大却掷地有声的意象家族。唐代的枫树意象都是在唐以前枫树文化发掘中得以生长的，并有所新增。本节我们以唐诗为例来讨论枫树意象的美学象征。在唐代，无论在文学还是在政治与民俗视野中，枫树被关注的程度都不如松、柏、槐、柳等乔木意象，但它却自有其顶天立地的风貌。

《全唐诗》枫树意象一览表

序号	组别	意象单元（出次的次数）	意象数	出现次数
1.	枫树	枫树林（12）、枫树（40）、枫香（5）、枫林（47）、枫杉（3）、枫根（2）、枫高（1）、高枫（1）	8	111
2.	枫叶	枫叶（55）、青枫（63）、霜叶（35）、青枫林（5）、青林（49）、丹枫（4）、枫丹（6）、赤枫（1）、落枫（2）、枫落（6）、霜枫（4）、丹叶（8）、枫影（2）、枫阴（1）	14	241
3.	江枫	江枫（24）、枫岸（14）、岸枫（1）、枫浦（9）、青枫浦（4）、枫汀（3）、岛枫（1）	7	52
4.	枫桥	枫桥（3）	1	3
5.	枫人	枫人（3）	1	3
合计			31	410

《全唐诗》里有关枫树意象总共出现过410次，其中青枫林、青枫有重复，青枫浦与枫浦有重复。

若从《全唐诗》植物意象的出现频率来看，枫树意象规模是比较小的。按照潘富俊《草木缘情：中国古典文学中的植物世界》的统计，我们可以做一个比较。《全唐诗》共提到的植物种类有379种，这些意象出现的诗歌次数，排在前十位的是柳（3463）、竹（3324）、松（3018）、荷（2071）、桃（1324）、苔（1348）、桂（1224）、兰（996）、梅（877）、菊（822）[①]。若将第十位的菊（822）与枫（410）相比较，不知还有多少种植物穿插其间，所以枫树意象在唐诗里不是一个特别显眼的意象群。

虽然数量上并不占优势，但是枫树意象群自有其特别的美学价值。早有学者指出，"枫树从自然走向历史，继而成为一种文化，最终上升为一种带有浓厚悲凉意蕴的文学意象"[②]，并从"枫树与猿声""枫树与离别"两个角度来解释这种悲秋意蕴的成因[③]。这是目前能查询到的仅有的两篇（其实是一篇）关于枫树意象美学的研究论文。虽然文章提出的枫树悲凉意蕴的观点非常醒目，但文章论说还是不够充分，而且还有一种误解。因为丹枫意象并非都是营造悲凉意境，有一部分诗歌特别着眼于霜枫的暖色调，倒是反映了诗人快乐飘逸的心态。有鉴于此，我们将分组诗讨论这五组意象中四组的美学象征意义，"枫人"意象的民俗所指已见前文。

---

① 潘富俊《草木缘情：中国古典文学中的植物世界》，商务印书馆2015年版，第17页。苔（1348）有误，也许是1248，所以排在桃（1324）之后。

② 高政锐《枫树悲凉意蕴成因论》，《齐齐哈尔大学学报》（哲社版）2009年第2期。

③ 高政锐、邓福舜《枫树的意象及其美学意蕴》，《齐齐哈尔大学学报》（哲社版），2006年第6期。

（一）枫树意象

先来看看出现次数较多的“枫树”与“枫林”意象的诗歌，这里选取的只是带有“枫树”字样的诗句。

王维《同崔傅答贤弟》：

九江枫树几回青，一片扬州五湖白。

图 56　枫林。

孟浩然《宿扬子津，寄润州长山刘隐士》：

心驰茅山洞，目极枫树林。不见少微星，星霜劳夜吟。

杜甫《过津口》：

回首过津口，而多枫树林。白鱼困密网，黄鸟喧嘉音。

杜甫《南征》：

春岸桃花水，云帆枫树林。偷生长避地，适远更沾襟。

杜甫《峡口二首》：

芦花留客晚，枫树坐猿深。

杜甫《秋兴八首》：

玉露凋伤枫树林，巫山巫峡气萧森。

贾至《巴陵早秋，寄荆州崔司马、吏部阎功曹舍人》：

独攀青枫树，泪洒沧江流。

刘长卿《夕次檐石湖，梦洛阳亲故》：

江气和楚云，秋声乱枫树。

李贺《相和歌辞·大堤曲》：

莫指襄阳道，绿浦归帆少。今日菖蒲花，明朝枫树老。

韩翃《兖州送李明府使苏州便赴告期》：

莫言水国去迢迢，白马吴门见不遥。枫树林中经楚雨，木兰舟上蹋江潮。

皇甫冉《杂言月洲歌送赵冽还襄阳》：

流聒聒兮湍与濑，草青青兮春更秋。苦竹林，香枫树，樵子罛师几家住。

卢纶《赋得馆娃宫送王山人游江东》：

苍苍枫树林，草合废宫深。

李益《送人归岳阳》：

烟草连天枫树齐，岳阳归路子规啼。春江万里巴陵戍，落日看沈碧水西。

元稹《送王十一南行》：

江豚涌高浪，枫树摇去魂。

李商隐《楚宫》：

枫树夜猿愁自断，女萝山鬼语相邀。

杨衡《哭李象》：

草死花开年复年，后人知是何人墓。忆君思君独不眠，夜寒月照青枫树。

那么，“枫树”意象到底具有怎样的美学意蕴，从以上所引的十余首诗歌已可做一个概括，大致有四个方向的寓意。

1. 时光逝愁

王维说的“九江枫树几回青”，就是年轮偷换的说法，因为枫树一年一青，到了秋天枫叶就要变红，所以“几回青”表达了时光流逝的伤感。杜甫《南征》“春岸桃花水，云帆枫树林”也有季节变换的喻义。具有同样寓意的诗句还有李贺的“今日菖蒲花，明朝枫树老”、卢纶的“苍苍枫树林，草合废宫深”、皇甫冉的“草青青兮春更秋。苦竹林，香枫树”。

2. 远游离愁

孟浩然之所以“目极枫树林”，是因为“烟波愁我心”以及“星霜劳夜吟”。杜甫因为“回首过津口，而多枫树林”，是感叹于“白鱼困密网”。杜甫“云帆枫树林”中“云帆”就是远行之舟，而且还表达了“适远更沾襟”的伤怀。贾至“独攀青枫树，泪洒沧江流”，是因为他远谪巴陵。李益所见的“烟草连天枫树齐，岳阳归路子规啼”，“岳阳归路”就是远行交待，因为他“春江万里巴陵戍”，远谪在万里之外的巴陵，所以借枫树言愁。元稹所言的“枫树摇去魂”，是因为他正送别朋友王十一南行，枫字本意就是因风而摇动，诗人眼中，枫树之摇恰是去魂在招摇。

3. 悲凉秋愁

枫树意象与丹枫、霜枫在字面上是不同的，但这个意象组仍然常常将重点落在秋叶、秋意、秋愁之上。其一，正如高政锐所论，枫树与猿常相连属，构成秋愁。杜甫的“枫树坐猿深”、李商隐的“枫树夜猿愁自断”都是这种安排。其二，秋风秋雨也借枫树意象而生愁。杜甫的“玉露凋伤枫树林”说的秋雨。刘长卿的“秋声乱枫树”说的是既可能是秋雨，也可能是秋风。韩翃的“枫树林中经楚雨”说的更直接。

4. 枫鬼夜愁

前文已论说过枫树的民俗象征里有一项“枫鬼”观念。夜深枫树风萧萧的意境可用来寓指鬼魂世界。杨衡《哭李象》：“草死花开年复年，后人知是何人墓。忆君思君独不眠，夜寒月照青枫树。”为什么关注夜深月照青枫树呢？因为“青枫林下鬼吟哦”①。《全唐诗》卷八六六录有一首“巴陵馆鬼”的《柱上诗》：“爷娘送我青枫根，不记青枫几回落。当时手刺衣上花，今日为灰不堪著。”虽然这样的诗歌并不太多，但枫鬼观念却深入人心。

人死曰鬼，生人称魂。杜甫《梦李白》：“恐非平生魂，路远不可测。魂来枫林青，魂返关塞黑。”说的是李白之魂入梦来。两位诗人梦中“魂遇”的地点是青青枫林与黑黑关塞，可知枫树林是鬼魂所系之处。清蒲松龄《聊斋志异·自序》：“知我者，其在青林黑塞间乎？”②这

---

① 《红楼梦》第五回《红楼梦曲·虚花悟》：“说什么，天上夭桃盛，云中杏蕊多。到头来，谁见把秋捱过？则看那，白杨村里人呜咽，青枫林下鬼吟哦。更兼着，连天衰草遮坟墓。”展示的就是枫鬼民俗观念。

② 蒲松龄《聊斋志异》（铸雪斋抄本），上海古籍出版社 1979 年版，第 6 页。

篇序言还提到“牛鬼蛇神”“魑魅争光”“魍魉见笑”“喜人谈鬼”“妄续幽冥之录”等语，最后用“青林黑塞”来总括，既在表达知音难觅之憾，又有枫鬼夜愁之叹。

图 57　红枫。

（二）枫叶意象

从上表可以看出，枫叶意象组一共有 14 个意象，是五组里意象单元最多的一组。这个组的意象总共出现的组合有 241 次，也远多于其他意象组。这已充分说明了诗人对枫叶意象的特别关注。不过，枫叶意象组里霜叶、青林、丹叶三个意象未必都是枫叶，霜叶与枫叶概念范畴交叉最多，丹叶因为数量仅有 8 次，指称枫叶均可，唯有“青林”意象可能只有一部分与枫叶、青枫有关。这一组里的诗歌相对较多，在分析其美学象征时，要分类进行。

1. 枫叶（枫落）

唐诗里枫叶意象的寓意是非常明确的，大致体现在以下六个方面。

(1) 枫叶红

皇甫曾《玉山岭上作》：

秋花偏似雪，枫叶不禁霜。

贾至《初至巴陵与李十二白、裴九同泛洞庭湖三首》：

江畔枫叶初带霜，渚边菊花亦已黄。

杜甫《寄韩谏议》：

鸿飞冥冥日月白，青枫叶赤天雨霜。

刘蕃《状江南·季秋》：

枫叶红霞举，苍芦白浪川。

陆龟蒙《迎潮送潮辞·迎潮》：

江霜严兮枫叶丹，潮声高兮墟落寒。

韩偓《秋郊闲望有感》：

枫叶微红近有霜，碧云秋色满吴乡。

杨徽之《秋日》：

新霜染枫叶，皎月借芦花。

齐己《宜阳道中作》：

枫叶红遮店，芒花白满坡。

(2) 枫叶绿

李白《江上寄元六林宗》：

霜落江始寒，枫叶绿未脱。

岑参《送周子落第游荆南》：

山店橘花发，江城枫叶新。

(3) 枫叶落（下、衰、尽、鸣、飞、坠）

王维《送从弟蕃游淮南》：

江城下枫叶，淮上闻秋砧。

孟浩然《渡扬子江》：

更闻枫叶下，淅沥度秋声。

李白《夜泊牛渚怀古》：

明朝挂帆席，枫叶落纷纷。

邹绍先《琴曲歌辞·湘夫人》：

枫叶下秋渚，二妃愁渡湘。

戴叔伦《湘南即事》：

卢橘花开枫叶衰，出门何处望京师。

李端《送丘丹归江东》：

梦愁枫叶尽，醉惜菊花稀。

顾况《酬本部韦左司》：

白云帝城远，沧江枫叶鸣。

权德舆《送卢评事婺州省觐》：

漠漠水烟晚，萧萧枫叶飞。

马戴《赠别江客》：

汀洲延夕照，枫叶坠寒波。

尚能《残句》：

霜洲枫落尽，月馆竹生寒。

崔信明《残句》：

枫落吴江冷。

(4) 枫叶秋

孟浩然《送王昌龄之岭南》：

洞庭去远近，枫叶早惊秋。

白居易《琵琶引》：

浔阳江头夜送客，枫叶荻花秋瑟瑟。

(5) 枫叶雨

许浑《题卫将军庙》：

欲奠忠魂何处问，苇花枫叶雨霏霏。

温庭筠《西江上送渔父》：

三秋梅雨愁枫叶，一夜篷舟宿苇花。

图58　霜叶。

(6) 枫叶密

姚合《杏溪十首·枫林堰》：

森森枫树林，护此石门堰。杏堤数里余，枫影覆亦遍。

许浑《怀江南同志》：

竹暗湘妃庙，枫阴楚客船。

朱庆馀《送盛长史》：

野亭枫叶暗，秋水藕花明。

鱼玄机《江陵愁望寄子安》：

枫叶千枝复万枝，江桥掩映暮帆迟。

2. 霜叶（霜枫、丹枫、丹叶）

枫叶最惹眼的色泽是它秋天的颜色，丹枫与唐诗中的其他红叶意象一道，构成了唐诗色彩意象的一方重镇。有研究者指出："枫叶入秋经霜变红，'叶丹可爱'，向为诗人所偏爱，常以'枫林'一词代表秋色，如唐人戴叔伦《过三闾庙》：'日暮秋烟起，萧萧枫树林。'天气越冷，枫叶越红，诗句咏的当然是秋色。"①

除了枫林意象可以表达秋色如霞之外，更为直接的意象是霜叶、霜枫、丹枫等。霜叶虽然还有可能指代其他的树叶，但杜牧的那首《山行》却可以为枫叶作证。

吟到霜叶，诗人多是借景抒愁，但眼前红于火的景象似乎又点燃了诗人内心的希望，并不都是愁怀难释，倒有一些诗作是表达轻松与旷达情怀的。杜牧的《山行》就不是描写通常的愁闷，而是表达对景生爱之情。李中的诗句"好是经霜叶，红于带露花"也与杜牧的诗有异曲同工之妙。

韦应物《拟古诗十二首》：

岂如凌霜叶，岁暮蔼颜色。

卢纶《送万巨》：

霜叶无风自落，秋云不雨空阴。

① 潘富俊《草木缘情：中国古典文学中的植物世界》，第253页。

郎士元《送奚贾归吴》：

水清迎过客，霜叶落行舟。

刘禹锡《洛中初冬拜表有怀上京故人》：

清洛晓光铺碧簟，上阳霜叶剪红绡。

刘禹锡《自左冯归洛下酬乐天兼呈裴令公》：

华林霜叶红霞晚，伊水晴光碧玉秋。

白居易《醉中对红叶》：

醉貌如霜叶，虽红不是春。

白居易《秋雨夜眠》：

晓晴寒未起，霜叶满阶红。

杜牧《山行》：

停车坐爱枫林晚，霜叶红于二月花。

温庭筠《盘石寺留别成公》：

三秋岸雪花初白，一夜林霜叶尽红。

罗隐《东归途中作》：

别岸客帆和雁落，晚程霜叶向人飞。

罗隐《秋日寄狄补阙》：

病中霜叶赤，愁里鬓毛斑。

王贞白《随计》：

何堪穆陵路，霜叶更潇潇。

唐求《题郑处士隐居》：

数点石泉雨，一溪霜叶风。

孟宾于《湘江亭》：

寒山梦觉一声磬，霜叶满林秋正深。

李中《江村晚秋作》：

高秋水村路，隔岸见人家。好是经霜叶，红于带露花。

徐铉《送勋道人之建安》：

离情似霜叶，江上正纷纷。

图 59　红枫。

关于枫树红叶的诗，有的写得很别致。比如齐己的“枫叶红遮店，芒花白满坡”就非常具有画面感。红遮店，是多么别致而惹眼的景象。还有写红叶如红脸。白居易“醉貌如霜叶，虽红不是春”是非常有创意的联想，将酒醉脸红比成霜叶。宋人杨万里的《红叶》诗也有类似的比拟：“乌臼平生老染工，错将铁皂作猩红。小枫一夜偷天酒，却倩孤松掩醉容。”

唐诗中还有一个常用的意象“红叶”，《全唐诗》中至少有一百余题，不过红叶所指相对复杂。秋天，很多种植物都有经霜叶红的表现。正如韩愈所吟的“山红涧碧纷烂漫”“正值万株红叶满”“然云烧树火实骈”“红叶窗前有几堆”的景象。白居易也常咏到不知名的红叶：“林红叶初陨”“林间暖酒烧红叶”“鸟栖红叶树”“红叶林笼鹦鹉洲”“满山红叶锁宫门”“中面红叶开”“红叶添愁正满阶”“红叶树飘风起后”等。这般秋山红叶的景色即毛泽东主席所咏的“万山红遍，层林尽染”。

这些红叶很难辨别它们的树种，在唐诗中，既可以指桐叶[①]、柿叶（郑谷“柿园红叶忆长安”、子兰“柿凋红叶铺寒井”）、山棠红叶（阴行先“山棠红叶下”）、石楠红叶（权德舆“石楠红叶透帘春”、鲍溶“石楠红叶不堪书”）、题诗红叶（胡杲“搜神得句题红叶”、许浑“晚收红叶题诗遍”、郑谷“题诗满红叶”），也可以特指枫叶。

红叶明确指代枫叶的诗句如：白居易的“红叶江枫老，青芜驿路荒”、李咸用“秋枫红叶散，春石谷雷奔”。唐诗红叶意象有相当一部分可能就是指枫叶的，因为它们都与秋风、秋雨、秋愁同出现。秋天的红叶如此之多，还出现了红叶村（方干“遥夜孤砧红叶村”）、红叶寺（姚合“吟诗红叶寺”）等专名。红叶意象非常惹眼，所以敏感的诗人岂能放过。

3. 青枫（青枫林、枫林青）

青枫意象在唐诗中有两种完全不同的所指，一是表示春天的枫树，因其颜色青葱；一是表示秋天的枫树，因其树叶正由青变黄而红。不

① 俞香顺《红叶辨》认为：“‘红叶题诗’中的红叶若要确指，当为桐叶，而非枫叶。《全唐诗》中，枫叶题诗的记载仅见一处。大约南宋以降，在确指时，桐叶慢慢失去了它在‘红叶题诗’中的地位，枫叶取而代之。”《文学遗产》2001 年第 2 期。

论春枫还是秋枫，都是诗人表达伤春悲愁的专指意象。而且，青枫秋的意象使用频率更高，可能与枫叶由青变红的过程本身就是容易让人发愁的事件有关。

(1) 青枫春

张若虚《春江花月夜》：

白云一片去悠悠，青枫浦上不胜愁。

杜甫《梦李白二首》：

魂来枫林青[1]，魂返关塞黑。

孙逖《扬子江楼》：

驿道青枫外，人烟绿屿间。

李颀《寄万齐融》：

青枫半村户，香稻盈田畴。

李嘉祐《送严维归越州》：

乡心缘绿草，野思看青枫。

司空曙《送郑明府贬岭南》：

青枫江色晚，楚客独伤春。

李群玉《汉阳太白楼》：

江上层楼翠霭间，满帘春水满窗山。青枫绿草将愁去，远入吴云暝不还。

(2) 青枫秋

王昌龄《重别李评事》：

吴姬缓舞留君醉，随意青枫白露寒。

---

① 仇兆鳌《杜诗详注》卷七《梦李白》，注曰：“枫林，一作叶。”中华书局1979年版，第556页。

高适《送李少府贬峡中、王少府贬长沙》：

青枫江上秋天远，白帝城边古木疏。

图 60　青枫。

李益《柳杨送客》：

青枫江畔白蘋洲，楚客伤离不待秋。

刘长卿《余干旅舍》：

摇落暮天迥，青枫霜叶稀。

李贺《琴曲歌辞·湘妃》：

幽愁秋气上青枫，凉夜波间吟古龙。

张谓《辰阳即事》：

青枫落叶正堪悲，黄菊残花欲待谁。

贾岛《送董正字常州觐省》：

江流翻白浪，木叶落青枫。

韦庄《和郑拾遗秋日感事一百韵》：

帆外青枫老，尊前紫菊芳。

（三）江枫意象

江枫是一个古老的意象，《楚辞》里“湛湛江水兮上有枫”就是这个意象的源头。枫生水边在生物学上是一个自然现象，在审美认识上却有其独特的意象组合意义：“青山白水映江枫”（李端诗）。枫生江边，无论绿叶还是红叶，都是过往商旅的目中之物：“泊舟应自爱江枫”（郎士元诗）、“迤逦看江枫”（贯孟诗）。枫生水边，还容易招风。枫生江边，落叶满江，又是一番风景：“天寒日暮江枫落，叶去辞风水自波。”（刘长卿诗）

江枫是树意象与水意象的完美融合，这是枫树的独特意境所造就。树木花色虽多，除了江梅、江柳之外，我们几乎没有见过“江松”“江柏”“江槐”“江竹”“江樟”“江桐”等意象。

李百药《途中述怀》：

目送衡阳雁，情伤江上枫。

李白《同友人舟行游台越作》：

楚臣伤江枫，谢客拾海月。

包佶《酬于侍郎湖南见寄十四韵》：

雪花翻海鹤，波影倒江枫。

刘长卿《秋杪江亭有作》：

寂寞江亭下，江枫秋气斑。

刘长卿《湘中纪行十首·花石潭》：

江枫日摇落，转爱寒潭静。

刘长卿《听笛歌留别郑协律》：

商声寥亮羽声苦，江天寂历江枫秋。

刘长卿《登吴古城歌》：

天寒日暮江枫落，叶去辞风水自波。

储光羲《京口送别王四谊》：

江上枫林秋，江中秋水流。

钱珝《江行无题一百首》：

远岸无行树，经霜有半红。停船搜好句，题叶赠江枫。

独孤及《同皇甫侍御斋中春望见示之作》：

因君赠我江枫咏，春思如今未易量。

郎士元《送李敖湖南书记》：

入楚岂忘看泪竹，泊舟应自爱江枫。

李端《送濮阳录事赴忠州》：

赤叶黄花随野岸，青山白水映江枫。

刘禹锡《酬窦员外郡斋宴客偶命柘枝……》：

若问骚人何处所，门临寒水落江枫。

白居易《江南喜逢萧九彻因话长安旧游戏赠五十韵》：

红叶江枫老，青芜驿路荒。

刘得仁《送越客归》：

霜薄东南地，江枫落未齐。

孟贯《江边闲步》：

闲来南渡口，迤逦看江枫。

成彦雄《江上枫》：

江枫自蓊郁，不竞松筠力。

皎然《送杨校书还济源》：

楚月摇归梦，江枫见早秋。

图 61　张石《枫桥夜泊》。

（四）枫桥意象

在唐诗中，枫桥意象只出现过两次，但这个意象在后代却产生了巨大的传播效应，因为它跟现实的一座桥或者一座寺形成了对应关系。在《全宋诗》中，枫桥意象出现近 50 次，而且大多是围绕枫桥寺而吟咏的。枫桥意象因此也成为学者们争论的焦点。

王昌龄《送郘贲觐省江东》：

枫桥延海岸，客帆归富春。

张继《枫桥夜泊（一作夜泊枫江）》：

月落乌啼霜满天，江枫渔父对愁眠。姑苏城外寒山寺，夜半钟声到客船。

杜牧《怀吴中冯秀才》（作者一作张祜）：

长洲苑外草萧萧，却算游程岁月遥。唯有别时今不忘，暮烟秋雨过枫桥。

图 62　姑苏枫桥。

20 世纪 70 年代以来，学术界对张继的诗提出不少质疑，主要针对“江枫”这个意象。1976 年 11 月 26 日《江西日报》发表林川《乌啼・江枫・寒山寺》一文，提出“江枫不是江边的枫树”，“江枫渔火”是“江村桥与枫桥之间的江中渔火”[①]。从此之后，相关论文不断发表，大多重复旧说，略无新意。江枫意象之所以受到质疑，理由是寒山寺

① 转引自杨忠《也谈“乌啼・江枫・寒山寺”——就林川同志对唐诗〈枫桥夜泊〉理解的考辨》，《南昌大学学报》1979 年第 4 期。

边没有江，只有一条小河，所以不可能有江枫。人们到当地的枫桥镇考察之后，发现附近有一个江村，村里有一座江村桥，还有一座枫桥（原名叫封桥），“江枫”是两座桥名的连称。也有学者提出不同意见，认为江枫作为审美意象更好[①]。

这一波关于江枫意象的质疑之声有两个根源。一个是当地因为有江村桥与枫桥的事实。另一个是，清代俞樾在《书枫桥夜泊诗碑》中提到，这首诗原来是写着“江村渔火对愁眠”的。还有人找到北宋《文苑英华》中张继的诗也是写着“江村渔火”的。正如金开诚先生的文章中所说，当地有一个江村桥与枫桥，多半是当地人附会而成。这样的例子非常多，比如有专家田野考察后发现南京江宁陆郎乡竟然有一个村庄，住着贾、史、王、薛四个姓氏的百姓[②]。安徽潜山与怀宁一河之隔有两个村子，分别是焦家与刘家两个姓氏的后裔，便是《孔雀东南飞》里焦仲卿与刘兰芝的族人[③]。江村二桥大抵也是与此相类的附会之说。

因为张继的这首诗，枫桥从此成为一个美不胜收的意象。这个意象之所以能够走红，是与枫树意象群分不开的。参与讨论的学者们，

① 相关论文有数十篇。如卢辉《“江枫”新解》，《社会科学战线》1982 年第 1 期。冬子《〈江枫新解〉补订》，《社会科学战线》1982 年第 4 期。达文《“江枫渔火”与“江村渔父”》，《晋阳学刊》1983 年第 2 期。金开诚《略说江枫》，《中国图书评论》2000 年第 11 期。朱寨《“江枫渔火”质疑》，《文学遗产》2004 年第 1 期。胥洪泉《“江枫渔火”不应疑》，《文学遗产》2004 年第 4 期。雷庆翼《“江枫渔火”不应作“江村渔火”》，《衡阳师范学院学报》2005 年第 5 期。李金坤《“江枫”新考》，《江海学刊》2010 年第 6 期。等等。

② 高国藩《江宁陆郎乡〈红楼梦〉传说采风记》，《南京史志》1995 年第 5 期。

③ 乔剑《潜山和怀宁成“孔雀东南飞”传说非遗申报单位》，中安在线 2014 年 12 月 4 日。

并没有将唐诗里的枫树意象全部诵读过，因而不明白霜枫、江枫都是枫树最具人文情怀的审美意象。所谓“霜满天”其实就是指红叶与彩霞相映成趣的景象。要理解这首诗，根本不必拘泥于江边无枫、桥边无枫、夜间不能见枫、寺边无江等无谓之谈。诗歌本就是诗人一种精神境界，江枫不必是一棵实有的树，它是文学史漫长文化长廊中的一景。它可以集枫树、枫叶、霜枫、江枫这群意象于一身，在《枫桥夜泊》这首诗中，它是枫树意象文化象征的最浓缩产品。

四、枫树名胜一览

枫树因为秋天叶红而驰名中外，成为所有树种中最受欢迎的观叶视觉明星。在中国古代社会，诗人大发幽情可留诗后世，世俗趋之若鹜却不为人知。到了当代，因为旅游业的推动，枫叶成为重要的旅游产品。枫树产地要成为旅游观光目的地，需要枫树群的形成，一枝独放情意浅，万木成林秋意浓，因之形成了所谓“全国四大枫叶名胜”或“十大枫叶名胜”“八大名胜”等称号。

其实，全国各地都有不同规模与不同树种的红叶胜地，总共不下数百处，这些红叶都有枫叶杂处其间。秋冬季节，真可谓“祖国山河一片红”！植物的绿叶不是希罕之物，植物的红叶顿成连城之璧。

与枫叶一道构成“红叶风景线”的小乔木黄栌树等都只是配角。在叶色观赏方面，中国境内只有银杏之叶可以与之媲美，但银杏的分布明显不如枫树广泛，银杏树的生长速度很漫，因为是活化石，人工栽培的树林、行道树以及独木较多，野生成片林稀少。秋后，高大的银杏叶翻飞落满地，十分美观，但却不能像枫叶那样可以连山带水、遍地风流。

国外的枫叶也相当丰富。俄国、朝鲜半岛、日本、北美、欧洲都有枫树名胜。作为一种观赏性树叶，世界范围内分布如此之广，声名如此显赫，枫树审美可以说是独一无二的现象。现将可以查考的中外枫树名胜列名如下①。

图 63　元宝枫。

（一）北京香山

香山是我国四大赏枫胜地之一。香山除了枫叶之外，还有漫山遍野的黄栌树，这些黄栌树是清代乾隆年间栽植的，现已有十万株的黄栌树林区。香山红叶观赏点有玉华岫、看云起、森玉笏、双清别墅等十处。

---

① 本节内容均来自网络，特此说明。

除了香山，北京还有很多红叶观赏区，比如平谷金海湖、房山青龙湖至云居寺、昌平十三陵蟒山、怀柔慕田峪、红螺寺、八达岭以及密云水库周边等。

（二）江苏南京栖霞山

栖霞山位于南京市东北的栖霞镇，是中国四大赏红叶胜地之一。山的西侧称枫岭，有成片的枫树，深秋叶红，自明代以来就有“秋栖霞”之说。栖霞的红叶种类很多，包括红枫、三角枫、羽毛枫、榉树等。枫叶节一般在 11 月初和 12 月底。

（三）江苏苏州天平山

天平山位于苏州市城西，是中国四大赏红叶胜地之一。山麓有成片枫林，称“万丈红区”。红枫为范仲淹十七世孙范允临从福建移来，尚存 176 株。天平山的红枫，叶呈三角状，植株较它处高大，粗壮挺拔。近年来，天平山又新栽了两千多棵“接班枫”。

苏州还有一处建于清代的听枫园，园内有古枫。

（四）湖南长沙岳麓山

岳麓山在长沙市区之西，东临湘江，是中国四大赏红叶胜地之一。岳麓山秋天枫叶流丹，层林尽染，是秋赏的好去处。

长沙除岳麓山红叶之外，还有不少赏枫名胜之地。如橘子洲公园、湖南省森林植物园（枫香大道）、南郊公园、烈士公园。

（五）天津蓟县八仙山

八仙山景区的红叶树，主要有五角枫、黄栌、山桃、柿树、火炬等 20 余种。红叶最佳观赏时期 10 月中旬到月底，历时半个多月。2015 年 10 月，天津蓟县举办了第四届八仙山红叶节。

天津有所谓“八大欣赏红叶最佳地”。除了八仙山，还有北宁公园、黄崖关长城、九龙山国家森林公园、梨木台、南翠屏公园、水上公园、盘山等。

（六）河北井陉仙台山

仙台山国家森林公园离北京香山不远，位于河北井陉县西北部。山上红叶面积多达50多平方公里，是北京香山的20倍。仙台山的红叶种类主要是黄栌，间有野枫、柿树、火炬树等树种。每逢深秋，这里都会举办仙台山红叶节。

图64　光叶槭。

（七）河北太行山五指山

太行山五指山景区位于太行山东麓邯郸市涉县境内，山势巍峨峻秀，植被郁郁葱葱，为河北省最佳红叶观赏区。2009年9月，太行山五指山举办了首届红叶节。

河北的红叶资源十分丰富，有人统计出河北最佳11处或18处红叶欣赏点。除以上两处名胜，还有五岳寨、沕沕水、绵山、雾灵山、野三坡、九龙峡、陀梁、嶂石岩、桂山、水泉溪、白石山、云梦山、祖山等处。

（八）河南焦作青天河

青天河风景名胜区，位于河南省焦作市西北部博爱县境内。红叶品种主要有黄栌、五角枫、山楂树、柿子、槲树、火炬树、枫树、槭树、红桦、银杏等树种。红叶观赏时间可达两个月，红叶节一般在 10 月中旬开幕。焦作已举办过多届青天河红叶节。

河南有“十大红叶胜地”之说。除了焦作青天河之外，还有巩义长寿山、嵩山、洛阳木札岭、洛阳养子沟、洛阳老君山、焦作神农山、新乡万仙山、新乡秋沟、平顶山尧山等地。

（九）山东济南红叶谷

济南红叶谷在济南市历城区锦绣川乡锦绣川水库南 3 公里。红叶谷的树种主要是黄栌、红枫、火炬等，其中黄栌是红叶谷独有的树种。

（十）山东枣庄抱犊崮

抱犊崮国家森林公园又有鲁南小泰山之称，是我国北方少有的杂木林生长地区，植物种类繁多。每年的中秋、国庆节期间，满山流火，层林尽染。是山东五大观赏红叶景区的最佳胜地。

凤凰网专有一个网站“醉美山东，红叶知深秋”，集中展示了山东红叶胜地。除济南与枣庄的红叶之外，还有青州仰天山、青岛崂山、临朐石门坊、临沂蒙山、莱州寒同山、泰山、长清莲台山等地。

（十一）山西太原龙山

龙山又名青龙山，是太原名山之一。龙山上原始植被丰茂。龙山红叶主要以灌木黄栌为主体树种，枫叶也很常见。10月时节，树叶变红，层林尽染。

山西全境，金秋红叶满山。如太原崛围山、黎城四方山、沁源灵空山、武乡板山、襄垣仙堂山、宁武芦芽山、晋城珏山、陵川红叶、沁水历山、垣曲历山、永济五老峰、交城庞泉沟、方山北武当山、石膏山、介休绵山、定襄红叶谷、临汾云丘山、霍州七里峪、晋城王莽岭等地。

（十二）陕西韩城香山寺

香山又名禹山，位于陕西韩城市薛峰乡巍山。香山因佛教寺庙香山寺而得名，该寺建于清道光九年（1829）。韩城香山红叶主要树种野生的黄栌树，杂生枫树。

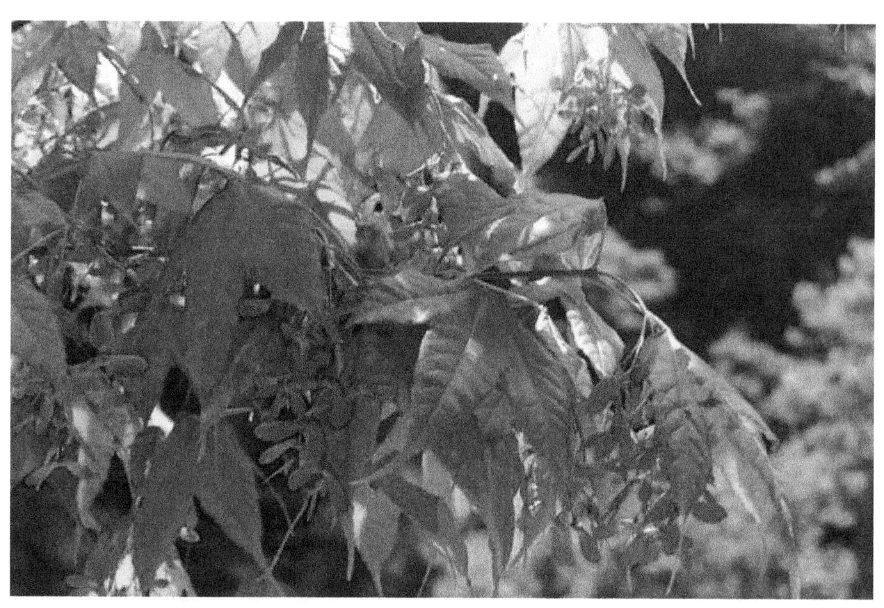

图 65　厚叶槭。

（十三）陕西铜川大香山

香山位于耀县城西北的庙湾镇，雄居梁山和乔山山脉之间，亦称笔架山，清嘉庆二十三年，重修寺院，更名香山。香山是目前陕西省最大的省级风景名胜区，有植物800余种。冬季的大香山，枫叶点缀，分外妖娆。

陕西还有少华山、太平森林公园、兴庆宫公园、安康南宫山等处也是枫叶胜地。古代的枫树多出于秦岭，而今秦岭山区也是红叶资源丰富的地方，如牛背梁、平河梁等地。

（十四）湖北神农架

神农架是我国生态旅游重点区域。晚秋时节，枫树、海棠、珙桐等长在苔痕深深的山岩边的树，一片红艳，迎风招展。最佳赏红期是10月下旬至11月上中旬。2014年10月曾举办过“神农架寻找最美的红叶”摄影大赛暨全国重点媒体湖北采风行活动。

图66　建始槭。

（十五）湖北巫山

巫山小三峡是大宁河下游流经巫山境内的三个峡。金秋时节，满山红叶相衬。最佳赏红期是12月中旬。由于巫山山高坡陡，巫山红叶的观赏期长达 3 个月左右。

图 67　橄榄槭。

（十六）湖北大悟山

大悟山属大别山脉，是大悟县与孝昌县的界山。大悟县被誉为“乌柏之乡”。大悟红叶以乌柏树、枫树、红檀树和牛荆树为代表。2015 年曾举办过第四届大别山（大悟）红叶节。

湖北除以上三处枫叶胜地外，还有孝感双峰山、通山九宫山、英山桃花冲、随州大洪山枫香、黄陂清凉寨、麻城薄刀锋等处。

（十七）江西庐山

庐山是中华十大名山之一。庐山红叶极有特色，因为植物品种极多，针、阔叶林混交杂生，每到秋季，各色霜叶以松柏为衬底，显得格外鲜艳夺目。庐山枫叶景点很多，有庐山植物园、如琴湖、芦林湖等处。

（十八）江西婺源长溪村

婺源为古徽州六县之一。婺源长溪村村庄前后有二百多株连片生长几百年的香枫树，高大的红枫与白墙黑瓦马头墙掩映为一体，别具特色。

江西枫叶名胜还有永修县龙源峡、上犹县陡水湖、婺源石城、婺源篁岭、南昌梅岭、井冈山、三清山、萍乡武功山（金顶红岩谷）、安县三百山、靖安北河园等地。

（十九）安徽贵池杏花村

明清之际，贵池西门外的杏花村里有两处欣赏枫叶的好景点，叫“西庙霜枫”和“桑柘丹枫”。前者是“贵池十景”之一，后者是“杏花村十二景”之一。当下杏花村复建中就开发了一处“枫香园”景点。

图 68　茶条槭。

（二十）安徽黟县塔川村

黄山市黟县“塔川秋色”被誉为“中国最美四大秋色”之一。塔川红叶主要是乌桕树，也有不少枫树，古树参天，与宏村一样成为“中国画里乡村”。

安徽的皖南山区与大别山区都是枫树产地，所以各县都有枫叶秋红的现象。如合肥大蜀山、六安霍山大别山主峰、安庆太湖花亭湖、黄山、金寨县天堂寨、天柱山等地。

（二十一）浙江雁荡山

秋天正是雁荡山山林瀑布最美的时节。每年国庆前后，大片的松树林带，秋叶正黄，枫树正红。这些颜色，有时如工笔，有时如泼墨。

（二十二）浙江温州文成

温州文成县红枫古道均修建于元明时代，现今保存较为完好的红枫古道尚有七十余条，共计古枫三千多棵。最为著名的是大会岭、龙川岭（五十二岭）、松龙岭、岩庵岭。

（二十三）浙江临安大明山

大明山位于杭州市临安县境内，是浙江十大最佳休闲度假胜地。秋天满山红叶，色彩缤纷，堪与北京香山媲美。2015 年 10 月临安大明山风景区举办了第十四届红叶节。

（二十四）福建武夷山

武夷山位于福建省武夷山市南郊，是中国著名的风景旅游区和避暑胜地。武夷山有一种叫做鹅掌枫的枫叶，叶面硕大如鹅掌，叶脉红得通亮。武夷山除枫树外，还有槭树、盐木肤树、小丛漆树等数十种落叶乔木。

福建全境枫树林密，还有很多枫叶名胜。如福州鸣阳山和鼓山、福清大化山、厦门流枫溪、泉州清源山、泉州德化南埕村、莆田仙游大裴山、莆田枫叶塘、宁德霞浦杨家溪、寿宁仙锋岭、屏南白水洋、南平莲花山、浦城县裴墩村、龙岩上杭西普陀、龙岩龙峒洞等处。

（二十五）四川九寨沟

九寨沟位于四川省阿坝藏族羌族自治州九寨沟县境内，是中国第一个以保护自然风景为主要目的的自然保护区。金秋时节，两岸密林中的枫树、槭树、桦树、鹅掌松、落叶松等渐次经霜，色彩绚丽。

图 69　血皮槭。

（二十六）四川南江光雾山

四川省南江县光雾山整个景区有 830 平方公里的面积，其中就有 600 多平方公里集中连片的红叶景观资源。观赏红叶时间为每年的 10 月中旬至 11 月底，地方上已举办过多届红叶节。

光雾山红叶属落叶阔叶类乔木，有枫树类、漆树类、槭树类等 20 余类。红叶形状有手掌状（如三角枫、八角枫）、鸡爪形（如鸡爪槭）、五星形（如五角枫）、心脏形（如青榨槭）等 20 多种形状。

（二十七）四川稻城俄初山

稻城县位于四川省西南部的甘孜州南部。“俄初”藏语意为“闪闪的山”。秋冬季节，漫山遍野，一路秋色，令人陶醉。山上主要是枫、槭、山毛榉等树种。

（二十八）四川阿坝米亚罗

米亚罗位于四川阿坝州理县境内，是我国目前已开发的面积最大的红叶观赏区，比北京香山红叶风景区大180余倍。最佳观赏时间是9月中旬到10月的时候，这时的红叶观赏区长达上百里。

除以上四处红叶胜地之外，四川境内还有阿达古冰山、黑水县奶子沟、茂县松萍沟、阿坝州马尔康的梭磨河大峡谷与梦笔山纳足沟、米仓山、东拉山大峡谷、理县毕棚沟等地，其中奶子沟是亚洲最大的八十里天然彩林，享有“八十里画廊”的美誉。

（二十九）贵州红枫湖

红枫湖风景名胜区位于贵州省中部清镇、平坝境内，湖广水深，湖中多岛，为贵州省最大的人工湖，有“高原明珠”之誉。湖边有座红枫岭，岭上及湖周多枫香树。深秋时节，枫叶红似火，红叶碧波，风景优美，故名“红枫湖”。

黔东南地区主要是苗族生活区，苗族有枫树崇拜之俗，苗寨周边多有老枫树。

（三十）云南中甸

中甸是云南迪庆藏族自治州首府，位于滇、川、藏三省区交界处，2001年正式易名为“香格里拉县”。这里有满山的莨茗红叶，色彩浓艳夸张。

（三十一）新疆喀纳斯

深藏于新疆阿尔泰山腹地的喀纳斯，被称为人类的净土。喀纳斯的红叶，主要在晚秋季节。雪线下，山林黄绿相间，是山水间亮丽的风景线。湖山相映，妙趣天成。

（三十二）辽宁本溪

本溪是中国“枫叶之都”。大冰沟还拥有世界上为数不多的十三角枫叶。全市以枫叶为主的省级以上自然保护区和森林公园达到六个，核心枫叶观光区12处，截至2011年，本溪市先后举办了七届“枫叶节”。

（三十三）辽宁丹东凤凰山

凤凰山被誉为“国门名山”，有“辽东第一山”的美誉。贞观年间，唐太宗李世民游览此山，有凤凰飞来拜祖，太宗大悦，遂赐名“凤凰山”。每到9月，便满山红遍。

（三十四）辽宁丹东天桥沟

天桥沟国家森林公园享有“辽东小庐山”的美称，位于辽宁省宽甸县满族自治县境内。公园有莲花峰、玉泉顶、红枫谷等景点。这里是一个天然的动植物园，木本植物有50科170多种，是辽宁省重要的红叶欣赏景区。

（三十五）吉林长白山红叶谷

吉林长白山蛟河红叶谷，地处高纬度的深山，每逢秋季，红叶满山，《中国国家地理》将其评为“中国十大秋色”之一。蛟河的红叶树种比较多，枫树是重要树种之一。最佳观赏红叶时节是每年秋天的9月到10月间。

（三十六）吉林长白山露水河

露水河镇隶属于吉林省白山市抚松县。园区内植被属长白山顶级植物群落红松阔叶混交林，保存着亚洲最大的天然红松母树林。深秋10月，位于长白山腹地的露水河森林公园枫叶一片通红。

（三十七）黑龙江哈尔滨金龙山

金龙山红叶谷是中国十大气候性景观之一、中国采风栏目红叶景观指定拍摄基地。金龙山的红叶主要是枫叶，枫林漫山遍野，层林尽染。2015 年 9 月，金龙山举办了第八届红叶节。

（三十八）广西德保

德保红叶森林公园位于德保县东北侧方向，为自治区级森林公园。该公园核心景区为红枫湖游览区和红叶谷游览区。金秋时节，枫叶似火。公园的红叶品种主要以枫香为主，观赏时间较长。

广西枫叶景点还有乐业县（大石围天坑群、上岗水库、大利水库）、古东瀑布枫林、柳城县蓬坡屯与中寨屯、六塘红枫藏天坑等地。

图 70　鸡爪枫。

（三十九）广东从化石门山

广东石门国家森林公园位于广东从化市东北部，森林覆盖率高，有华南地区仅存的原始次生林 1.6 万亩。有枫树、漆树、乌桕和盐肤木等红叶树种。11 月枫叶渐红。

（四十）广东南岭国家森林公园

南岭国家森林公园位于韶关，是横跨湘粤两省的景区，有广东唯一的原始森林。秋意渐浓时，秋叶也开始被染红，一般从 11 月持续到次年 1 月。这里的红叶种类主要是岭南槭、杜英、情人枫、三角枫等。

除此之外，广东还有很多枫叶欣赏名胜地，如清远牛鱼嘴、圭峰山、新丰云髻山、万绿湖、丹霞山等处。

（四十一）海南五指山

五指山的红叶可谓中国最南边的红叶。主要有枫树、山槐树、红叶李、山海棠等数十种树木。秋天到了，树叶变色，五彩缤纷。2011 年 11 月，五指山举办了首届红叶节。

（四十二）台湾枫叶

台湾的纬度能够满足枫树的生长，枫林成片。网上有人整理出台湾有 22 个枫叶观察点。如阳明山台北奥万大、乌来风景特定区、汐止拱北殿、桃园石门水库、桃园拉拉山、桃源仙谷等处都是欣赏秋枫的好去处。

说完国内的枫叶，不能不提到国外的枫树，最著名的就是加拿大。该国境内多枫树、素有“枫叶之国”的美誉。人们把枫叶作为国徽，国旗正中绘有三片红色枫叶。加拿大境内有 10 余种枫树，以黑枫和糖枫为主，在安大略省和魁北克省分布最多。每年 3 月，加拿大还要举办传统的“枫糖节”。

北美地区枫叶名胜地除了加国之外，美国密苏里州的城市迦太基被称为“美国枫叶之城”。在欧洲，枫叶是芬兰自治市 sammatti 的市徽。

欧、美、日本的枫树资源和我国相比数量较少，且开发利用也较晚，但近二三百年以来，他们在枫叶风景资源的开发利用、选种育种方面已达到较高的水平。其中，日本是引种、培育红叶枫树最好的国家，秋天的日本是枫树红叶的海洋。日本的枫树，大致说来有伊吕波枫、大枫、板屋枫、羽扇枫以及来自中国的唐枫。日本因而形成了丰富多姿的红叶文化。韩国也有非常多的枫叶景点。

图 71　糖枫。

以上是通过网络查询到的主要枫叶名胜，实际存在的枫叶之地只会更多。有的还未被发现，有的还没有得到很好的开发，有的是宣传做得不够。这个树种已经被开发成为人们赏秋拾趣的好材料。千百年来，枫树没能提供重要的实用之材，但它却以成片的红叶征服了人类的眼睛与心灵，因而形成了极具观赏价值的生态。并不是每一个树种都有这样的幸运。枫树，它因为叶片颜色的变化而固化为文化审美体系中一个“常青”而又“走红”的符号。这种现象正可借用当下的网络语言来形容：枫树本可以凭材干吃饭，可是它偏要靠脸蛋走红！

（原载《阅江学刊》2017 年第 1 期，发表时有删节。）

嫦娥奔月的寓意分析

一、先天不足的仙女

在今天看来，嫦娥无疑是一位仙女。但若细细考究一下，我们会发现，这位仙女是与众不同的，或者说她是一位先天不足的仙女，并因此影响了她在人们心中的地位。

按照各路仙女的形迹，我们可以为她们抽绎出几个重要特征。除了长生不老的前提外，（一）仙女住在天上仙宫（七仙女、织女、林黛玉的前身绛珠仙子等）、人间仙窟（多是山谷与洞穴，刘义庆《幽明录》中有《阮肇刘晨天台山遇仙女》、唐张鷟《游仙窟》）、海外仙岛（蓬莱三岛，白居易《长恨歌》有“忽闻海山有仙山……其中绰约多仙子”）等远离红尘的地方[①]。（二）仙女都是美丽无比的。天台山女子“资质妙绝”；白居易所谓仙子“雪肤花貌参差是”；贾宝玉梦游“大虚幻境”，所见仙子“皆是荷袂翩跹，羽衣飘舞，姣若春花，媚如秋月”。现代汉语中，“天仙”一词早已成为形容亮丽女性的专有名词。（三）仙女生活在重重天规之下，对她们来说最难以忍受的一条势必是：神仙不许谈恋爱！当然，这一条也是世俗文人，尤其是政治上失意（屈

① 梅新林《红楼梦的哲学精神》，学林出版社 1995 年版，第 156 页。

原《离骚》：“吾令丰隆乘云兮，求宓妃之所在。”）功名上受挫（唐裴铏传奇《裴航》：“有裴航秀才，因下第游于鄂渚。”巧遇一位“虽红兰之隐幽谷，不足比其芳丽”的仙女云英）、家贫无娶（董永、牛郎等）之类凡男所衷心反动的一条，所以仙女们在适当的时候都会各显神通以直接下凡变形（七仙女）和转世投生（绛珠仙子）的方式了却自己的风月债。像玉帝的七位女儿，竟然没有一个能守住贞节（黄梅戏《天仙配》中，当七仙女看上董永后，思凡心切时唱到：“七女有心下凡去，又怕父王知道不容情。”站在一旁的大姐就冷静地说道：“大姐我是过来的人了。”）（四）仙女们都有妓女化倾向。因她们都是凡男的性幻想对象，所以是“呼之即来”的。凡男是一茬换一茬，但仙女却是永远存在的，致使有些仙女不得不数度下凡，以满足落魄者的愿望。自唐传奇以后，仙女开始转向人间妓女化了。妓女一般称为“仙”或“真人”，真人也是仙人，元稹《莺莺传》又名《会真记》即“遇仙或游仙之谓也”[①]。（五）变形下凡之仙女都只是一时的浪漫，好景不会太长，最终都要为自己的“淫奔”付出代价，受到惩罚，比如织女。但这种悲剧结局却成了凡人永远纪念与歌颂的美丽传说。（六）仙女虽然长生不老，永远年轻，但她们都具有女性的功能。除了会饮食之外（这与仙家的“辟谷”，吸风饮露的功能是相悖的），她们还能谈情说爱，知道打扮，会过性生活，并能生儿育女，这也是仙凡的矛盾之处（仙人既不会成长，又如何能孕育胎儿？），但也不失为一个美妙的奇迹。（七）仙女们皆有手段，善于变化，可以腾云驾雾，御风而行，来去自由。

---

① 陈寅恪语，转引自陶慕宁《青楼文学与中国文化》，东方出版社 1985 年版，第 42 页。

图 72　国画《嫦娥奔月》。

以上的七点，一般的仙女都具备，但考之于月里嫦娥，就有些欠缺了。除第一点勉强具备外，成仙之后的嫦娥大多不具备另几点。在早期的记载中，无任何文字说明她是美丽的，相反，有些记载就明说她进月宫后变成了一只丑陋的“蟾蜍”：“羿请不死之药于西王母，羿妻姮娥窃之奔月，托生于月，是为蟾蜍，而为月精。”①不过在民间或其他记载中，嫦娥一般被认为还是美丽的，但她的美丽仍有不足之处，详见后文。原始记载，也从未记录过她再下凡嫁人，哪怕去寻找原夫的风流事迹。明代何景明《明月诗》：“河边织女期七夕，天上嫦娥奈九秋。七夕风涛还可渡，九秋霜露迥生愁。”可见她与织女的不同之处在于她没有盼头。她进入月宫之后，除能不死外，未见有

① 袁珂编《中国神话资料萃编》，四川省社会科学院出版社1985年版，第234页。

任何本领，包括她的女性功能也一起丧失了。虽说她居于世外，属神仙之列，但月亮似乎是一个废弃的仙阙，在仙界没有名分，在她居此之前，也许有一些动植物，但很明显未有其他仙人曾居于此，所以连第一点也令人生疑。

那么，嫦娥是否是仙女？若不是仙女她又是什么？嫦娥在文学作品中成了一个十分矛盾的形象，人们宁愿信其美丽，可又不愿让她下凡寻找爱情。文学史上只有少数“品行不良”的文人才会调戏她，如唐孙棨《戏李文远》：“引君来访洞中仙，新月如眉拂户前。领取嫦娥攀取桂，便从陵谷一时迁。”而绝大多数严肃文人都一再感叹她的悲剧命运，她被认为是一个背负了道德责任的孤独的寡女。杜甫《月》：“斟酌恒娥寡，天寒奈九秋。”这一形象到底是怎样形成的？她千年不变地居在月宫中向人们昭示着什么呢？

二、神话中的嫦娥

中国的神话，据说经历了长期“历史化”的大整理，所以往往失去本来的面目，变得十分零散、矛盾，没有谱系，有些记载因为晚出，是否为上古神话很难确保[①]。

有关嫦娥的记载皆出于汉以后，先秦古籍未有其踪影，《淮南子》实为滥觞。《文选》李善注谢庄《月赋》，曾引《归藏》一句“昔嫦娥以不死之药奔月”。据说《归藏》为战国初年的书，但原书失传，而李善为唐人。《淮南子·览冥训》：“羿请不死之药于西王母，姮

① 谢选骏《空寂的神殿》，四川人民出版社 1987 年版。

娥窃以奔月，怅然有丧，无以续之。”这里用“姮”字，东汉许慎《说文解字》中无“姮”“嫦”字，有写“嫦”为“常”，“姮”为“恒”，后者因避文帝刘恒之讳，改为“姮”。后世其他记载大都本于《淮南子》之说，大同而小异，渐渐引向说部，成为一个广为流传的故事。

与某些神话故事一样，嫦娥故事具有虚构的特点，决非上古神话的留存。从中国神话人物命名的一贯方式看，“嫦娥”一词的含义只是说明着这个人物的一种结局。恒（姮）和常（嫦）的一般意义为“长久，经常”，喻指嫦娥长生不老及月亮万古恒常之义。“恒”之本义据《说文》：“从心从舟，在二之间，上下心以舟施恒也；古文恒，从月。诗曰：如月之恒。”喻指嫦娥从地上乘舟（仙药之功能）升天；“常”《说文》释为：“下裙也，从巾尚声。或从衣。”喻指嫦娥升天，飘飘荡荡，衣裙翻飞，或似舞者。

神话人物大多从其结局或某种特征、职能、本领出发予以命名。所谓有巢氏（造房）、神农氏（耕种）、燧人氏（取火）、炎帝（太阳神）、共工（工，通天地，上下二横为天地，中间一竖为天柱，故共工怒触不周山，天柱折；“巫”也同类，人舞于天地之间，目的是使人鬼相通，人能知天谕）、夸父（善于奔跑）、尧（古文作堯，高丘之义，尧领人民耕作于高丘，所以称为帝），以及牛郎、织女，愚公、智叟等，细细去看，都极似寓言中的角色。庄子、司马相如都是使用这一命名法的高手，且他们的作品都有寓言色彩，神话和寓言的差异终于模糊起来。学者多认为先秦有一个神话历史化的过程，但从另一个角度看，今日所谓神话，难免没有经历一个“寓言神话化”的过程。寓言是一种有意识的虚构，包含着人们对一些社会现象的理解与认识的观点，不管它们的内容是关于人间、天上还是自然界，但目的都指向社会；寓言都有象征意义，“意在此而言于彼”。而神话尽管也都是虚构，但当时的人并不以为是虚构，先民认为世界就是按神话的方式存在与发展的，一般来说，神话并没有明确的寓意，神话的含义要通过解析才能获得，是先民的一种“密码”，解析的结论也只代表着解析者所处时代的认识水平。另外，寓言比真正的神话要晚出得多。

图 73　桂花。

可见，许多所谓神话都只是寓言的转化，尤其是与天上事物有关的寓言极易神话化。嫦娥是由人间升天的，并非是天上固有的神，也不能代表月亮——她的特征与月亮的特征没有逻辑关系，该故事可能是先秦及汉代求仙运动背景之下的一则寓言。茅盾先生也曾认为：“姮娥奔月一说，亦不免是汉代方士的谰言，并非古代的神话……《淮南子》说姮娥入月中为月精，便是明明把月亮当作一个可居住的地方，这已是后来的观念，已和原始人民思想不相符合了。”①

嫦娥奔月这一故事广为流传之后，历代诗人品题不少。隋代薛道衡《豫章行》：“当学织女嫁牵牛，莫学姮娥叛夫婿。”这一层的含义是故事的关键，常被吟咏。李商隐的《嫦娥》诗“云母屏风烛影深，长河渐落晓星沉。嫦娥应悔偷灵药，碧海青天夜夜心”最为著名。宋晏殊《中秋月》“未必素娥无怅恨，玉蟾清冷桂花孤”重述其意。但是，“宋、元、明三代戏曲作品，题材无所不写，可是却没有一部专门描写后羿与嫦娥的剧目”②，到了明末万历后期至清之际，描绘这一故事的小说一下子出来四部：《开辟演义》（五岳山人周游仰止集）、《有夏志传》（景陵钟惺景伯父编辑，古吴冯梦龙犹龙父鉴定）、《七十二朝四书人物演义》（撰者不详）、《历代神仙通鉴》（江夏明阳宣史徐道述）。所述都是本于《淮南子》等书记载，加以剪裁敷衍，不像古事，倒像明代民间故事，不值一论。民间戏曲写了许多仙女故事，但嫦娥始终未占一席一地，这一定有其深刻的根源。

三、对嫦娥奔月的几种解释

文学作品不偏爱这一主题，但学者们却耗费了许多精神，试图破译这则故事的原始奥义。

著名神话学家袁珂先生认为：“美丽的嫦娥变成丑恶的癞蛤蟆（月中蟾蜍），表达了人民对她的谴责和厌恶；嫦娥是自私的，因为她独

---

① 茅盾《神话研究》，第82-83页。转引自《中国神话》（一），中国民间文艺出版社1987年版。

② 戴不凡《小说见闻录》，浙江人民出版社1980年版，第2页。

吞了不死之药。”但他所使用的方法形同猜谜：“根据一些旁证，还可以作出这样一个大胆的推想：即嫦娥所窃以‘奔月’的不死药，其分量当是羿与嫦娥两人服了都不死的，嫦娥为了对连累遭贬以及爱情纠纷的怨尤，并羿之药而服之，遂得‘奔月而为精’——成仙成神乃是奔月的理想，为‘月精’即‘变蟾蜍’，则是‘奔月’的变异，也就是惩罚，是用以惩罚独吞灵药的自私的妻子的。”[①]

后来袁珂先生又认为：“在遥远的古代，人们幻象的翅膀就翱翔于太空，让嫦娥飞升到月宫里。说明月是可以住人的地方，哪能不给这位神话中的宇宙开拓者以应有的崇高地位呢！”[②]这种观点令人更加无法接受，因为它本身就像一则“神话”了。

有人认为嫦娥之所以奔月，反映了“从母权制到父权制的过渡，妇女从天堂跌入地狱，嫦娥就是生活在这个时代变革的过渡时期。她嫁给了既是为民除害的英雄，又是暴戾、专制的丈夫后羿，因不堪忍受他的虐待和欺凌，于是以叛逃来反抗，奔入月中去了”。[③]作者为了得出这个结论，很绕了一个大弯子，但这种观点是建立在后羿是专制者的基础上的，这又与后羿历来被看成是救世英雄的观点相左的。在这里，作者还混淆了羿和后羿之间的差别。

与以上观点一样不合理的还有一种观点认为“应当推翻加在嫦娥身上的种种莫须有的罪名”。[④]这也是带有先入之见、然后进行论证得出的“善意”的结论。

---

① 袁珂《嫦娥奔月神话初探》，《南充师院学报》（哲社版）1981 年第 4 期。

② 袁珂《中国神话通论》，巴蜀书社 1993 年版，第 236 页。

③ 涂元济、涂石《论嫦娥奔月神话》。

④ 高国藩《嫦娥奔月神话新解》。

学者们都以庞杂的论证得出一些离奇甚至荒谬的结论，因为他们都有一个先决条件，即认为“嫦娥奔月”是一则远古洪荒时期流传下来的神话，所以其中一定蕴含着初民时代的生活信息，于是从社会学、民俗学、文化学、神话学等方面去解码，得出的观点看起来言之成理，但实际上都是根基不牢的，因为他们并未辨析这个故事的来源。

正确地说，“嫦娥奔月”是一则秦汉时代的“仙话”，它只不过借用了历史传说中的后羿以及具有神话色彩的羿的背景，但涉及嫦娥时，羿与后羿有叠合现象，姑待后述。

图 74　装饰画《嫦娥》。

先秦时代仙话的来源很难理清头绪，但它无疑受了远古神话与历史传说的影响。仙人是远离凡尘的不死之徒，是当时人们（尤其是统治者）效仿的偶像。因此，它必须具备一个特点：仙可以由凡人修炼而成，这样，才能取得凡人的信任。但是凡人成仙以后仍有缺陷，他们是凡胎肉身，对于天上的神而言，是外来户，所以他们的功能（法力）是有限的。

有关嫦娥和羿的记载，都没有否认他们早期生活在凡间的事实，羿为民除害，上天以不死之药犒劳他，可见他原本是可以死的，同样，嫦娥也是因为自己会死才对不死药产生了邪念。

可是，作为仙话，嫦娥的故事没有得到进一步的发展。而是演化为其寓意指向社会矛盾的寓言，就是说，表面上它是属于神仙系统，但实质上它却已成为世俗矛盾的一个原型。

四、嫦娥原型的特征

既然嫦娥作为仙女有诸多不足之处，那么作为具体的“这一个”，她应该具有怎样的特征？

（一）嫦娥的女性特征

嫦娥首先是一位妻子，丈夫是以射十日著称的英雄羿。羿的神话传说本来自成系统，与嫦娥并不相干，到了汉代，他们才“组合”了一个家庭。羿因有巨大功劳，求得了西王母的不死药，至于他是否愿与嫦娥共享，不得而知。但从嫦娥的“偷窃”行为判断，她大约是没有这一机会的，因此才去偷。由此而言，他们夫妻感情并不好。

其次，嫦娥在人间时一定要很漂亮，所谓“娥”者，美女也。《辞源》引杨雄《方言》一：“娥，𡣕，好也。秦曰娥。”屈原《离骚》：“众女嫉余之蛾眉兮。”眉如蚕蛾，一作“娥眉”。这也是类似“愚公”的功能性命名法。只是到了月宫，嫦娥的面貌才有些不统一，有的说她变成了癞蛤蟆，有的以为她依旧美不胜收，但这种美已是一种只可远观、不便想象的“冷”面孔了。

一位妻子，并且是一位漂亮的妻子，最后如何变成了一位寂寞的丑女（或冷美人）？

图 75　年画《嫦娥奔月》。

（二）嫦娥的情感特征

上面已分析，他们夫妻感情不好，从故事中还可以看出，之所以不好的动因在于丈夫。丈夫求得了不死药却不愿与妻子共享，这说明嫦娥不被重视、不被喜欢。既然原先嫦娥很漂亮，那么羿为何又不喜欢她呢？原因可能是：羿的功劳日益卓著，俨然一位人间帝王，他选择的余地大了，喜新厌旧是常事；羿之所以能取得许多业绩，说明费时较多。多年之后，嫦娥色衰，因此，嫦娥终于失宠。

羿求不死之药与历代帝王的行径十分相似。可以认为，羿求长生之举就是对穆天子遭遇西王母、秦始皇入海求不死药、汉武帝求不死药等故事的综合与影射，是建立在现实基础之上的象征。既然羿象征着帝王，那么嫦娥无疑是失宠的后妃。如果秦皇汉武真的求得了长生之药，他们一定不会与某一个只有性别价值的妃嫔共享的。汉武帝在听说了黄帝的风采之后，就明确表过态：“嗟乎！诚得如黄帝，吾视妻子如脱屣耳！”[①]这正是嫦娥在人间的遭遇。因此，她虽然是（或曾是）一位美丽的妻子，但她却生活在无爱的处境中。至于进入月宫之后，则更加寂寞难当了，她除了只能“自怨自叹，日夜悲号惭愧”[②]之外，就不会再有任何感情生活了。

（三）嫦娥的道德负罪

美丽（或色衰）的妻子不被爱，所以她不得不寻求邀宠之方，这恰如历代后宫中诸多不幸的失宠者。据说有的以蛊惑之术，有的以献媚之术，有的参与政治斗争，有的大施嫉妒陷害之术，有的偷情于外，有的被迫自尽，不一而足。比较文雅的是以诗文打动负心的帝王，前有汉武陈皇后，以百金收买相如赋；后有唐太宗徐贤妃，“长安崇圣寺有贤妃妆殿，太宗曾召妃，久不至，怒之。因进诗”，后又“上疏

① 萧统《文选》李善注张衡《西京赋》第159条。

② 借用《红楼梦》第一回形容大荒山顽石之语。

谏太宗息兵罢役”，就是她，也曾作过乐府所谓《长门怨》[1]。

当嫦娥得知羿已有不死药，而自己又无缘服用，所以难免不用其极。不死之药，应当有回春（至少是不再衰老）的功能，这也是方士们所追求与畅谈的内容之一。嫦娥偷药的本意应当为驻颜之术，而非有意升天。可她所采取的手段却不能被道学家及帝王所理解，“偷”是一个德行上的错误。而且从秦皇武帝的角度而言，他们毕生求不死之药也是未果，可见羿的仙药来之不易。偷食这样性命攸关的仙药，她“理”当万恶不赦。当真的偷食之后，她却事与愿违地离开了她所向往的宠爱之境，孤身飘入寂寞寒冷的月宫，那是一个早已为她安排好的囚禁之城，从此她就只能在与世隔绝的囚禁中打熬着岁月，终于解了道学家以及帝王们的心头之恨。

五、羿与嫦娥即帝与后的象征

羿这一名称也是功能性命名法的产物，《说文》作 “羿”：“羽之羿风，亦古诸候也，一曰射师，从羽。”《墨子，非儒下》：“古者羿作弓。”就是说，羿与射箭有关，箭尾就是用羽毛做的，那么羿的功能就是“善射”，与有巢氏后稷（种五谷者）等都是教导人民从事农耕、狩猎以图生存的职能神。既然他善射，就应该有具体表现。请看《淮南子·本经训》中的记载：“逮至尧之时，十日并出，焦出稼，杀草木，而民无所食，猰貐、凿齿、九婴、大风、封豨、修蛇，皆为民害……万民皆喜，置尧以为天子。”这些惊天动地的壮举在人间是足可以称

① 计有功《唐诗纪事》卷三。

王于天下了，为民除害这也正是帝王自诩的一项“天职”。羿的功劳与后来受尧禅位的舜极相似。

图 76　国画《玉兔与桂花树》。

尧为了寻求继承者，曾对舜说过：“格汝舜！询事考言，乃言底可绩，三载，汝陟帝位。”舜于是“望于山川，遍于群神”，东巡面狩，“流共工于幽洲，放灌兜于崇山，窜三苗于三危，殛鲧于羽山，四罪而天下咸服。”[①]很明显，羿与之搏斗的猛兽修蛇、太阳（金乌）、风神（风伯）、

① 《尚书·舜典》。

水神（河伯）[1]等，与舜所制服的共工（“西北荒有人焉，人面、朱发、蛇身、人手足，而食五谷禽兽，贪恶愚顽，名曰共工”）[2]、灌兜（“有人焉、鸟喙、有翼，方捕鱼于海。大荒之中，有人名驩头”[3]）、三苗、鲧等都具有动物、神怪与“贪恶愚顽”的特征，它们是百姓安居乐业的大患，为人君者制之，则当拥有天下。

羿受尧之命，去除民患，似乎也是被考察能否禅以帝位的人选之一，可最终他并没有获得名分。羿平定天下之后，“万民皆喜，置尧以为天子”，尧取而代之了。这个令人不解的问题在屈原《天问》中有一些解释：“帝降夷羿，革孽夏民。胡䠶夫河伯，而妻彼雒嫔？冯珧利决，封豨是䠶，何献蒸肉之膏，而后帝不若？”这里列举了羿的一些不是之处，但与《淮南子》的记载是有矛盾的。据王逸注：“夷羿，诸侯，弑夏后相者也。”与《说文》“古诸侯”之说相同，则羿为夏代之诸侯，即所谓“有穷后羿”，而这一“羿”也是射杀豨之人。《天问》还有一句“羿焉骅日？乌焉解羽？”是说射日之羿。在这里两“羿”终于混淆不清了。

袁珂先生曾仔细区分了羿与后羿的不同。羿是古神话人物，后羿是尧时之“有穷氏”。我们认为这种区分虽是有根据的，只是方法未免机械，神话与历史传说都是口耳相传的故事，往往有互相“干涉”的现象，根本就不可能理出一个谱系。给神话人物理谱系正如王莽为自己编家谱，王莽著《自本》，“考证”到自己的直系祖宗乃黄帝[4]，

① 《淮南子・氾论训》高注：“风伯坏人屋舍，羿射中其膝。”《天问》洪注：“河伯溺杀人，羿射中其左目。”转引自《中国神话》（一），第 211 页。

② 《神异经・西北荒经》。

③ 《山海经・大荒南经》。

④ 参见顾颉刚《汉代学术史话》，东方出版社 1996 年版，第 84 页。

是为可笑之至。因为任何传说在流传过程中都会有原信息“蒸发”和新信息“渗入”的现象，历史愈久，头绪愈纷乱，又如何能像王莽那样理出一个一脉相传的系统而毫无舛错？羿和后羿都善射，那是人们对他们身怀绝技的总结，也是一种愿望。所以羿与后羿也许确实是两人，但现存记载中的每个人都被对方的信息“干涉”了，导致记载传播的混乱。

那么，与嫦娥发生联系的羿是谁呢？几条简短的关于嫦娥盗药的记载，都说她盗的是丈夫羿的不死药，从未提及此羿是否射过日，杀过猛兽修蛇的往事。我们认为，此羿乃神话之羿和后羿的混合体，他具有二者的各一部分功能。对于神话羿，是取其射日之功，羿射九日，仅剩一日，与嫦娥奔月相联系，实际上是取日和月（阴和阳）相对之意。按袁先生之说，神话人物“羿是不属于历史上的任何时代的”，如果他仅仅是这一羿那么他就完全没有“求不死之药”的必要了；对于后羿，是取其帝王之身份，后，就是指国君。前羿之功是为后羿作帝王的基础，后羿的帝王身份是其求长生的根据。

羿最后被杀是因为“逄蒙学射于羿，尽羿之道，思天下惟羿为愈已，于是杀羿”[①]。这与翦灭六国的始皇帝一样，未得善终。原因为未求得不死药，且死于觊觎权力者之手。结果，嫦娥之夫羿成了一个原型人物，他是穆王、始皇、汉武的求长生的原型，帝王们又是千百万希求长生的庶民代表，因此羿是一个寓言中的角色，他是具有神话色彩又与人间息息相关的帝王之身。

值得注意的是上引《天问》中还有一件容易被忽略的事情。“胡

① 《孟子·离娄下》。

射夫河伯，而妻彼雒嫔？”王逸注曰：“雒嫔、水神、谓宓妃也。”羿射杀河伯之后，“又梦与雒水神宓妃交接也”（顺便提一句，这位宓妃就具有前文所说仙女的第四点特征，她本是河伯之妻，又梦与羿交接；很久以后，又成为曹植念念不忘的性幻想对象。和巫山神女先为楚怀王“荐枕席”后又与怀王之子襄王梦遇一样，有妓家之态）。占有被征服者的妻女在古代众多的战争中是司空见惯的，历代帝王几乎都有这一爱好，但是这种宠幸新欢的情变势必使原宠嫉妒恼火，这在历代王宫中也是必演的一幕大剧。

作为后妃的嫦娥，除了色衰之外，最大的罪过莫过于“无后”，嫦娥没有子女是众所周知的事实。常言道：“不孝有三，无后为大。”历代帝王对“无后”的王后处罚是相当重的。古代的礼法对此无一例外。《大戴礼》：“妇有七去：不顺父母，去；无子，去；淫，去；妒，去；有恶疾，去；多言，去；窃盗，去。”这被历代统治者认为是“人伦之常”。明代刘基为此曾在《郁离子书》中愤怒道：“恶疾之与无子，岂人之所欲哉？非所欲而得之，其不幸也大矣！而出之，忍矣哉……而遂弃之，岂天理哉！”[①]由此可见，无后之女子的命运是悲惨的。而敷衍嫦娥故事者对此简直是有意为之，只有这样，才能有充分的理由将她抛弃，也能使她进入月宫之后深受寂寞之苦。羿已死于逢蒙之手，即使活着，她也无颜（缘）相见，又无子女可资慰藉，月中嫦娥最终成了一个无所牵挂、无以寄托、无人思念、无处申冤、度日如年的受害者。

从上引女子“七去”看，嫦娥至少犯有无子、妒忌、盗窃三罪，这样的女子是必去的，但如何处置嫦娥则是故事的一个关键。要回答

① 转引自史凤仪《中国古代婚姻与家庭》，湖北人民出版社1988年版，第148页。

这个问题，我们试举汉武帝后宫一例以作旁证。

《汉书·外戚列传》：

> 孝武陈皇后，长公主嫖女也……初，武帝得立为太子，长主有力，取主女为妃。及帝即位，立为皇后，擅宠骄贵，十余年而无子，闻卫子夫得幸，几死者数焉。上愈怒，后又挟妇人媚道，颇觉。元光五年，上遂穷治之，女子楚服坐为皇后巫蛊祭祝诅，大逆无道，相连及诛者三百余人，楚服枭首于市。使有司赐皇后策曰：皇后失序，惑于巫祝，不可以承天命。其上玺绶罢，退居长门宫。

这位陈皇后就是所谓“金屋藏娇”故事中的阿娇女！不幸的是，作为皇后，她犯有几罪：一为“十余年无子”，二为妒嫉卫子夫，三为“挟妇人媚道”，于是“退居长门宫”。这是“过失”女性的必然结局。所谓长门宫，即后代所谓“冷宫”。陈皇后之事，为历代文人开辟了一个描写“宫怨”生活的母题，从此，长门宫成了古典文学中反复被描绘的“中国第一冷宫”。那么嫦娥所居之月宫与长门宫又有怎样的联系呢？

六、月宫即冷宫

嫦娥偷食不死药后，托身于月宫，可是面对广袤的太空，她为什么一定要选择月宫？其实，这里并没有一个选择的问题，她在人间“三罪并举”，虽说天宫高远清虚，是神仙们自由来去的场所，对于她却没有方便之门，她奔月是由一股无形的力量与权威约束的结果，这力量与权威就是“后妃之德”的条条框框。

月宫清寒、寂寞，后人便虚拟嫦娥所居为“广寒宫”。月者，太阴也，其出之时在夜间，其光惨淡阴冷。当它成为文学作品描绘的对象之后，便有了独特的喻义。南朝宋谢庄《月赋》：“是以阳德，月以阴灵。擅扶光于东沼，嗣若英于西冥。引玄兔于帝台，集素娥于后庭。”[①]隐约说明了月宫乃一处帝王行宫，所谓“帝台”与“后庭”喻示了嫦娥后（妃）的身份。月意象在后代诗文中得到广泛的延伸，落魄之文人、无爱之女子（也借落魄文人之口）皆引月为伴，月意象可含三层喻义：孤独之人往往视月为伴，思念之情往往借月抒怀，觉悟生之短促者多对不死之月悲叹。这三类人都在夜间活动，因其心有郁结，思虑过多，对月无寐，往往起而歌之，托月言志，借月抒情。李白“举头望明月，低头思故乡”（《静夜思》）、杜甫“露从今夜白，月是故乡明”（《月夜忆舍北》）是在怀乡；张九龄“海上生明月，天涯共此时”（《望月怀远》）、杜甫《月夜》“今夜鄜州月，闺中只独看”是在怀人；张若虚《春江花月夜》“人生代代无穷已，江月年年只相似”、苏东坡《前赤壁赋》“哀吾生之须臾，羡长江之无穷，挟飞仙以遨游，抱明月而长终”（则直欲成仙了）是在悲叹人生之短，皓月无穷。而王昌龄的一些“宫怨诗”给我们揭示了另一部分谜底。

王昌龄《春宫怨》：“昨夜风开露井桃，未央前殿月轮高。”《西宫春怨》诗：“西宫夜静百花香，欲卷珠帘春恨长。斜报云和深见月，朦胧树色隐昭阳。”“谁分含啼掩秋扇，空悬明月待君王。”《长信秋词》之一：“金井梧桐秋叶黄，珠帘不卷夜来霜。熏笼玉枕无颜色，

① 《文选》卷十三。《长门赋》出《文选》卷十六。

卧听南宫清露长。”之二：“高殿秋砧响夜阑，霜深犹忆御衣寒。”以及白居易《上阳白发人》：“莺归燕去长悄然，春去秋来不记年。唯向深宫望明月，东西四五百回圆。”这些诗句都描绘了失宠者的生活环境——冷宫，可见冷宫中的环境与月亮有着密切的对应关系。失宠女子幽闭于此，唯有天赐之明月、树木、莺燕为俦，诗句都点出了“夜”“月”“寒”三个字，为的是突出“怨”的心境。夜晚无寐，故见月，月光本寒，而月光之寒多喻示着秋天，秋天象征着生命枯萎，色衰爱驰，所谓“老气横秋”“妆成每被秋娘妒”是也。欧阳修《秋声赋》：“星月皎洁，明河在天。四无人声，声在树间。”秋声与明月也连贯出现。林黛玉“寒塘渡鹤影，冷月葬花魂”实为林黛玉香销玉殒之谶。《红楼梦》第三十七回林黛玉吟《白海棠》有“月窟仙人缝缟袂，秋闺怨女拭啼痕”，就明确将“月窟”与“秋闺”相提并论，是类比求同之义。第三十八回《菊花诗》则是将“秋”“月”“霜”“怨”并提。又有《忆菊》“空篱旧圃秋无迹，瘦月清霜梦有知”、《咏菊》“毫端蕴秀临霜写，口齿噙香对月吟。满纸自怜题素怨，片言谁解诉秋心”、《菊影》“窗隔疏灯描远近，篱筛破月锁玲珑”（锁，幽闭也）、《残菊》“半床落月蛩声病，万里寒云雁阵迟”等。以上所列诗词因时代晚出，所以不可能是嫦娥奔月寓意的因，但却无疑是该寓言的果，我们细列其果，重在探究其因。

嫦娥进入月宫之后，便失去了任何作为人（更谈不上仙）的能动性。她在想什么？据李商隐等推测，她是在忏悔过失。她为什么不离开月亮，到别的仙宫去暂停或旅游？她为何不下凡？她在月中的生活内容是什么？给我们的印象，嫦娥奔月后就杳无音信了。她是飞上天去的，这种本领她还有吗？她像是被谁囚禁在那儿，再也没有返回过人间，也没有一丝信息透露给成千上万暗自借其抒怀的痴男怨女。

因此，我们便从中看出了一个阴谋，一个将“过失”女子打入冷宫，幽闭其女性功能和人格功能的惩治方案。武帝“穷治”阿娇的方法与嫦娥的遭遇如出一辙，就是说，嫦娥囚系于月宫实乃阿娇“退居长门宫”的写照，所以能射下九个太阳的羿才没有去射嫦娥存身之月，目的是为了使她承受更长久的煎熬。

图 77　郑慕康《嫦娥奔月》。

司马相如曾经胡诌了一桩舛误千载的公案。他自称：“孝武皇帝陈皇后时得幸，颇妒，别在长门宫，愁闷悲思，闻蜀郡成都司马相如天下工为文，奉黄金百斤为相如、文君取酒，因于解悲愁之辞，而相如为文以悟主上，陈皇后复得亲幸。”这则序言很可能是后人伪造的。最后一句与正史不符，前面的说法也很可疑。“别在长门宫”的废后，应当是一个活死人，她是不可能与司马相如有来往的，这只是文学家之言，假托其事而已，况且，文学作品有这样大的功能也不近情理。

但司马相如的文章写得令人刮目相看，因为他几乎是将人间长门宫写成了天上的月宫，试看该赋："佳人"陈皇后被废后，"魂逾佚而不反兮，形枯槁而独居"，自述其情曰：

> 廓独潜而专精兮，天漂漂而疾风。登兰台而遥望兮，神怳怳而外淫。浮云郁而四塞兮，天窈窈而昼阴。雷殷殷而响起兮，声象君之音。飘风回而起闺兮，举帷幄之襜襜。桂树文而相纷兮，芳酷烈之訚訚。

这是说她于孤寂中盼望君王临幸，于是登高台以望，但她望见的并非人间景象，而是天上应有的景致。读起来正像是月中嫦娥的口气，而且所见中竟然还有月中独有的桂树。当然，月中之桂也可能来源于此，其巧合竟至如此！未见帝王，心存郁闷，她只得"下兰台而周览兮，步从容于深宫"。文章接着铺叙了宫中的景象，先写各种装饰品，都与植物有关（木兰、文杏、丰茸、茎兰、瑰木、欂栌），后写宫中的白鹤、孤雌，终于迎来了黄昏，"悬明月以自照兮，徂清夜于洞房。援雅琴以变调兮，奏愁思之不可长……无面目之可显兮，遂颓思而就床……众鸡鸣而愁予兮，起视月之精光……夜曼曼其若岁兮，怀郁郁其不可再更……妾人窃自悲兮，究年岁而不敢忘"。冷宫中陈皇后的生活与心情，看去与嫦娥的生活是同构的，洞房中各种香草意在暗示此宫有仙气，以"明月自照"，实际上冷宫与月宫起着互证的效果，至此，二宫终于叠合在一起，可证月宫的冷宫特征。

后来，《长门怨》竟成为一首乐府诗题，历代拟写者众多，试看齐梁间柳恽所作。

> 玉壶夜愔愔，应门重且深。秋风动桂树，流月摇轻阴。绮檐清露溽，网户思虫吟。叹息下兰阁，含愁奏雅琴。何由鸣晓佩，复得抱宵衾。无复金屋念，岂照长门心。

这首诗一方面只是改写了《长门赋》，另一方面，它也继承了将月宫与冷宫互证的手法。其中夜深、秋风、桂树，皆月宫之影射，更增强了月宫与冷宫的关合效果。到了李白的笔下，这种对比、互证已成为有意识的了。《古风》之二："蟾蜍薄太清，蚀此瑶台月。圆光亏中天，金魄遂沦没……萧萧长门宫，昔是今已非，桂蠹花不实，天霜下严威。"《长门怨》之一："天回北斗挂西楼，金屋无人萤火流。月光欲到长门殿，别作深宫一段愁。"之二："桂殿长愁不记春，黄金四屋起秋尘。夜悬明镜青天上，独照长门宫里人。"

最后，我们来看看冷宫的幽闭效果在于何处。根据历史与文学的记录，我们发现冷宫意在：①惩治后（妃）"过失"。"过失"可粗略分为"德"与"情"两方面。因情犯罪，格杀勿论；因德而得罪，多囚系于别宫。②对有"过失"的妃嫔，皇帝已无兴趣，但他是决不会让别人得到她的，于是采取"别院安置"的幽闭法，这是一种变形的阉割，使幽剧居于深宫的女子失去性爱方面任何满足的机会。③"别院安置"，可使她远离帝王，免去争风吃醋的麻烦，帝王方能随心所欲。④幽闭就是隔离人群，使其在永远孤独中了却残生。因其受害之深，所以引得了历代文人不惜以诸多笔墨去表达对她们悲惨命运的不满与同情。不过，文人所谓"宫怨诗""宫词"更多的是一种借喻，是将自己的怀才不遇之状与后妃失去宠爱的处境相印证，实质上是同情自己。以上四点对于陈皇后来说正是武帝目的之所在；而对于嫦娥，也完全具备，只不过幽闭嫦娥的动机是来自于道学家欲对"过失"女性施以惩罚的"集体无意识"。

七、嫦娥与其他

图 78　国画《吴刚伐桂》。

（一）嫦娥与一族动物

尽管有说法认为嫦娥奔月后变成了蟾蜍，但更多的说法倾向于认为蟾蜍是月中土居。“日中有踆乌，而月中有蟾蜍。日月失其行，薄蚀无光。”[①]月宫中除蟾蜍外，还有一只来历不明的玉兔，好像也是土居。屈原《天问》曾问：“夜光何德，死则又育？厥利维何，而顾菟（兔）在腹？”傅玄《拟天问》问道：“月中何有？白兔捣药，兴福降祉。”月中玉兔与蟾蜍，其意何指，众说纷纭。李善注谢庄《月赋》：“张衡《灵宪》曰：月者，阴精之宗，积成为兽，象兔形。《春秋元命苞》曰：

① 《淮南子·精神训》。

月之为言阙也，两说蟾蜍与兔者，阴阳双居，明阳之制阴，阴之倚阳。”这种解释是阴阳家的附会之说，如同说梦。我们认为，这两种动物是世人视觉联想的产物。因月光色白，时有朦胧之态，故以为月中有兔。杜甫《八月十五夜月二首》之一“此时瞻白兔，直欲数秋毫”是指天空澈彻，月光皎洁。而月之周期圆缺，使人联想到乃蟾蜍所食。《史记·龟策列传》：“日为德而君于天下，辱于三足之乌；月为刑而相佐，见食于蛤蟆。”又有“蟾蜍食明月，虹蜺薄朝日”[①]之说。于是两只动物就有了名分。简言之，玉兔与月之阴晴有关，蟾蜍与月之圆缺有关，而不像阴阳家讲的那么神秘，也不像文化人类学家讲的那么深奥。

在月中，玉兔的功能是捣药，原不知所捣为何药，后因嫦娥之影响，它就开始捣不死之药了，所以有人感叹“长嗟白兔捣灵药”[②]。蟾蜍开先除了按规律“蚀月”外，是很清闲的，后来也被赋予了一种新功能：“蟾蜍万岁，背生芝草，出为世之祥瑞。”[③]芝草就是俗说之“灵芝草”，为不死之药。《说文》：“芝，神草也。”这样，两只不伦不类的土居动物都向新移民嫦娥靠拢了。不过，令人困惑的是，白兔捣药的目的是什么？“白兔捣药成，问言与谁餐？”[④]是嫦娥想以此增大自己的法力好离开月宫？白兔捣药不休，蟾蜍供药不止，嫦娥为何没有实现离月的愿望？两只动物虽来历不明，但现在总算盼来了一个主人，它们恰如冷宫中的女子蓄养的宠物（这些宠物也象征着原先就呆在冷宫中的地位更加低贱、人身更没有自由、也无性别意识的宫

---

① 《太平御览》卷四引傅玄诗，转引自《中国神话资料萃编》。

② 卢仝《月蚀诗》。

③ 《增补事类统编》卷九二引《道书》。转引自《中国神话》（一），第194页。

④ 李白《古朗月行》。

女和太监。不妨设想，若玉兔比之于宫女，如白居易所描绘的“入时十六今六十……一生遂向空房宿”[①]都未能承恩的不幸者，那么蟾蜍用来比喻无人格的老太监就太恰当不过了）。幽闭之人不许有社交活动，陪伴她的最好是一些动物或类似动物的刑余之人。陈皇后宫中也有“白鹤、孤雌”，这似乎成为孤独女子生活环境中必不可少的玩偶。月宫中正是因为有了这两只小东西，才使那里稍稍有些生气可言。

（二）嫦娥、桂树与吴刚

月宫中除了不起眼的动物外，还有满目凄凉的植物。王昌龄诗中后宫怨女最关注的除了空中之月外，就是“露井桃”“百花香”“朦胧树色”“梧桐”“秋叶黄”等植物的状态了，长门宫中也有许多类似的饰物。月宫中，这些意象全集中于一棵高大孤独的桂花树上了。“月中有桂树”，这观念深入人心，月中为何有桂树？我们认为，这也应是视觉（嗅觉）联想的结果：古人赏月皆在中秋之夜；中秋之夜，人间正是桂花开放之际。“月中有物婆娑者”是视觉印象。月圆之夜，可见月面东北方向（面朝南，从北半球看去，像在“上方”）有一片不规则阴影，颇似枝繁叶茂的树冠。赏月者联想第一点（嗅觉），便生此念。赏月之夜，桂花香气扑鼻，但不知何来，浪漫者疑是来自月中，但此时中原可开花又为乔木者，唯桂花之树，因此，月中有桂树便成定论。这样的环境也是长门宫中所拥有的：“桂树文而相纷兮，芳酷烈之訚訚”（《长门赋》）、“秋风动桂树，流月摇轻阴”（《长门怨》）。

嫦娥生活在桂花盛开的氛围中，也不失为一种清雅的享受，但不知何时，月中又忽然冒出一位企图砍倒桂花树的吴刚来。吴刚的来历

① 白居易《上阳白发人》。

难以考证，一般认为是晚唐段成式（？ -863）《酉阳杂俎》首载其事。

> 旧言月中有桂，有蟾蜍，故异书言月桂高五百丈，下有一人常斫之，树创随合。人姓吴名刚，西河人，学仙有过，谪令伐树①。

图 79 ［明］唐寅《嫦娥执桂图》。

这一段话虽简略，但却包含着许多信息：月中有桂树、蟾蜍，是沿用“旧说”。月中有桂在六朝时似已是常识，梁代刘孝威诗有“嫦娥望不出，桂枝犹隐残”之句，是说月亮还没有升起来；刘宋沈约诗：“桂宫裛裛落桂枝，早寒凄凄凝白露。”至唐代，则更是家喻户晓了，李白《古朗月行》：“仙人垂两足，桂树何团团？”杜甫《八月十五夜月二首》之一：“转蓬行地远，攀桂仰天高。”李贺《天上谣》：“玉宫桂树花未落，仙妾采香垂珮缨。”白居易《庐山桂》：“偃蹇月中桂，结根依青天。”但肯定桂树有五百丈高的“异书”不知是何书籍。吴刚的任务是砍倒桂花树。吴刚据说是汉代人，而比段成式略早的李贺

① 转引自《中国神话资料萃编》，第 237、236 页。

（790—816）《李凭箜篌引》诗曾说：“吴质不眠倚桂树，露脚斜飞湿寒兔。”这里的吴质是否是吴刚的别名？他靠在桂树旁干什么？是砍累了休息一会儿吗？如果是这样，则说明吴刚砍桂之说确有所本，而不是段成式的首创，他是据“异书”叙述的。考吴质，陈寿《三国志·魏书》卷二一有简短记载，吴为济阴人，与曹丕兄弟友善，据裴松之注引《魏略》所载他与曹丕往返之书信，可以确认，此吴质或非李贺之吴质。南朝宋刘义庆《箜篌赋》有：“名启端于雅引，器荷重于吴君。”看来，这两位吴君都是欣赏箜篌的高手[①]，他们是否也能操斧斤已不得而知。伐桂之吴刚即使不是吴质，那么关于他的故事也应早有传闻。杜甫《一百五日夜对月诗》：“斫却桂婆娑，清光应更多。”似乎已在说明有人伐桂，但他没有指出伐者何人。就是说，吴刚这个人至迟在盛唐时就已进入月宫。从杜甫诗还可看出，砍伐桂树的目的是使月光更加明亮。西河人吴刚，他是一个希望成仙的俗人，可他学业未成又如何能进入月宫？月宫难道不是仙界自由之境？学仙有过的吴刚是被贬到月宫去的，看来月宫不仅不是他向往的地方，而且还是个囚禁之城，他在那里要以永久的劳动来赎罪。吴刚很不幸，因桂树乃一神树，“树创随合”，那么他只有无休无止、徒劳无益地砍下去了，与古希腊神话中重复推动巨石的西西弗很相似，都因为自己的罪过而遭到上帝严厉的惩罚。

可是吴刚怎能随意进入早为嫦娥占居的领地？吴刚被罚入月宫，那么是谁发出了这一“谪令”？根据前面月宫即冷宫的观点，我们不难认清，这个吴刚具有皇宫中过失太监的身份，是一位同样失宠于皇

① 王琦注《李贺诗歌集注》，上海古籍出版社 1978 年版，第 33 页。

上的宦官，最后也被皇上流放到冷宫中。宦官是失去性别特征的男人，所以才可能被放进冷宫，他不会对嫦娥造成任何性诱惑。事实也正是如此，吴刚在月宫中与嫦娥没有来往的迹象，段成式也未敢贸然将他们放在一起描述。这看似不合情理，旷男怨女同处一室（宫），竟会相安无事，因此对吴刚只能作出上面的判断。正因为这样，人们便不再敷衍他们之间的风流故事——从来没有。他们都孤独地生活在同一个寂寞的城堡中。

八、从人间到天上

从人间到天上，这个跨越天地之隔、生死之限的巨大转折（升迁）是所有学仙之人梦寐以求的结局：生活在无忧无虑、无始无终、来去自由、永远长生的状态中。但是不幸的嫦娥虽然从表面上领取了一张仙界通行证，可这张通行证却是有去无回的，这成为中国古代文学史（也是神仙史）上的一个特例，嫦娥成了一个含义明确、影响深远的原型形象。

她实际上是一个半人半仙的角色，作为仙女，她是没有得到任何承认的，因为成仙需要“修道”，而她根本没有这个过程，她是窃取了他人（这个人还是她应该以之为“刚”的丈夫）的成果（羿之所以能求得不死药，那一定与他不朽的功勋有关），才成为一个侥幸者，既不能被人间所容，也不会被仙界所接纳，因而她只获得了仙女的外在条件——升天与不死，而这两条又恰恰保证了对她进行永远惩罚的机会。所以她在世人心目中只能始终扮演着有因果关系的双重角色：

（一）道德败坏的妻子。她或许是美丽的，可是她的德行受到了谴责，那么对她进行最有效的惩治莫过于像对待陈皇后那样，幽闭于冷宫。在整个封建时代，因旧道德礼教的一脉相承，所以她的冤案是不会被澄清的，更谈不上平反昭雪了，因为根据我们的分析，她所犯的“错误”在封建时代是大恶不赦的，这个前提只要不被推翻，那么她就不会有出头之日。

（二）不许下凡的仙女。进入月宫，虽说她拥有了仙女的外衣，但对于人间来说，她实际上已经死去，因为她不能返回人间。“嫦娥窃药出人间，藏在蟾宫不放还”①。

从道德上而言，她不被宽恕，当然无颜返回，况且她的丈夫早已成为地下鬼，她又没有可以牵挂的子女，如果她生活的地方真是冷宫，那么她更加失去了行动的自由；从性爱的角度而言，打入冷宫就是为了使她承受着被阉割的痛苦，所以与其他仙女相比，她失去了一个重要的功能：不能成为世俗男人性幻想的对象，因此，她不仅从行动上而且从梦幻中都成了一个不许下凡的悲剧人物。她尽管美丽绝伦，但她只能生活在无眠之夜、肃杀之秋、无爱之境中，在没有情感的动物与没有性欲的宦官的陪同下作无休止的忏悔，只有人间过客李商隐等人曾对她寄予过深切的同情：“兔寒蟾冷桂花白，此夜嫦娥应断肠！”②

嫦娥奔月的故事就这样形成了它独特而深刻的寓意，它是具有历史局限性的。历朝历代许多无辜的后妃在今天都已被“平反”，因为她们所谓“过失”完全是由统治者的私欲所造成的。嫦娥当然也属于这些不幸者之列，可是对嫦娥的矛盾心理经长时期的演变、流传、积

---

① 袁郊《月》。

② 李商隐《月夕》。

淀已深入人心，成为人们不自觉的一种心理“无意识”，直到当代，应该说道德观念已根本改变，可我们在传诵着许多美妙的仙女爱情故事的时候，嫦娥始终被冷落在一边，几乎没有人对此产生疑问：嫦娥既然那样美丽，为何她不能拥有自己的爱情故事？因此，我们在分析了这一容易被人忽视的原因之后，只能像对神仙之事一贯抱乐观态度的李白那样祝她在月宫中自得其乐了，“飞去身莫返，含笑坐明月”[①]，因为今天已经不再是适合仙女下凡寻找爱情的时代了。

（原载《民间文学论坛》1998年第3期，发表时有删节。此处用原稿。）

① 李白《感遇四首》之三。

试说王维《鸟鸣涧》中的“桂花”

古典诗歌因为语言词汇高度浓缩的特征，又因词义在时间长河中往往会发生变化，所以产生了诸多诗意理解上的公案，如此之类的艺术“口角”时常发生，比如王维小诗《鸟鸣涧》中的桂花意象就是一个典型。过去对桂花通常有两种理解：一是指月光[①]，因月中有桂，便以之作为借代之用，二是实指桂花[②]。第一种解释是比较容易理解的，第二种解释比较拘泥。但一些学者仍然喜欢另辟蹊径，曲为新说。比如叶盈《再说王维〈鸟鸣涧〉的“桂花”》[③]一文（以下简称“叶文”），否定王维诗中的桂花是指月华之义，而认为是与桂树、桂丛有关，“意指隐居之地或是自己的隐逸之志”。文章首先否定了桂花指代月光之说，主要根据是，“颔联之‘月出’如何能‘惊山鸟’，且首句即言月华落而后又云‘月出’，义岂不重复？”然后否定了桂花为实景之说。最后，认为桂花与《楚辞》有关，分两层，一是说王维笔下的桂花与《楚辞》中的“桂树丛生”有关，是隐逸的象征，二是说“王维熟知楚辞却是不争的事实”。

应该说，否定桂花为实景之说是可以成立的，将王维的桂花另辟

---

① 郭锡良《〈鸟鸣涧〉的桂花》，《文史知识》2002 年第 4 期。

② 蔡义江《新解难圆其说——也谈〈鸟鸣涧〉的桂花》，《文史知识》2002 年第 7 期。乔磊《再辨〈鸟鸣涧〉中的桂花意象》，《安庆师范学院学报》2009 年第 4 期。

③ 叶盈《再说王维〈鸟鸣涧〉的“桂花”》，《文史知识》2009 年第 11 期。

一说倒也有些新意，但是总而言之，桂花指代月光是没有问题的，叶盈的说法明显是不通畅的[①]。试为之说。

第一，叶文认为，“照这么解释，颔联之‘月出’如何能‘惊山鸟’，且首句即言月华落而后又云‘月出’，义岂不重复”（顺便指出，此语中的“颔联”之概念是错误的），从而否定桂花指代月光，这显然是不能成立的。

叶文竟然不解地发问：“月出”如何能“惊山鸟”？这足已说明叶文并没有明白这首小诗的妙处之所在。月出为何能惊山鸟呢？其实全在一个“误会”。月光明亮，照彻山谷，已经熟睡的一二只“自作聪明”的鸟儿，“误”以为是黎明将至，天将大亮，所以起而鸣叫。一方面衬托出夜的静谧，另一方面似乎也让王维觅到了知音。从鸟的习性看，月光当然不会惊醒鸟儿，只是诗人的眼光是带有想象的过滤镜的，岂能以“鸟的科学”来看问题！早就有人不明诗意而实打实地怀疑过这一点：“山鸟决不会因为年年代代司空见惯、习以为常的明月冲出乌云而误以为‘东方欲晓’，如果‘月出’一次便‘惊’一次，山鸟只好彻底失眠了。”[②]

又说：“首句即言月华落而后又云‘月出’，义岂不重复？”这一问更可明白叶文对王维实在缺乏基本的了解。过去也有人发过此问，如“若说桂花代指月光，这同样不妥，因为解作月光则与后‘月出’重复，况且若前面已经写到月华满地，后面再写山鸟因月出而受惊也不妥”[③]；又如“一则一、三两句语义矛盾，既然月华已‘落’后又

① 汪少华《从“人闲桂花落”训释谈起》，《古典文学知识》2010年第4期。
② 高湛祥《“月出”哪会“惊山鸟”》，《广西师范大学学报》1984年第1期。
③ 史双元《〈鸟鸣涧〉别解》，《古典文学知识》1998年第1期。

何来‘月出’？二则语义重复，二字写到月出，这和绝句字精蕴藉的美学要求是相悖的”[①]。要知道王维之诗多自然流畅，是很少炼字苦吟的，也不愿意以文害意，而是追求一种意蕴和禅境。语言的形式是束缚不了他的，一定不能以盛唐之后森严的格律去约束他，更不能以中晚唐苦吟诗人的习气来比附他。若认为月华落与月出义涉重复，那可以认为王维往往是不回避形式上某些重复的。《鸟鸣涧》是王维《皇甫岳云溪杂题五首》之一，虽然被编入“近体诗”，但与乐府小诗的风味比较接近，《辋川集》中的小诗与此诗可以并作一类。这些小诗中“重复”之处可不在少数。比如《竹里馆》“独坐幽篁里，弹琴复长啸。深林人不知，明月来相照”，首句既然已说是“独坐幽篁”，第三句又说“深林人不知”，难道不可以理解为“重复”吗？又如《辛夷坞》“木末芙蓉花，山中发红萼。涧户寂无人，纷纷开且落”，已先言“发红萼”，末句又在说“开且落”，“发”和“开”其实也是意义接近的。又如王维《杂诗》：“君自故乡来，应知故乡事。来日绮窗前，寒梅著花未？”诗中“故乡”“来”均两出，读者也一点不嫌其“重复”。如果从绝句的格律来看，王维的名篇《送元二使安西》二三两句明显是“失粘”，但千百年来这却是一首经典绝唱。可见，对于王维的诗根本不能作这样胶柱鼓瑟式的理解，王诗的妙处只在那种意境和禅悦，小有重复均有不同寓意，并不是诗人才力不够而导致的“硬伤”。

如果纠缠于一首小诗中的“重复”，按照“绝句字精蕴藉的美学要求”，那么这首诗似乎应该重写，因为短短二十字中，“春”字与“山”

① 徐礼节、余文英《王维〈鸟鸣涧〉‘桂花’义辨释》，《安徽农业大学学报》2004 年第 11 期。

字明明就分别两现，这岂是晚唐诗人所能允许的！另如《莲花坞》《上平田》《鹿柴》等诗中都有意象复见的现象。可见认为此诗义涉重复之说是不能成立的。

第二，说桂花与隐逸有关，实在不是一个好义项。在古代文学的意象群里，有关隐逸的意象有很多，如渔父樵夫、闲云野鹤、山林田园、清风明月、蓬门柴户、桑麻榆柳等，在常识里桂花与隐逸并没有明显的对应关系，这种关系应该说是叶文的一个新发现，但可惜的是，这种以深释浅的阐释方式是并不可取的。

图 80　丹桂。

文章在桂花象征隐逸的论证过程中，有偷换概念的嫌疑。叶文所举楚辞、陈子昂、李白、杜甫、卢照邻五人六例诗句中，“桂树”2 例，“桂丛”3 例，“桂花”1 例，也就是说，叶文中，桂花是等同于桂树的，这其实是一个误解。桂花不同于桂树，桂花是着眼于其花色香味的，虽然在唐诗中也可指代山间，但那是实指。桂树及桂丛突出的是这种乔木成片生长于深山幽谷并且枝高干大的特征。《楚辞》说得好：“桂树丛生兮山之幽，偃蹇连倦兮枝相缭。”这个桂树意象的原生诗句是没有提到其花色的，即使桂树（桂丛）能指代隐逸之志，毕竟与桂花意象还是隔了一层。不能说解决了桂树意象的意旨，就连带证明了桂花意象的象征寓意。另如杏树不等于杏花、桃树不同于桃花、槐树不代表槐花，在古典诗词中，树与花有时有着不同的象征意义。

叶文一方面将桂树的象征意义远追到《楚辞》，另一方面搜集材料证明王维是熟知《楚辞》的，这种观点实在匪夷所思。且不说文章所举的唐代宗礼节性地评价王维的材料是何等的冷僻，单就唐代诗人而言，熟悉《楚辞》、深研《楚辞》、大受《楚辞》影响的诗人应该是十分普遍的，就连年轻诗人李贺都在那里“斫取青光写楚辞”（《昌谷北园新笋四首》），李贺还说过：“长安有男儿，二十心已朽。楞伽堆案前，楚辞系肘后。”（《赠陈商》）难道李白、杜甫、韩愈、白居易、杜牧、李商隐这些大诗人有谁会不熟读《楚辞》的吗？《诗经》《楚辞》是中国文学的源头，唐诗与《楚辞》是不可分割的。认为王维熟悉《楚辞》就应该知道桂花象征隐逸，那么这种象征意义为什么在其他熟悉楚辞的诗人创作中没有形成一股潮流呢？

如果将桂花意象理解为诗人的隐逸之志，那么我们不禁要问，在春天的夜晚，诗人为什么要选择既不在这个季节开花、又没有特别必要登场的桂花意象呢？叶文说：“王维也许确实静伫于桂花树旁，但也可能那根本就不是桂花树，而是诗人愿意将其当作桂花树，甚至没有任何树也是可能的，王维只是借‘桂花’托出一个境界而已。”这种说法难以自圆其说，主要问题是，在春天的月夜，王维选择一棵不开花的桂花树或者“没有任何树的”的桂花意象来吟咏的动因是什么？从创作上看，逻辑是不明确的；从读者角度看，这个意象的存在也是莫名其妙的。

窃以为，研究者这样求取新说的思路是有问题的，因为文章的出发点就是要证明桂花不是指代月光，于是从文献中去寻找一种人所不知的寓意来解析通俗如话、如在目前的诗歌意象。从桂花寻出隐逸之义，并没有让王维小诗的美感有所增添——“空山明月”就标志着隐逸志趣，何劳再去累及桂花意象呢，只会让人感到这是一首关于隐士的老生常谈之作。既然认为月光不能惊山鸟，那么桂花指代隐逸之后，难道就能惊山鸟了吗？叶文对此并没有作出合理的解析。

要能比较贴切地理解一首唐诗，有两个出发点是不能忽视的。第一，要理解诗人生活时代的文化背景。第二，要体会诗人创作诗歌的现场语境。如果不注意这两点，只在文献与故典中寻找义项，则往往会肢解诗意、南辕北辙的。

从第一点看，针对这首诗，桂花指代什么，应该是王维生活时代的一种文化约定，而月中有桂就是那个时代的常识，而且月中桂花的文化品位已经超越了现实桂花，换一句话说，桂花意象指代月光或月亮是这个意象最重要的义项。那么，“桂花落”指代月光在艺术上又有什么好处呢？

《鸟鸣涧》的第一联“人闲桂花落，夜静春山空”，是从人的角度来体会月光的皎洁的，“桂花落”是说月光照下来，一个“落”字有两层意思，一是说桂花从月中落下来，一是说桂花落到地面上来。何以见得？月中有桂树——但诗歌在咏到月桂时，联想最多的不是其高大、幽深、连片的“楚辞义”，而只在其花色一端，因为只有桂花可以飞落下来，而那棵孤独的桂树却是从没有人见过的，月光下泻，正像桂花飘落；桂花落在地上，其实是月光落在地面上，一片洁白，让诗人联想到地面原来是铺满了白色的桂花，同时在春夜，不知何处飘来的幽香也可以为空中洒落而下的桂花作一个注解呢。王维之后，将月光比成“桂花落”的不乏其例：

李贺《李夫人歌》：“翩联桂花坠秋月，孤鸾惊啼商丝发。”

贾岛《咏韩氏二子》：“千岩一尺壁，八月十五夕。清露堕桂花，白鸟舞虚碧。”

陆龟蒙《洞宫夕》：“月午山空桂花落，华阳道士云衣薄。”

桂花从月中来是不分季节的，月中的桂花树并不必要等到中秋才会开花的，每一个月圆之间都是桂花婆娑的时刻，月桂才是真正的“四季桂”呢。那么月光落下，大地白亮，如何能与桂花相契合呢？殊不知在唐代诗人眼中，桂花本是白色的。我们可以举唐诗为例：

颜真卿《谢陆处士杼山折青桂花见寄之什》：“群子游杼山，山寒桂花白。”

常衮《晚秋集贤院即事寄徐薛二侍郎》：“翻黄桐叶老，吐白桂花初。”

杜牧《池州送孟迟先辈》：“手把一枝物，桂花香带雪。”

李商隐《月夕》：“兔寒蟾冷桂花白，此夜姮娥应断肠。”

王建《十五夜望月寄杜郎中》：“中庭地白树栖鸦，冷露无声湿桂花。今夜月明人尽望，不知秋思在谁家。”

羊士谔《九月十日郡楼独酌》：“飘荡云海深，相思桂花白。”

王建的诗说得尤其明白，“中庭地白”正是月光落地的效果，看上去就像地上铺了一层从天洒落的湿漉漉的桂花瓣，这恰好也是王维在春夜对月光的艺术感受。

第二联“月出惊山鸟，时鸣春涧中”，写的是鸟因误以为黎明已至，于是起身鸣叫，个别鸟的叫声衬托出春山更加空明与宁静。可以说，第一联是写诗人因“闲”而无眠，步出室外，惊见月光满地，而春山一片寂静。接着，在诗人感到过于空静之时，便以为是月光的明亮导致几只鸟儿错误地叫唤起来，似乎与诗人的心相呼应，诗人的内心之“闲静”一下子外化为鸟儿的噪动，两相对比，显得人心更清静，恰如春夜之闲、春山之静、桂花之白、月光之明。

从诗人写作的现场语境来看，在春天的月夜，若想合理地选择桂花意象，要么是他的身边恰好有桂花在开放——这一点是不能证实的，要么他身边正好有一棵高大的桂花树——当然是没有开花的，可是没有开花如何能有桂花落呢？或者是正有一棵开花的春桂，而这样的春桂却是一般人缺乏的知识背景，又如何能让人产生共鸣呢？要么就是用一棵不存在的桂花树来指代他的隐逸之志——为什么要选择桂花呢，难道桂花是隐居世界里不可或缺的意象吗？其实都不是。在春夜，诗人的身边和眼前，可感、可视、可让人共鸣的“桂花”具有文学陌生化的效果。桂花开放在春天，其实不是桂花真的在开放，而是一泻如水的皎洁月光在飘落，将“桂花落”理解成月光不就是诗人俯拾即取、张口即是的现场语符吗？

（原载《闽江学刊》2011 年第 1 期）

万户垂杨隐红楼

——小议李白乐府诗《相逢行》

清代王琦注本《李太白全集》卷四有乐府诗《相逢行》一首（下称“之一”）：

相逢红尘内，高揖黄金鞭。

万户垂杨里，君家阿那边？

这首乐府诗因篇幅短小，内容褊狭，向来少为论者注意，其实它包蕴着作者狂放、乐观、飘逸的少年情怀和神仙风采。

《李太白全集》卷六另有一首《相逢行》（下称“之二”），篇幅较长，凡 150 字。咏的是少年子弟与风尘女子之间的欢情，结尾处强调了“毋令旷佳期”的人生无常、及时享乐的思想。但开头与前一首极为相似。

《相逢行》：

朝骑五花马，谒帝出银台。秀色谁家子，云车珠箔开。金鞭遥指点，玉勒近迟回。夹毂相借问，疑从天上来。蹙入青绮门，当歌共衔杯。衔杯映歌扇，似月云中见。相见不得亲，不如不相见。相见情已深，未语可知心。胡为守空闺，孤眠愁锦衾。锦衾与罗帏，缠绵会有时。春风正澹荡，暮雨来何迟。愿因三青鸟，更报长相思。光景不待人，须臾发成丝。当年失行乐，老去徒伤悲。持此道密意，毋令旷佳期。

可以想象，两首《相逢行》中首先出场的都是一位少年，少年这一形象不仅是历代乐府歌诗中常被吟咏的对象，同时也是李白非常渴慕的理想角色。《乐府诗集》卷六六有《结客少年场行》9首、《少年子》4首、《少年乐》2首、《少年行》30首，还有《长安少年行》《渭城少年行》《邯郸少年行》等篇目。内容可观，少年形象鲜明生动。

图81　垂杨。

这些诗作中的少年形象有一些共同特征：(一)少年皆是富贵子弟。都骑着宝马，穿着锦袍。鲍照《结客少年场行》：“骢马金络头，锦带佩吴钩。”李白《少年行》：“五陵年少金市东，银鞍白马度春风。”(二)少年子都是轻生重义的游侠儿。风姿飒爽，腰佩宝刀。沈彬《结客少年场行》：“重义轻生一剑知，白虹贯日报仇归。”李白同题诗：“笑尽一杯酒，杀人都市中。”(三)少年子平日无所事事，沉溺于田猎、游春、赌博、蹴鞠、宴饮、宿妓的浪漫生活中，善于挥霍，视金钱如粪土，结交朋友，不受管束。王维《少年行》：“相逢意气为君饮，系马高楼垂杨边。”李白《少年行》：“白日毬猎夜拥掷”“好鞍好马乞与人，十千五千旋沽酒”“兰蕙相随喧妓女，风光去处满笙歌”。

图 82　河边垂柳。

少年的这一形象极具有感染力，历来受到诗人们的交口赞誉。但勇猛过分者被称为“恶少”，情义浅薄者被称为“轻薄儿”，游荡不归者被称为“浪荡子”。少年的意气风发、慷慨勇猛、轻生重义、无拘无束、挥霍无度、歌舞生平中的人格魅力不知倾倒了多少骚人墨客与多情女子。

可见《相逢行》之一中的“高揖黄金鞭”的那位乍到红尘者，一定也是一位血气方刚、善于追花逐蝶的少年子。此诗的第一句“相逢红尘内”，颇值得玩味。一般言及“红尘”者皆染道家习气，有悲观色调，但李白则尽是豪爽、高逸、惊喜之神色，可见其神仙风姿。红尘本是一梦，李白自有解脱之方，那就是游仙、饮酒。他似乎是一位偶然经过人间的过客，他真正的家园与快乐都在红尘之外。神仙之道有一种“遂欲法”，就像唐传奇《南柯太守传》《枕中记》所描绘的，要想让人参透人生，就须让你经历人间各种滋味，到头来原是一场空。那段虚幻的经历势必重要，那就是现实人生的写照。《红楼梦》中那块顽石也是从“执”的富贵场上、温柔乡里经历一回之后才能达到“放下”境界的，其中的经历就是红尘的虚幻。这种虚幻却是少不了一个条件，最终方能彻悟。来到人间，可以花天酒地、纵情声色、笑傲王侯，但不能留恋于花街柳巷，执着于功名富贵。这些虽然只是过眼云烟，必须亲自来走一遭，亲自有一份阅历，正如李白《少年行》所言：“遮莫枝根百丈长，不如当代多还往；遮莫亲姻连帝城，不如当身自簪缨。看取富贵眼前者，何用悠悠身后名！”

所以，来到红尘内，他只觉得新鲜，觉得乐趣无穷。“高揖黄金鞭”，那种喜形于色、情绪激昂的神态何其鲜活。在烟火繁盛的人间世，在拥挤的人群和狭窄的闹市间，他遇见了一位可人，这位可人显然不是他的朋友，因为他们并非旧相识，但对方一定有巨大的魅力，引得这位有些失态的少年高高举起富贵象征的金鞭，——当然，他一定是骑着宝马、蹬着雕鞍。少年的风采也迷住了这位可人，于是两相对答起来。少年面对富丽繁华的人间景象，看着眼前万户垂杨春意浓的醉人景色，不禁悠然发问：“那烟火兴盛、风尘秾丽、风格柔媚的红楼翠轩，正是你家所在之处吗？我可不可以随君而去，笙歌曼舞，对酒高歌？”

《相逢行》之二似乎回答了第一首中的诸多问题。少年所遇的那位可人原来是一位美女！她坐着美丽的车子与少年相遇，先是“蹩（缪本、胡本作“邀”）入青绮门，当歌共衔杯”，后写“相见不得亲，不如不相见。相见情已深，未语可知心”的急迫之心情，力劝这位“守空闺”而“孤眠”的女子敞开情怀：“春风正澹荡，暮雨来何迟？愿因三青鸟，更报长相思。”此处“青鸟”乃兼具情人信使与神仙信使的双重角色，透露了这位少年的仙人身份。

图 83　国画《花和尚倒拔垂杨柳》。

两首《相逢行》之间除了人物、篇名、情节一致外，并非一问一答的姊妹篇，篇幅长短也不相称，也未被编入同一卷中，可见二者名虽同而实相异。作为一首短诗，《相逢行》之一结尾的那一问具有无穷的意韵，可李白并不能忘记初入红尘的美丽景色与惊喜心态，于是，他在另一首的诗中终于交代了那位美人的答辞。

《李太白全集》卷二十五《陌上赠美人》：

骏马骄行踏落花，垂鞭直拂五云车。美人一笑褰珠箔，遥指红楼是妾家。

与两首《相逢行》相联贯，此诗无疑是对少年初入红尘的又一次相逢的记录。所拂之“五云车”，即是指《相逢行》之二中的“秀色谁家子，云车珠箔开”的“云车”。可见，这三首诗展示了一个完整的“相逢过程”。《相逢行》之一只是写了初次相逢的那一种境界，《陌上赠美人》写最难忘的“美人一笑”、“一指”与“一答”的表情、动作、言语的柔婉神韵。“遥指红楼是妾家”中的“遥指”充满浓浓的春意与挑逗意味。一则人烟阜盛处，杨柳青青，红楼掩映其中，配色突出主题；二则既是遥指，说明女子驱车离家已远，当是春色正浓，嬉游陌上。最后是《相逢行》之二所细描的“邀入青绮门，当歌共衔杯”的两相绸缪之情。

值得注意的是《相逢行》之二“夹毂相借问，疑从天上来”一句之“疑”，实际上点破了天机。正如贾宝玉和林黛玉初见时，各自所疑，宝玉脱口而出：“这个妹妹我曾见过的！”黛玉也暗自生疑：“好生奇怪！倒像在哪里见过一般，何等眼熟至此！”因为他俩前世相识，原本就是天上人！李白笔下的少年自然也是神仙品格，而此处的美人又何尝不是“天上掉下来的”！那么，她便是妖冶无比的仙女坯子了。两位青春年少、春情萌动的“神仙”，在春天相遇于滚滚红尘，因互相爱慕而一见钟情，这不仅是人间的偶然相遇，更是“金风玉露一相逢”，更是天设地造的一对，所以他们之间的情爱自然会深不可测。但他们只能在红尘实现相亲相爱的理想，红尘给了他们在仙界不可能拥有的机会。更因为可以自由无羁地表达爱情，从这个意义上看，李白是红尘的热爱者。其实，这里的美人身份既有妓家之态，也有仙女风味，在唐代，仙妓一体的观念在少年子眼中最为突出。

《相逢行》之一中的那句“万户垂杨里，君家阿那边”，不仅勾画出美丽迷人的彼岸风景，尤其是“万户垂杨”的意象呈现，营造了一通令人向往的浓荫植物的生活图景，它包含富贵、生机、隐秘、诱惑的心理密码。为什么这里选择的是“垂杨”这种植物？它与温柔富贵有着怎样的文学象征？

垂杨是杨柳的一种，杨与柳是一物而二名。“百步穿杨”的典故说的其实是神射手养由基射穿柳叶的故事。《战国策·西周策》：“楚有养由基者，善射；去柳叶百步而射之，百发百中。”垂杨即今所谓垂柳，枝条长垂之谓也。粗略统计，可知《全唐诗》里咏到垂杨的诗至少有103首，那么，垂杨在什么情况下被选作诗歌叙事的背景呢？

李白诗中用到此意象的还有：

《采莲曲》：“岸上谁家游冶郎，三三五五映垂杨。”

《折杨柳》：“垂杨拂绿水，摇艳东风年。”

《广陵赠别》：“玉瓶沽美酒，数里送君还。系马垂杨下，衔杯大道间。”

《南阳送客》：“离颜怨芳草，春思结垂杨。挥手再三别，临岐空断肠。”

《采莲曲》《折杨柳》里的垂杨都栽在河岸边，后两首咏到的垂杨长在大道旁，可见垂杨是河岸与道旁的常见树种。原来汉唐时代，多以杨柳为行道树或护岸树。

《三辅黄图》载，长安有九市，其中之一是柳市。晋代洛阳街上植柳。《太平寰宇记》卷三引陆机《洛阳记》云：“洛阳十二门，南北九里，城内宫殿台观，有合闼，左右出入，城内皆三道，公卿尚书从中道，凡人左右出入，不得相逢，夹道种榆柳，以荫行人。”梁萧绎《洛阳道》："洛阳开大道，城北达城西。青槐随慢拂，绿柳逐风低。"《晋书·符坚载记》载："王猛整齐风俗，政理称举，学校渐兴。关陇清晏，百姓丰乐，自长安至于诸州，皆夹路树槐柳，二十里一亭，四十里一驿，旅行者取给于途，工商贸贩于道。"可见，北朝时期长安及诸州通往长安的道路上也种有柳树。唐代长安街道槐柳荫浓。卢照邻《长安古意》就说到长安大街上的绿化树："弱柳青槐拂地垂，佳气红尘暗天起。"①

写到水边垂杨的诗也是非常多的。如常建《送宇文六》："花映垂杨汉水清，微风林里一枝轻。即今江北还如此，愁杀江南离别情。"《广群芳谱》引晋朝盛弘之《荆州记》曰："缘城堤边，悉植细柳。绿条散风，清阴交陌。"隋炀帝在大业年间开通济渠和广济渠，旁筑御道，堤上遍植柳树，长达一千三百余里，也就是后人所说的"隋堤"②。可见河岸植柳有防洪护堤之功用，这也为唐代诗人在河边与渡口折柳提供了方便。

与李白同岁且对少年子同样推崇的王维也常写到垂杨意象。

《少年行》："相逢意气为君饮，系马高楼垂杨边。"

《老将行》："昔时飞箭无全目，今日垂杨生左肘。"

《寒食城东即事》："蹴踘屡过飞鸟上，秋千竞出垂杨里。"

《皇甫岳云溪杂题五首·萍池》："春池深且广，会待轻舟回。靡靡绿萍合，垂杨扫复开。"

《戏题盘石》："可怜盘石临泉水，复有垂杨拂酒杯。若道春风不解意，何因吹送落花来。"

---

① 石志鸟《见中国古代文学杨柳题材与意象研究》，南京师范大学文学院2007年博士学位论文，第15-16页。

② 石志鸟《见中国古代文学杨柳题材与意象研究》，第17页。

图84 丰子恺《系马高楼垂杨边》。

王维所写的垂杨与李白既相同，也有不同之处。《少年行》写的是大街边的行道树。《老将行》是用典，垂杨即柳树。柳与“瘤”转音，即疖瘤。典出《庄子·至乐》所说滑介叔观于昆仑之虚，“俄而柳生其左肘”，即肘下生了个肉瘤[1]。《寒食城东即事》诗中的“垂杨里”与李白《相逢行》之一所言完全一致，可指代富贵豪华的府第。后两首写的都是水边垂杨。

汉唐宫苑与富家园林里都有植柳的习俗。《南史》载：“刘悛之为益州，献蜀柳数株，枝条甚长，状若丝缕。时旧宫芳林苑始成，武帝以植于太昌灵和殿前，常赏玩咨嗟。”晋代潘岳《金谷集作诗》云：“青柳何依依，滥泉龙鳞澜。”金谷园是富豪石崇的花园。王维的辋川别墅里也有著名的景点“柳浪”。

垂杨除了指代繁华大街之外，还可指代富贵场。比如唐代长安附

① 师为公《释“垂杨”与“杨柳”》，《语文建设》1996年第10期。

近著名的富人商贾区兼少年活动场所“五陵”，虽然松柏遍地，其实也是杨柳依依，是名副其实的“垂杨里”。

崔颢《渭城少年行》：“长安道上春可怜，摇风荡日曲河边。万户楼台临渭水，五陵花柳满秦川。秦川寒食盛繁华，游子春来喜见花。”

李颀《送康洽入京进乐府歌》：“长安春物旧相宜，小苑蒲萄花满枝。柳色偏浓九华殿，莺声醉杀五陵儿。”

李益《春行》：“恩承三殿近，猎向五陵多。归路南桥望，垂杨拂细波。”

李绅《柳二首》：“千条垂柳拂金丝，日暖牵风叶学眉。愁见花飞狂不定，还同轻薄五陵儿。”

“五陵年少”是富家轻薄儿的代称，他们影响最大的群体其实是风尘女子。白居易《琵琶行》：“五陵年少争缠头，一曲红绡不知数。”少年子洒脱与豪气的价值到头来都会在美人面前得以实现。他们追求美女的态度虽然坚决，但抛弃她们也是非常随意的，他们甚至愿意“一掷赌却如花妾”（贯休《轻薄篇》）。

于鹄《公子行》：“少年初拜大长秋，半醉垂鞭见列侯。马上抱鸡三市斗，袖中携剑五陵游。玉箫金管迎归院，锦袖红妆拥上楼。更向院西新买宅，月波春水入门流。”

杨巨源《大堤曲》：“二八婵娟大堤女，开垆相对依江渚。待客登楼向水看，邀郎卷幔临花语……无端嫁与五陵少，离别烟波伤玉颜。”

这些嫁与五陵轻薄儿的女子都只会落得被抛弃的下场，都是一场悲剧。因为在少年的价值观里，美女只是消费品，所以“五陵少”“五陵儿”都成了轻薄子弟的代称。这些五陵年少都住在或活动在五陵地区——也即“万户垂杨里”的富贵之境。如唐代诗人许玫《题雁塔》：“灞陵车马垂杨里，京国城池落照间。暂放尘心游物外，六街钟鼓又催还。”“灞陵车马垂杨里”一句简直是对李白那句诗的改写。

图 85　［清］任熏《杨柳白马图》。

李白《相逢行》之一其实只截取了少年生活的一个片断，即情感生活的前半段，为我们展示了相逢刹那间的美感与激动。一见钟情，发出相问，而女子也迅即被佳公子所征服，乐意“笑指红楼是妾家”，于是二人一见如故，两情相悦。可是，再美的相逢也只是那一瞬间的美好，因为一方是血气方刚、不负责任的“五陵年少”，另一方则是红颜易逝、“无端嫁与五陵少”的“锦袖红妆”，悲剧是注定的。李白的两首《相逢行》只为我们展示了美好的一面，至于结局如何，诗人并未纠缠其间，或者诗人早已参透了爱情不可持久的特征，即使今天，爱情及其无奈的结局与李白时代的同类主题仍然如出一辙。

（原载《文史杂志》2000年第3期《古典文学中“少年”形象》，此文为该文内容之一部分。此处有增补。）

[附录]

董永的原型与衍变[①]

2002年10月26日，中国邮政局发行了一套《民间传说——董永与七仙女》邮票（共5枚）。针对这一事件，《中国邮政报》自2001年10月30日发表万方《2002年新邮原地资料漫谈》一文以来，一共发表了十多篇文章[②]，争论该邮票的“最佳首发地点”，山东博兴、湖北孝感、江苏东台与丹阳（包括丹徒、金坛）、安徽安庆都认为自己是“最佳原地”。前四处以为董永是本地人或来过其地，安庆则认定

① 选择此篇作为本书的附录，意在为董永遇仙传说中“槐荫树”的故事来源提供背景知识。本文着眼于传说人物的历史演变。

② 《中国邮政报》上由万方之文引起的争论文章还有：王小平《考证〈董永与七仙女〉之原地》（2001年11月30日）、王建平《因〈董永与七仙女〉而来的东台地名》（2001年12月28日）、张健初《黄梅戏唱出来的邮票》（2001年12月28日）、蒋跃进《“董永与七仙女”的最佳原地》（2001年12月28日）、郭啸《也谈〈董永与七仙女〉的最佳原地——与蒋跃进先生商榷》（2002年2月26日）、张健初《董永原地考析》（2002年3月29日）、沈献智《应注重董永的原地——与郭啸先生商榷》（2002年3月29日）、蒋跃进《再论“董永与七仙女”的原地》（2002年4月30日）、郭啸《再说〈董永与七仙女〉的最佳原地——答沈献智先生》（2002年5月31日）、睦书义《董永故事“版本”繁多，“原地”岂止一家——也谈“董永与七仙女”原地之争》（2002年6月28日）、周春倩《追寻董永原地》（2002年7月26日）、张莉《董永与孝感》（2002年7月26日）、宋焕文、饶丰《也谈董永原地——与周春倩先生商榷》（2002年8月30日）、沈献智《再论〈董永与七仙女〉邮票最佳原地》（2002年8月30日）、宋焕文《孝感——董永的第二故乡》（2002年9月27日）、景之《以新理念谈“董永与七仙女” 的原地》（2002年9月27日）吴崇恕、李守义、《“孝文化”与“董永与七仙女”》（2002年9月27日）。

该故事因黄梅戏《天仙配》而出名，各抒己见，相持不下。然而，笔者发现，这些文章在引用历史材料时基本上都是各取所需，很多材料根本不能说明问题，论证也很不充分。可以说，多数论争既不能支持自己的观点，更不能驳倒对方的观点，只会让读者很容易产生一种认识：这都是各地的一种“文化—经济策略”，其本身并不具有学术论争的性质。这样，势必会误导读者，因此笔者认为有必要对这一问题加以澄清。

一

流传至今的董永遇仙故事中董永一角是来源于历史人物还仅是传说人物？文献虽倾向于董永为历史人物，但苦无实据。托名刘向《孝子传》、曹植《灵芝篇》、干宝《搜神记》、唐释道世《法苑珠林》、宋《太平御览》等书多记董永为汉代人，或认为是西汉千乘人，或认为是东汉人。但唐宋之时的民间文本与之却很不相同，如晚唐杜光庭《录异记》认为董永为蔡州人，敦煌变文《孝子董永》开首便说“孝感先贤说董永”，后来人们以为此“孝感”即今湖北孝感县，所以认定董永为东汉孝感人。宋明时期，话本《董永遇仙传》与戏曲《织锦记》则认为董永“籍贯”在今江苏丹阳。然而，明清时期的地方志却众说纷纭。博兴、孝感、丹阳、东台、通州、蒲州、河间等地都有董永遗迹。

《大明一统志》卷六一“德安府·孝感县”：“孝感县刘宋因孝子董永分置。”但此说非是。《宋书》《隋书》无孝感县之名，《旧唐书·地理志一》有孝感县，但在今山东境内：“武德四年，置昌城、济北、谷城、孝感、冀丘、美政六县。六年，废美政、孝感、谷城、冀北、昌城五县。”新、旧《五代史》无孝感县。《宋史·地理四》：“德安府，安陆郡，县五：安陆、应城、孝感、应山、云梦。”此时，孝感县首次出现于今湖北，而此“孝感县”唐代则称孝昌县。《旧唐书·地理三》：“安州，中都督府，隋安陆郡，武德四年，领安陆、云梦、应阳、孝昌、吉阳、应山、京山、富水等八县……孝昌，宋分置安陆县置。”《宋书》卷五三即有“孝昌县侯”、卷三七有“孝昌侯相”之称，可知孝昌县为刘宋时所设立，至赵宋时已改为孝感县。

南宋王象之《舆地纪胜》卷七九引《图经》“孝昌因孝子董黯立名”，而此说也不可靠[①]。又“后唐改为孝感，避庙讳也”。可见孝感之名并非因董永而立，然则孝感认为董永行孝之事乃发生在当地。《大明一统志》“德安府·流寓”：“董永，千乘人，东汉末，永奉父避兵来居安陆，家贫佣耕，以养其父。父殁，贷钱于里之富人裴氏。”《大明一统志》卷二四“青州府·人物传”：“董永，千乘人，少失母，独养父，流寓孝感，父亡……”也就是说，董永为东汉末年人，原籍在山东，后迁移湖北，而董永的故事则发生在湖北，并因此传为佳话。“明凌迪知《万姓统谱》卷六八：又谓永流寓孝感矣，自明以来，安陆与孝感，

① 《三国志·吴书十二》裴松之注引《会稽典录》：“虞翻曰：往者孝子句章董黯，尽心色养，丧致其哀，单身林野，鸟兽归怀，怨亲之辱，白日报雠，海内闻名，昭然光着。”《中国人名大辞典》“董黯”：“后汉句章人，字叔达，仲舒六世孙。事母孝，比邻王寄之母，以黯能孝讽寄。寄忌之，伺黯出，辱其母。黯恨之。后母死，斩寄首以祭母。自陈于官，和帝释其罪，旌其行，召拜郎中，不就。”据《后汉书·郡国四》：“会稽郡十四城……余姚、句章、鄞……”《中国地名大辞典》：“句章县，秦置县，故城在今浙江慈溪县西南三十五里城山渡东。”可知句章在今浙江，与安陆没有关系。要么像董永一样，董黯也是“流寓”到孝感的？

并有永祠墓，孝感祀事尤盛。俱详谋而合县志，不具述。”[①] 清光绪刻《孝感县志》卷一五《孝子传》第一篇即《董永传》：“母早丧，汉灵帝中平黄巾起，渤海骚动，永奉父来徙。家贫，永佣耕以养父。”同时，董仲的方术在此也有了用武之地。《大明一统志》卷六六“安陆州·仙释传”：“董仲，汉董永子，母乃天之织女，故仲生而灵异，数篆符镇邪怪。尝游京山潼弃，以地多蛇毒，书二符以镇之，其害遂绝。今篆石在京山之阴。”光绪《孝感县志》卷二四引《张志》：“岳州安乡县苦水，仲书符石上，立县东隅，水不至邑。悍少掘地穷其址，愈掘愈深，址不可见，水患如故。”董仲的这一套本领一见便知是来源于《录异记》，但他的活动地点已从蔡州转移到孝感一带，于是孝感有董永墓、祠等遗迹。

《大明一统志》卷六一及卷一二“扬州府·陵墓”又皆称“扬州如皋县北一百二里”有董永墓。江苏《东台县志》卷二二“传·三”引《晏溪志》：“董永，西溪镇人……今西溪镇永与父墓俱在焉。”又谓事出东台，当地有“傅家舍”“七仙湖”“古槐”“抽丝井”“荫庄”等古迹地名[②]。又光绪七年《溧水县志》卷一九“古迹名胜志”：“董永读书台在县治西，今无考。”[③]

清《嘉庆重修一统志》卷二一“河间府·陵墓”：“汉董永冢，

① 转引自王重民《敦煌本〈董永变文〉跋》，查文渊阁《四库全书》所收《万姓统谱》卷六八未见王氏所引之语。

② 汪国璠《天仙配故事起源演变及其影响》，《民间文学论坛》1983 年第 1 期。

③ 高国藩《敦煌俗文化学》第九章《敦煌董永故事与俗文化》，上海三联书店 1999 年版，第 279 页

《寰宇记》：在河间县，汉景帝时孝子”，其实此董永应为唐代人[①]。卷二一八“汝宁府·陵墓”：“汉董永墓，在汝阳县西二里。”同卷“流寓”：“董永，千乘人，少失母。汉末奉父避兵，寓居汝南。”卷一四二“蒲州府·陵墓”：“汉董永墓，在万泉县东三十里上孝村，有碑，今剥落。”[②]卷一七〇“青州府·陵墓”：“汉董永墓，在博兴县南十五里般阳长山南，又有冢庙。皆出《齐东野语》。”卷一六二“济南府·陵墓”：“汉董永墓，在长山县东南三十里。《府志》：永墓有三，一在博兴，一在鱼台，其在长山者，墓所方十余里，秋晚无霜。”诸如此类，方志中应还有不少，可见，时至明清，天下处处是孝乡了。

据说，清代末年“修纂《孝感县志》时，对于董永这一传说人物如何处理，当时看法并不一致。有人认为未见于“廿二史”，不应收录立传……但根据其原籍为千乘这一点，（有人）主张将董永收入‘流寓’一栏”[③]。各种历史人名辞典皆未收董永其人（《万姓统谱》《中国人名大辞典》等关于董永的内容非从正史中出，而是引自《搜神记》《录异记》及地方志书），也就是说，人们不认为董永是可考的历史人物。

1987年4月，由山东师范大学、河南大学、郑州大学、山东社会科学院等单位数十名专家教授组成董永论证委员会，经过缜密论证，确认董永的故里在山东博兴。之后，博兴县

---

① 《新唐书》卷一九五《孝友传》：“唐受命二百八十八年，以孝悌名通朝廷者，多闾巷刺草之民，皆得书于史官……河间刘宣、董永……皆数世同居者，天子皆旌表门闾，赐粟帛，州县存问，复赋税，有授以官者。”可见，唐代竟然也有一孝子名董永，为河间人。笔者怀疑后来的修志者只知本地有一孝子董永，但不知时代，因汉董永最有名，于是混唐董永为汉董永。

② 民国六年石印，台湾成文出版社1976年影印《万泉县志》“杂记卷之终”：“按府志，董永，盖非其实。”

③ 蒋星煜《天仙配故事流传的历史地理的考察》，《黄梅戏艺术》1986年第3期。

便开始了对董永传统文化的挖掘、整理和弘扬的工作。县里抽调专门力量，编写《董永的故事》一书……从历史考察看，董永真有其人，他大约生活在西汉末年或东汉初年[①]。

但未见其论证过程，也不知其使用什么材料得出如上结论[②]。

笔者经过考察，在“廿二史”中发现三个董永，一在《汉书·景武昭宣元成功臣表》中，即高昌侯董永；一在《新唐书·孝友传》中，即河间孝子董永；一在《宋史·董槐传》中，董槐父亲名叫董永。其中，《汉书》中的那条材料为遇仙故事主角董永原型的生活时代与籍贯的认定，提供了最有力的佐证，可是，这条材料两千年来从未被征引过。

二

《汉书》卷一七《景武昭宣元成功臣表》：

高昌壮侯董忠（孝宣功臣）：

[功状户数]：以期门受张章言霍禹谋反，告左曹杨恽，侯。

① 马光检《董永的传说与博兴》，《发展论坛》1997年第1期 。

② 这一结论与笔者的观点是一致的，但是根据引文的提示，笔者视野狭窄，只查阅了1986-1990年的《东岳论丛》《文史哲》《齐鲁学刊》《山东大学学报》《山东师范大学学报》《中州学刊》《河南大学学报》《郑州大学学报》，均未发现相关论证成果，也没有见到关于这一论证委员会的工作信息。但据《民间文学论坛》1989年第2期董森的文章《试论董永故事的形成和演变》可知：“1987年4月，在山东博兴县召开的‘董永论证会’上，史学家们曾根据翔实的史料，不仅论证了董永在历史上实有其人，同时也论证了董永的故里就在山东省博兴县境地。”接着此文所引的“翔实史料”不过是刘向《孝子传》、曹植《灵芝篇》等。而且董森还说：“根据仅有的文献记载，我们今天尚难确定董永其人及其传说究竟出现于何年何代。”

再坐法，削户千一百，定七十九户。

[始封]（地节）四年八月乙丑封，十九年薨。

[子]初元二年，炀侯宏嗣，四十一年。建平元年，坐佞邪，免。二年，复封故国。三年薨。

[孙]元寿元年，侯武嗣。二年，坐父宏前为佞邪，免。

[曾孙]建武二年五月己巳，侯永绍封，

[玄孙]（地名）千乘。

此表中涉及四代高昌侯："董忠—董宏—董武—董永"，其中最末一代即"汉，董永，千乘人"，与干宝《搜神记》的记载是一致的。

先看高昌与千乘的关系。《汉书·地理志》上："千乘郡（高帝置，属青州），县十五：千乘、东邹、博昌、乐安……高昌……"原来高昌县属千乘郡。根据惯例，《汉书·表》中"玄孙"一栏的地名皆是郡名，那么高昌侯玄孙居住之地"千乘"当是郡名而不是县名。按说《搜神记》中"千乘"应是县名，因为据《后汉书·郡国志》四可知，千乘郡于后汉和帝"永元七年（公元96年）更名"为乐安郡，下辖千乘、乐安、博昌等九县，而高昌县已废[1]。董永虽是千乘郡人，但不一定就是千乘县人。而事实上，干宝是根据传说记录的，传说中董永为千乘（一定是郡）人，即使干宝只知道千乘县，误认为董永为千乘县人，但他笔下的"千乘"二字则一定指千乘郡。

再看时间。董忠被封时在地节四年，即汉宣帝时（前64年）；董

① 臧励龢等《中国地名大辞典》："高昌县，汉侯国，后汉省。故城在今山东博兴县西南。""博兴县，汉博昌、乐安二县地，五代唐改博昌曰博兴。""博昌县，本齐邑。《国策·齐策》：'千乘博昌之间，方数百里。'汉置博昌县，故城在今山东博兴县南二十里。"

宏续封时在汉元帝初元二年（前 49 年），后于汉哀帝建平元年（前 6 年）被免，再于建平二年（前 5 年）恢复封地，前 4 年死去；哀帝元寿元年（前 2 年），董武嗣封为高昌侯，第二年被废。最值得注意的是董永绍封时已是东汉光武帝建武二年（公元 26 年），与乃父被废已时隔 27 年之久，而这期间又经王莽篡位，绿林、赤眉起义，天下大乱。光武二年，天下未定，董永就有封侯之事，究竟出于何种原因？

《汉书》言董永被封时在建武二年五月己巳，但《后汉书》只记该年四至十二月多有封王之事，未见有封非宗室列侯之举。

《后汉书·光武帝纪》上：

> （建武二年）夏四月……甲午，封叔父良为广阳王，兄子章为太原王，章弟兴为鲁王，舂陵侯嫡子祉为城阳王。五月庚辰，封更始元氏王歙为泗水王，故真定王杨子得为真定王，周后姬常为周承休公。六月……丙午，封宗子刘终为淄川王……十二月戊午，诏曰："惟宗室列侯为王莽所废，先灵无所归依，朕甚愍之。其并复故国。若侯身已殁，属所上其子孙见名尚书，封拜。"（唐李贤等注：属所，谓侯子孙所属之郡县也。录其名见于尚书，封拜之。）

《汉书》除了记录董永在光武时被封之事外，同表还记录了归德靖侯先贤掸的曾孙被封情况："建武二年，侯襄嗣。"看来，他与董永被封的时间不会相隔太远。

《资治通鉴》卷四〇：

> 八月……帝使太中大夫伏隆持节青、徐二州，招降郡国。青徐群盗闻刘永破败，皆惶请降……冬十一月，帝以伏隆为光禄大夫，复使于张步，拜步东莱太守，并与新除青州牧、守、

都尉俱东。诏隆辄拜守、长以下。

于是十二月就有诏复“宗室列侯为王莽所废”者子孙爵位之举。可见当五月时，青州（千乘郡高昌县属青州）尚未平定，董永并没有获闻于上司的机会，因为十一月青州平定后，所置各官才“俱东”（至任所）。要想找到那些被王莽所废的列侯子孙，只有由“属所”来办最为便宜，而青州守、长以下官员是在建武二年十一月之后才上任的。因而《汉书》言董永于五月被封令人生疑，若为“二年十二月之后”则较为合理。虽说六月刘终可以封为淄川王（千乘附近），而董永在五月封为高昌侯的可能并不大。一来刘终为宗室，其名显赫，在朝廷掌握之中，二来他虽封为淄川王，却不能之国，也未必之国。而董永既无知名之由（只有靠属所去寻找了），也必然要留居高昌（千乘），因为《汉书》记录董永之子（董忠玄孙）就在千乘。

由上可知，光武封王侯有两种情况，一是新封宗室为王，另一种是恢复曾被王莽所废之侯。董永就是属于后一种情况。光武诏复“宗室列侯为王莽所废”者子孙爵位，意在拨正王莽之乱，高昌侯正是为王莽所废列侯之一。且看董永之父董武被废之因：“（元寿）二年，坐父宏前为佞邪，免。”看来董武并无过错，错在其父“佞邪”。董宏曾于“建平元年，坐佞邪，免”。而这“佞邪”与王莽有何干系？原来这是一桩重要的政治案件。

《汉书·师丹传》：

初，哀帝即位，成帝母称太皇太后，成帝赵皇后称皇太后，而上祖母傅太后与母丁后皆在国邸，自以定陶共王为称。高昌侯董宏上书言：“秦庄襄王母本夏氏，而为华阳夫人所子，及即位后，俱称太后。宜立定陶共王后为皇太后。”事下有司，时（师）丹以左将军与大司马王莽共劾奏宏："知皇太后至尊之号，天下一统，而称引亡秦以为比喻，诖误圣朝，非所宜言，大不道。"上新立，谦让，纳用莽丹言，免宏为庶人。

光武帝其实与西汉元、成、哀、平并无直接关系，但他以光复汉室为已任，于是讨伐王莽也是他的政治借口之一。所以要恢得"宗室列侯为王莽所废"者子孙的故爵，因此董永能绍封为高昌侯实在是意外的收获。可是在董武失去侯位之后凡 27 年，政府又如何能寻到其遗散子孙？史书中并没有这方面的材料，在这里，笔者有一个推测。

董武被废后不久，正逢乱世，山东犹受其害。董武父子生活艰难自不必说，即所谓"董永遭家贫，父老无财遗"。所谓"遭"家贫，只能说明原先董永并不家贫，后来因发生变故，所以致贫；如若原就贫寒，父老岂有"遗财"？董永在贫寒中能"举假以供养，佣作致甘肥"正是他孝行的体现。董永被光武封侯之时，其父一定已经去世，诏曰"若侯身已殁"则封其子孙。从《搜神记》去看，董永之孝表现为"事父"（父亲仍在世）和"自卖"（父死后，可见此时尚未封侯）两件事。其实孝义乃董氏之家风，当年董宏正是"以忠孝复封高昌侯"，他上书所言之义也正是涉及母子关系的重大问题。因而董永行孝不仅有现实的可能性，同时还有合理的渊源。恰是已经流传出去的董永之孝名在当地产生了影响，董永后来才有获闻于"属所"的机会，就像唐代河间董永等人因孝名而致使"州县存问，复赋税，有授以官者"一样（《新唐书·孝友传》）。进入东汉后，董永因孝行而被封侯的佳话一定在民间流传开来，然后与东汉时期的神仙思想相结合，便有了"神女为秉机"的幻想。但笔者认为，遇仙当不是此故事最终或唯一的结局。《搜神记》在仙女离去后，故事戛然而止乃是这个传说的一种变形，最早的传说中董永封侯应是情节的重要组成部分。

高昌侯董永与传说中的董永之间至少有五点重要的吻合之处：（一）二人姓名相同。（二）从时间上看，前者与武梁祠壁画，曹植、干宝的记载均不矛盾。根据《汉书》，建武二年董永封侯时若按 27 岁计（细味《搜神记》所说董永“少偏孤，与父居，肆力田亩”之语，可知他似乎生于董武被废之后，即元寿元年之后），则其生活时代之上限为公元前 2 年。若按董永活 70 岁计，那么汉代一个因有孝行而成为后来传说故事之主角、名叫董永的人大约生活于公元前 2 年至公元 68 年之间。（三）从地点上看，前者与武梁祠画像题记、干宝《搜神记》所记完全一致，皆为“千乘人”。（四）二人都与“孝”有关。尽管高昌侯董永的孝行只是笔者的推测，但“孝”作为高昌侯的传家宝却是史实，所以这种推测有合情合理的一面。（五）二人的生活条件有相似之处。高昌侯董永在父亲被废之后、自己未封之前，有 27 年的贫寒生活经历；传说中董永家境本来似乎不贫，后来才破败（“董永遭家贫……父老无财遗”）。传说中的父亲一角简直就像一个暗示：他本是侯身，因故被废；董永事亲至孝，最后也必有所遇。

相比之下，作为史实，曹植、干宝的记载与唐宋之后的各种异说要可信得多。传说的规律是：越往后，故事的内涵越丰富与生动，但却越失真；越早，故事越简单、越粗糙，可与真相却越接近。比如，曹植笔下的董永似乎还是贵家之后，但到了东晋时，干宝只听说董永“少偏孤，与父居”，对他的家世已一无所知了。笔者认为，从东汉末年开始被文献所记载的孝子董永的现实原型应该就是《汉书》中的高昌侯董永。因此，用历史眼光去看，以为董永为西汉（景帝时）人、董永之子为董仲或董仲君或董仲舒、载有董永故事的《孝子传》为刘向编定[1]、董永为东汉末年灵帝时人、董永为避黄巾之乱奉父迁移到汝南或孝感等说法都将不攻自破。但是，这些与史实不相符的说法用民间故事的传说原则却是可以解释的。

三

文献所存，曹植《灵芝篇》最早记录董永遇仙故事，当不是偶然。因董永故事在山东千乘一带流传，而曹植极有可能是在山东自己的封地闻说此事的。

《三国志·魏书·陈思王传》：

> 建安十六年，封平原侯。十九年，徙封临淄侯……文帝即王位，植与诸侯并就国……黄初二年，贬爵安乡侯。其年改封鄄城侯。三年，立为鄄城王……四年，徙封雍丘王……太和元年，徙封浚仪，二年，复还雍丘……三年，徙封东阿……五年冬，以陈四县封植为陈王。

因《三国志》无“地理志”，今按《后汉书·郡国志》将曹植封地排列如下。

---

① 刘向（子政）死于公元前六年，即汉哀帝建平元年。这一年董永之祖父董宏第二次被免去高昌侯爵，董永之父董武四年后才得封侯；董永绍封高昌侯距此时尚有 32 年之久。当建平元年之前，董永与其父不可能流落民间，躬耕陇亩，更何况刘向与董宏为同时人，自当互相熟知。可见刘向不可能记录董永行孝故事，因为董永行孝故事只可能发生在董武被废（前 1 年）之后。

时间顺序	封地	郡（国）名	州属	今名
1	平原	平原	青州	山东平原
2	临淄	齐国	青州	山东淄博
3	安乡	?	?	?
4	鄄城	济阴	兖州	山东鄄城
5	雍丘	陈留	兖州	河南杞县
6	浚仪	陈留	兖州	河南开封
7	东阿	东郡	兖州	山东东阿
8	陈	陈国	豫州	河南淮阳、安徽亳州一带

曹植的封地中，以临淄与千乘最近。曹植就国临淄时恰在曹操死后不久，“文帝即王位，植与诸侯并就国”（此时植为临淄侯）。而曹植《灵芝篇》是为思念“皇考”而作，显然写于曹操死后，也即写于曹植之国临淄之时（因皇考新丧、离都赴郡，感情最为浓烈）或之后。曹植于此时此地听到当地流传的董永遇仙故事的可能性最大。因相距略远的嘉祥县武氏祠石刻早在桓帝时就已记下这个故事，则此故事有可能也已传播至曹植先后被封的平原、鄄城、东阿等地。曹植就地取材，将之写入作品，恰能表达自己钦慕孝义的愿望。清代刘积兰《彭城堂笔记》“广陵董永妇，王戚甾川人”，说“西汉甾川国造反”，农女七妹逃难到东台西溪，嫁董永，后人附会为七仙女故事①。就说董永为甾川人，甾川故地离临淄不远。

① 车锡伦《也谈董永故事的起源和演变》，《民间文学论坛》1983 年第 4 期。

古代文人的作品涉及用典多取材于史籍，好在曹植的时代尚无写诗要讲究出处的创作风气，用典固然常有，但必不如后世谨严。《文心雕龙·事类》："凡用旧合机，不啻自其口出；引事乖谬，虽千载而为瑕。陈思，群才之英也，《报孔璋书》云：'葛天氏之乐，千人唱，万人和，听者因以蔑韶夏矣。'此引事之实谬也。"刘勰其实是持己之履度曹植之足。曹植本不欲坐实，只要合意即可，所以时有乖谬经典、或取材于俗不是没有可能。《三国志·魏书·王粲传》裴松之注引魏鱼豢《魏略》写曹植初见邯郸淳时："遂科头拍袒，胡舞五锥锻，跳丸击剑，诵俳优小说数千言。"俳优小说在当时只是"小道"，而曹植好之，可见其有亲俗的一面。除了董永故事可能是就地取材之外，同是《鼙鼓舞》，第四首《精微篇》中"杞妻哭死夫，梁山为之倾"一句亦当取材于齐地。

顾颉刚对孟姜女故事进行考征后认为山东"是这件故事（指孟姜女哭夫故事）的出发点。事实发生在齐郊。汉代起来的传说，她投的淄水和崩的城也都在山东。所以在这件故事的初期七百余年（前549-200）之中，它的根据地全没离开过山东中部。这就是郦道元说的莒城，也是在山东。在这个区域内的古迹，杞梁故宅在益都县，杞梁墓在临淄县"①。顾氏又根据司马贞《史记索隐》卷一〇获知，"杞妻"之"杞"并非今河南杞县（雍丘），而是在公元前七〇七年迁入安邱、前646年又迁到昌乐的杞（又见顾炎武《日知录》卷二五"杞梁妻"条）。据《后汉书·郡国志》，安邱为青州北海国属县，昌乐即北海国营陵，与青州最近。当年曹植记载这一故事并无文献所本，可见亦当是曹植

① 顾颉刚、钟敬文《孟姜女故事论文集》，中国民间文艺出版社1983年版，第65页。

之国临淄时所耳闻。

曹植受到齐文化的影响不仅仅表现在这两则小故事上，他的“游仙”思想的形成与齐文化的影响则更深。曹植是中国文学史上第一个大规模创作游仙诗的诗人，《陈思王集》中的诗篇大多散发着神仙气息。从他一连串齐地的封地去看，不难理解，他一定受到流行于齐地的神仙思想的熏染。曹植虽着意于董永之孝行，但董永的遇仙结局更应是他所乐道的。虽然从他的诗中看不出董永故事有封侯的结尾，不过即使确有董永封侯结局，这对曹植并不具有诱惑力，只有遇仙才能打动他。所以他在思念皇考时，期以董永为楷模，那目的不就是为了“天灵感至德”吗？

宋焕文先生[①]在《董永故事发生在什么年代》[②]一文中回答读者提问时说：

> 此诗（指曹植《鼙鼓舞》）大约作于黄初三年（222），按照《孝感县志》的说法，董永与曹植应是同时代人，但是他们身份悬殊，一为贵族，一为贫民，根本不可能相识，即令董永行孝故事当时影响很大，可是在那种兵荒马乱的年月里，又没有现代的宣传工具，曹植不可能知道详情而写入文学作品的，此理不言自明。这就是说董永不可能是东汉末年人，

---

① 宋焕文先生原供职于孝感市委地方志办公室，现已退休。他是董永问题研究专家，有专著《董永故事探源》一书。笔者 2003 年 8 月 12 日到孝感作实地考察时，专程拜访了宋先生。宋先生为人热情，学识渊博，谈吐弘深。他不仅为我提供了许多珍贵的资料，如 1987 年山东博兴的《董永论证报告》，还不吝为我解疑。我虽然对宋先生非常崇敬，但学术观点有所不同，在此商榷，实不得已。

② 宋焕文《董永故事发生在什么年代》，《文史知识》1989 年第 11 期。

他的时代应该比这更早。

笔者认为，这样论证是很难成立的，尽管认为董永不是东汉末年人的结论是正确的。宋先生认为董永为贫民，是因为他没有考察董永的身世；他认为曹植不可能听说董永故事，是因为他没有考察曹植听说此故事的可能性。他认为此诗写于黄初三年，据《三国志》可知，此时曹植立为鄄城王，正是在曹操死后、文帝即位、曹植“就国”临淄三年之后。曹植已经去过董永的家乡——这个故事的传播原域，在临淄听说董永故事就是一条快捷方式。同时，既然汉灵帝时这一故事已经传播到较远的嘉祥，也完全可能传播到鄄城等地。宋先生有董永为孝感人的先入之见，所以才认为曹植听不到这个故事。

后来，宋焕文先生在《董永故事发生在西汉晚期》①一文中仍坚持认为：“曹植是一位贵族文人，他把民间故事写入诗中，是要有一个时间过程的，如果这故事发生在他同时代，是不可能这样快写进作品的，因为那时正值东汉末年的乱世，故事难以流传。”他仍然没有考察曹植与董永家乡的关系。同时，他认定的“故事乱世不能流传”的说法也没有什么根据。若按宋先生的推测：“当汉成帝建始四年之时，黄河三次在下游的馆陶、平原、渤海等地决口，千乘地方受灾最严重，闾里为墟，大批农民饥寒交迫，纷纷逃往外乡。董永家无长物，父子相依为命，自然也会随着大伙离开家乡，往南逃到江淮、汉江地区去求生。”那正好说明乱世人口流动性最大，而民间故事的传播与人口的流动有非常密切的关系。人口流动既包括官员调动、文人漫游，也包括百姓迁徙、商旅往来，甚至包括战争引起的人员流动。只要有人

① 宋焕文《董永故事发生在西汉时期》，《孝感师专学报》1992 年第 3 期。

口流动，就会有民间故事的不胫而走，这是民间故事传播的一个公理，甚至可以说，古时候，故事在乱世甚至比和平年代更容易传播，所以宋先生的推论不能令人信服。

同时我们还可以看到，宋先生的这一理论其实对他自己也不是有利的。他说："董永南来的大致时间当在汉成帝鸿加四年前后（公元前17年左右），这个时间正是刘向从事大量著述的时期。假定《孝子图》是他一生最后一部作品，所记董永故事也是发生在九年前的事了，从这里也可以反证刘向是可能写过《孝子图》的。"然而，董永来到孝感之后，其孝行事迹"在那种兵荒马乱的年月里，又没有现代化的宣传工具"，是如何在九年之内传到远在数千里之外长安城里的一个深居简出的图书管理员刘向那里的？而且刘向还得"朝闻道夕死可矣"。既然如此，说董永是东汉末年中平年间（185）南逃孝感有何不可？毕竟曹植写到董永故事已是37年之后（222）的事了。而从地理上看，曹植无论如何也比刘向离千乘（或孝感）要近得多。宋先生认为刘向之时为和平时代，所以九年之内刘向可以得知董永故事，但他着重论说的当时政治腐败与灾荒连年的现状又导致大批农民离乡背井，这不是乱世又是什么？这与东汉末年的战乱引起的人口迁徙又有什么本质的区别！人口流动导致董永南迁，那么是什么渠道让刘向得知董永故事的？乱世之东汉末年自然也有大量人口迁移，为何曹植就不能知道董永故事？

曹植的最后封地为陈，陈与蔡州相连（另两个封地浚仪与雍丘离蔡州也不远），曹植至陈也带去了董永故事，于是在陈蔡一带就流传开来。但也不排除这个故事通过口耳相传从山东传到了河南。20世纪30年代出土的两件关于董永的北魏画像石出自洛阳也正好说明此故事在北魏中期以前已经传到洛阳。至唐时杜光庭《录异记》："蔡州西北百里，平舆县界有仙女墓。"情节已发生重要的变化。可知，干宝之后，董永故事已分两途，一条路在载籍之中，北宋初年的《太平御览》等书其实只是摭拾典籍，并未留意民间，另一条路则在民间。载籍因要尊重"史实"，几无变化，而民间的那条路才是鲜活的。董永生活时代与"籍贯"的变化正体现了它传播过程的生动性。所以至唐末，董永也不妨"移籍"为蔡州了。

巧合的是，《晋书》《世说新语·排调篇》注引《中兴书》《文选》注引《晋中兴书》《建康实录》等古籍皆记载"干宝，新蔡人"，"然干宝父祖均仕孙吴，则新蔡乃其祖籍……考后世地志载海盐有干宝墓、干莹墓，海宁有干宝故宅"[①]。虽然干宝一生活动于长江下游地区，但重要的是干宝始终被看着是新蔡人，唐时这一观念仍然流行，《元和姓纂》就将干宝系于"新蔡"之下。其时新蔡正属于蔡州，《元和郡县志》卷九"河南道·蔡州"："汉置新蔡县，隋大业二年改属蔡州。"而《录异记》所录正是唐代的故事。于是董永变籍为蔡州，这是中国民间故事滋生的重要手段之一，即所谓"知名原则"[②]。然后，

---

① 李剑国《干宝考》，《文学遗产》2001 年 2 期。

② 梅新林《仙话——神人之间的魔幻世界》，上海三联书店 1992 年版，第 157 页。作者认为，仙话的演化原则有四：宗教原则、道德原则、审美原则、知名原则。"仙话作者……将包括神话传说与现实历史中的各类杰出人物及其神奇故事纳入仙话系列之中，这可以归之为'知名原则'。"笔者认为，民间故事在传播过程中的演化也有四原则：知名原则、就近原则、混同原则、满足原则。简言之，知名原则就是将已经出名的人物纳入与之本不相干的故事中；就近原则是指一个故事从流传原域开始，先向附近地区传播，再向更远的地区扩散，并沿途吸纳新信息；混同原则是指人们可根据人名、地名的音近形似以讹传讹或将类似的故事裁为一体；满足原则指民间故事内容的损益是以满足传播者的各种愿望为目的的。

根据中国传统民间故事的“混同原则”①“就近原则”②和“满足原则”，董永故事的形态不断丰富。在宋代之后，董永又移籍今湖北、江苏、山西等地，其中以湖北孝感（或安陆）和江苏丹阳两籍最有影响。

四

董永的孝感籍当发生在孝昌县改名孝感之后，这是典型的“混同原则”起作用的后果。若无孝感县名，人们也许并不认为敦煌变文（北宋之前）中“孝感先贤说董永”之“孝感”二字是指地名，只会认为它是“孝感事迹”而已。可现实中一旦有了孝感县，二者便极易合而为一。而所谓“孝昌县”之名也是因为另一个孝子董黯（他看来也是从会稽“流寓”到孝感的）而得的，于是，人们将两位董孝子混为一谈，董永便成了孝感人。

《孝感县志》称董永于东汉末年由千乘避兵来孝感，此说有无可能呢？笔者认为没有（说董永汉末流寓汝南同理）。理由有三：（一）

① “混同原则”的一个典型参见《民间文学论坛》1989 年第 2 期上赵长松文《浅谈附会传说》中所举的一例：“在四川三台新德乡有董永坟，因而当地有董永遇仙故事流传。在当地，不仅有董永坟，而且有会仙桥、槐荫树、仙人井、董仲坝、傅谷坝等……这个具有 1000 多年历史的董永遇仙的故事为什么会在新德乡出现呢？通过调查考证，新德董永故事中儿子董仲与当地董仲其人的故事附会。所传故事原貌，恰与明人洪楩《清平山堂话本·董永遇仙传》相同。”蔡州、孝感、丹阳、东台、河间等地董永传说的生成原理与三台有何不同！

② 《中国人名大辞典》说董永原是千乘人，后来“奉父避兵，流寓汝南，后徙安陆……因其地名曰孝感”。确认蔡州籍董永与孝感籍董永是同一人，并理顺了其迁移的先后顺序，就是按“就近原则”来思考的。

首先时代就弄错了。高昌侯董永为两汉之间人，此董永为东汉灵帝时人，相隔近二百年。那么有没有可能灵帝时千乘也有一孝子董永呢[①]？可这与桓帝时的武梁祠石刻相抵触。董永更不是西汉末年早于刘向的人。宋焕文在《董永故事发生在西汉晚期》一文中因首先确信刘向的记录为真，然后根据“西汉王朝宣帝以后的几代皇帝”朝政之腐败和“西汉王朝自汉武帝时起，各种自然灾害相继发生”两个原因，认为当时有许多老百姓从北方流徙到南方，猜测董永与其父也混迹于这支流浪大军中，所以认定董永是西汉末年、刘向之前的人。但是他所说的导致农民迁徙的两点原因并不单单出现于刘向之前的社会，刘向之后的两汉之间、东汉末年社会动荡、政治腐败、水旱灾荒真是有过之而无不及。他相信刘向拥有《孝子传》的著作权，可是《孝子传》一点儿也没有说董永是如何流落到孝感的，说董永来过孝感的材料全部出自明清之后的孝感地方志书。宋焕文在《孝感——董永的第二故乡》[②]一文中举清代顾祖禹《读史方舆纪要》卷77《孝感县》“汉安陆县地，刘置孝昌县，以孝子董永也”，又举清徐文范《南北朝郡县表》“（刘宋）孝武帝孝建元年，因孝子董永析置孝昌，而立安陆郡”，又举清

① 正如唐代河间有一孝子董永一样（见《新唐书·孝友传》），东汉末年也有一孝子董永不是没有可能，但这个“董永”不能除了生活时代不同，而在千乘籍、鹿车载父、姓名等各个方面都与两汉之间的董永完全一致。如果二者真是完全一致，那么，只可能前者为真，后者为假，因为前者有《汉书》与武梁祠画像可资证明，而后者除了宋代以后的地方志书有此一说之外，别无史实依据。唐前没有任何材料将董永与孝感县联系在一起，最好的证明是，那时根本就不存在今天的孝感县之名称。另外，宋代也有一董永，《宋史》卷414《董槐传》：“董槐，字庭植，濠州定远人……父永……”其子董槐与宋后形成的“润州丹阳董槐村”的说法有无联系，笔者将作进一步考察。

② 宋焕文《孝感——董永的第二故乡》，《中国邮政报》2002年9月27日。

末张之洞《百孝图》"汉董永千乘人，奉父避难于湖北德安……湖北孝感县名本此"，再举各种地方志书中相同材料来证明西汉那个董永曾来过孝感，孝感因此而得名。可是这些说法与孝昌因董黯建县的说法相矛盾，宋先生就不再关心了。几位大学者并没找到史料来证实已说，也没有展开考证。显然他们的说法来源于地方志书和地方传说，何足为凭！宋先生多年来在几篇文章中只引用结论是"汉董永来过孝感"的地方志书材料来反复"论证""董永来过孝感"，但却强列反对其他地方的人引用当地的地方志书"论说""董永是某地人"。（二）高昌侯被废 27 年后，其子孙不复有名于当时，建武二年寻故侯子孙，当在原籍（即"属所"）搜索，而不可能在全国获围内寻觅。更何况当时天下未平，缺乏这样的条件。所以从孝感将董永请回高昌的可能性不大。（三）按孝感的说法，董永来孝感后，一直未离去，甚至死后仍埋葬在孝感，这与《汉书》中所记高昌侯"玄孙在千乘"之史实是矛盾的。按班固死于公元 92 年，也就是说，班固所掌握的材料[①]能够说明公元 92 年之前高昌侯董永之子孙尚留居千乘，此时距董永封侯已相隔 66 年之久。可见董永绝不可能奉父逃离家乡千乘，流徙孝感，并留墓于其地。因此，董永移籍湖北，决不是董永本人真的流寓到了

① 《汉书·景武昭宣元成功臣表》所记史实延伸到东汉时期的不止董永一家，还有如："归德靖侯先贤掸……（曾孙）建武二年，侯襄嗣。（玄孙）汝南，侯霸嗣，永平十四年，有罪免""长罗壮侯常惠……（曾孙）河平四年，侯翕嗣，四十九年。建武四年薨""义成侯甘延寿……（曾孙）建国二年侯相嗣，建武四年为兵所杀"。又如《汉书·外戚恩泽侯表》："平昌节侯……（曾孙）鸿嘉元年，侯获嗣，三十八年。建武五年，诏书复获""平阿安侯（王）谭……（曾孙）元始四年，侯述嗣。建武二年薨，绝"。班固在汉明帝永平年间（公元 58-75 年）任校书郎典校秘书，在皇宫的藏书库兰台、东观、仁寿阁等处整理典籍、修撰史书，得观天下图籍，因此，班固所用材料，必有所据。

孝感，只能是有关他的故事不胫而走，传到了孝感，与当地的孝子故事相混同，形成一个带有孝感地方特色的新传说。本来董永与孝感的关系是建立在传说基础上的，无奈县志修纂者带着“史家”的眼光为求其稳妥而虚构了董永的来历，这恰恰是反传说原则的。

在孝感或安陆，董永除了有孝名与遇仙故事之外别无所长，而其子董仲却颇有异行，方士董仲变成董永之子也是“混同原则”的产物。这思路很简单：董永与仙女成亲—其子必有异行—董永为汉人—汉代有异行且姓董的莫过于一个叫董仲或董仲君或董仲舒的人—董永故事发生在孝感—董仲事迹必在此地，所以董仲在京山与安乡县两地有关于镇魔的传说。县志中董仲之异行明显来自《录异记》，也就是说，至少晚唐五代时董永故事还未与安陆发生关系，又孝昌县名“后唐时”因避讳才改作孝感县，因而可以断定，董永故事是宋代之后才与孝感取得了联系。说董永在东汉灵帝时从山东流寓此地只是宋后的附会之说。

《大明一统志》采取丹阳、孝感二籍并存的方式相照应，使这个故事与两地发生关系的时间先后难以明辨。但是，既然宋元话本已说董永为丹阳人了，则明代之前此说定已流行。虽说孝感县名出自五代(后唐)，但明人《万姓统谱》却说“自明以来，安陆与孝感，并有永祠墓”，则宋时孝感似无董永移籍之说。另外，若说曹植从山东将董永故事带到陈蔡，而干宝一直活动于江淮之间、建康、山阴一带，并未回过原籍，那么可以推断，此故事在东晋时已传播到长江下游一带。则丹阳籍先于孝感籍乎？

董永移籍丹阳后，甚至有了具体的村名：“润州丹阳县董槐村”。有人说：“根据各种刻本《孝感县志》，（孝感）所生树木，均以松柏榆槐为主也。”[①]所以认为董槐村原在孝感境内，也即认为孝感籍先于丹阳籍。笔者认为此说过于拘泥，非是。所谓“董槐村”之“槐”字应是唐代李公佐《南柯太守传》中那棵“大古槐”的“移植”[②]，只不过是喻示董永遇仙正如南柯一梦而已。这明显出自文人之手，在民间，它的意义却不为人所知。这棵本应很有故事的“槐荫树”后来在戏曲舞台上多少有些来历不明，它的象征意义没有得到充分发掘。

综上所述，董永的“籍贯”（暨董永遇仙故事的传播区域）唐宋之后，已演变为四：（一）千乘区，包括青州、博兴、临淄、济南、嘉祥、蒲州、河间等地；（二）蔡州区，包括陈、新蔡、平舆、汝宁（汝南）、竹山等地；（三）丹阳区，包括丹阳、句容、溧水、扬州、如皋、东台等地；（四）孝感区，包括孝感、安陆、京山、安乡、华容等地。

根据历史人物高昌侯董永的史实，虽然离故事发生时代越远的作

---

① 蒋星煜《天仙配故事流传的历史地理的考察》，《黄梅戏艺术》1986年第3期。

② 《南柯太守传》：“东平淳于棼……家住广陵郡东十里，所居宅南有大古槐一株，枝干修密，清阴数亩。”这句话中值得注意的不只是槐树意象，还有“广陵郡东十里”一句。按唐时广陵郡即今扬州市东北。李公佐曾任职扬州一带，正如曹植一样，乃就地取材，记下此故事：“公佐贞元十八年秋八月，自吴之洛，暂泊淮浦，偶觌淳于生棼，询访遗迹。”周绍良在《唐传奇笺证》（人民文学出版社，2000年5月版）中认为“棼”字误，当是“貌”字（即见到淳于棼的遗像）；又考曰：“淮浦，疑是地名，未查得。《诗·大雅·常武》：‘率彼淮浦，省此徐土。’《传》：‘浦，涯也’，依注意当指淮水入海处。”可知李公佐听说此故事之地当在江苏之江淮一带。也就是说，在此区域流传的南柯太守故事中有一大古槐，董永遇仙故事中附会董槐村之作者受此文或是当地古槐传说启发，将董永籍贯一并移至扬州附近的丹阳了。同理，则东台、如皋、溧水有董永墓又何足怪？《南柯太守传》又云：“又七月十六日，吾于孝感寺侍上真子听契玄法师讲《观音经》。”其中“孝感寺”也令人生疑，但周绍良认为“孝感寺待考”。另外，槐树意象之寓意在唐宋时方才定型，汉魏晋时，槐树与神仙还未沟通，所以说，“董槐村”必然是宋后的产物，也就是说丹阳籍当出现于宋以后。

者之记录越失真，但后起者根据民间传说的“满足原则”却无意中在故事结尾处回归了真实。高昌侯董永因孝行闻于乡里终被举荐为侯乃是此故事产生与传播的根本动因，但东汉时期及曹植、干宝的“神仙热”使之失去了这一真实的结尾。唐代以后，人们又还原了这一“史实”。敦煌《孝子传》残本即开其端：“天子征永，拜为御史大夫”，宋元话本中，“汉天子大喜，封董永为兵部尚书”；明杂剧竟然认为董永“父官运使，引年归家，寻亦弃世。贫无以殡葬……永持锦诣阙，诏擢‘进宝状元’”。这类结局在后代同题材的各种地方戏中更是踵事增华，很让人“过瘾”。这种结局与高昌侯董永的史实已相差不远。可见民间传说的“满足原则”是超时代的。董永故事在传播中虽因记录者（文人）的个人偏好而被改造，但经过漫长的民间损益之后，仍会某种程度地回复其原初的形态，因为在当初它之所以能形成一个传说，正是它包含了能让人“满足”的因素，当然它们各自的内涵与用意都只与自己的时代相关。

结论是，董永遇仙故事是以两汉之间的历史人物高昌侯董永行孝、封侯的史实为材料，杂糅东汉时期的神仙观念而形成的。后来又吸收了道家与佛家的因素，内容不断丰富。因后人不知它的历史渊源，所以在传播过程中，逐渐失真，终于成为一则只可用民间传说的产生与传播原则而不是历史观念才能理解的“故事”。而这恰恰显示了这个故事内在生命力的顽强和传播过程的生动性[①]。

可见，关于《董永与七仙女》邮票的“最佳首发地点”的争论是没有学术意义的，那只是一种文化—经济策略的炒作方式。因为这既然是一个民间传说，那它必然有广泛的传播区域，根据民间传说的“四原则”，每一次传播都会携带上当地的文化信息。即使是历史人物董永的籍贯博兴也不是“最佳”首发地点，因为忽视了其它地点如孝感、东台、丹阳、安庆等，董永与七仙女的故事就不可能形成和丰富起来，它就会缺少必要的内涵。而孝感、东台、丹阳的某些学者不顾历史史实，不懂传说原则，硬要说历史人物董永是当地人或到过其地的态度是不可取的。《董永与七仙女》故事中的董永已经从历史人物蜕变成了一个没有籍贯的传说人物，他不属于任何一个具体的地点与时代。就像七仙女没有籍贯、没有时代一样。处处都有女娲庙，处处都有观音寺，所以也不妨处处都有董永墓，这里的董永只不过是孝子的代名词。重要的是，我们应该考察历史人物董永是如何一步一步走向民间视野、最后演变成这样一个无籍贯的民间艺术形象的过程。

---

① 除前文注明外，本文在撰写过程中还参考了以下论著：汪国璠《东台的董永祠墓及其传说》，《新华日报》1956 年 12 月 10 日。赵景深《董永故事的演变》，载《敦煌变文论文集》下册，上海古籍出版社 1982 年版。陆洪非《黄梅戏源流》，安徽文艺出版社 1985 年版。何昌林《两千年来的董永故事》，《黄梅戏艺术》1984 年第 3 辑。班友书《有关〈天仙配〉演变二三事考》，《黄梅戏艺术》1985 年第 2 辑。赵志毅《董永传说起源东台说质疑》，载《中国民间传说论文集》，中国民间文艺出版社 1986 年版。张乘健《敦煌发现的〈董永变文〉浅探》，《文学遗产》1988 年第 3 期。董森《试论董永故事的形成和演变》，《民间文学论坛》1989 年 2 期。刘瑞明《论〈董永变文〉和田昆仑故事的传承关系》，《北京社会科学》1991 年第 4 期。班友书《董永遇仙传说和〈天仙配〉演变史考》，《谈一谈董永戏文佚曲的真伪》，载《黄梅戏古今纵横》，安徽文艺出版社 2000 年版。

笔者认为，只要是与《天仙配》故事形成有关的地点，都可分享这一文化资源，可以联合举办《董永与七仙女》邮票的首发式。孝文化中的积极因素是中国传统文化中的优良传统，今天仍然有它的现实意义，博兴与孝感就开展过评选“十大孝子”的活动。其实，董永与仙女的故事之所以传播两千年而不衰，其动力正是孝的内核。认清这个问题，我们的观念就不会那么狭隘，也就不会试图独揽这一文化资源而展开无谓的争论。

（原载《南京师大学报》社科版，2004年第1期。）

董永遇仙传说戏曲作品考述[1]

董永遇仙传说最早与戏曲结缘是在元代，并最终赖戏曲形式大扬于世，形成经典文本黄梅戏电影《天仙配》。宋话本《董永遇仙传》之后，至今没有发现这个故事进入明清小说视野的痕迹，它只向戏曲形式一边倒了。究其原因，主要有两方面值得考虑。

第一，这个故事所宣示的只是民俗理想，所以除了文人在笔记中偶一“实录”外，不能点燃他们的热情。除曹植将之写入诗歌《灵芝篇》，整个封建时代，文人在诗文中几乎从不咏及此事。笔者认为孝的道德身份与文人的艺术精神不相合拍，所以不能激起他们的诗情雅兴[2]；同时，这个故事中也不包含文人所崇尚的爱情模式，所以只有戏曲钟情于它就不难理解了。

第二，这个故事中包含着两层次的“戏的因素”能获得民俗理想的赞同。一是这个故事“看了有好处”，董永遇仙传说的戏曲模式其实是元明戏曲中非常流行的贫寒子弟“发迹变泰”模式的一个变种。它能满足底层贫者虚幻的理想（遇仙妻、续娶美妻、减工时、得官、得子等），也能宣扬地方乡绅乐善好施的美德，还能推动孝道在民间的传播。二是这个故事包含了许多“好看”的成分，如民间道教的人物

① 选择此篇作为本书的附录，意在为董永遇仙传说中“槐荫树”的故事来源提供背景知识。本文着眼于董永传说的传播平台。戏曲作品中“槐荫树”成为重要的象征事象，今存元明作品不是“槐荫会”，就是“槐荫别”。

② 纪永贵《董永遇仙故事的产生与演变》，《民族艺术》2000 年第 4 期。

与魔力、以树为媒的神奇（后来槐树还开口讲话）以及各种民俗现象等。正是因为董永遇仙传说中固有的和新生的“戏的因素”能被民间广泛地认可，所以董永戏自元代以来，从无到有、从少到多、从简单到复杂、从边缘到中心的发展过程都是这个因素在起作用。

一、元　曲

元曲中已知至少曾有过两部关于董永的戏。

（一）元南戏

钱南扬《宋元戏文辑佚》辑有六支佚曲，首曲名为《董秀才》，三、四、六皆题为《遇仙》，钱氏据此认为这组佚曲属《董秀才遇仙记》[①]。班友书先生已经论证，这组曲子的内容与董永遇仙故事无关[②]。但是从题名 “董秀才”“遇仙”的关目看，“它说明在元代确有董永遇仙的杂剧存在过，尽管全书已失传，各家曲录皆不载，但留下了这个散套（笔者按，指《雍熙乐府》卷一四中的一套“商调·集贤宾”），就是确证”[③]。其实，班先生说法不妥，这并不是一个杂剧，而是元代的一个戏文。“此戏在《九宫正始》《南词定律》《九宫大成》等曲谱中收有佚曲六支。《正始》作《董秀才》，注称‘元传奇’；《定

---

① 钱南扬《戏文概论·剧本第三·一篇总帐》：“曲谱所引宋元戏文，出于前书之外者，于《九宫正始》得六十八本”，其中有《董秀才遇仙记》，上海古籍出版社 1981 年版，第 80 页。

② 班友书《谈谈董永戏文佚曲的真伪》，《文学遗产》1995 年第 5 期

③ 班友书《黄梅戏古今纵横》，安徽文艺出版社 2000 年版，第 46-47 页。

律》《大成》俱题作《遇仙》。”[1]所以吴敢先生的《宋元南戏总目》（征求意见稿）也将之列在“元南戏”标目之下：“《董秀才遇仙记》，无名氏作。见《九宫正始》。残存6支曲。”[2]

（二）元杂剧

录在明代郭勋《雍熙乐府》卷一四中的一套“商调·集贤宾”是末本唱词。这个套曲虽然未点明与董永故事的关联，但内容确是董永路遇仙女的唱词，属于一个杂剧，而非独立存在的散套。班先生认为《辑佚》的六支曲子之名“董秀才”“遇仙”指的是拥有这套曲子的杂剧名称，此说没有任何根据，所以既然有两个出处，我们不妨暂将它们认作为二。严敦易《元剧斟疑》认为：“这本杂剧或许是庾吉甫《蕊珠宫》。”[3]

① 刘念兹《南戏新证》第六章《福建遗存宋元南戏剧目》，中华书局1986年版，第163页。

② 《南戏国际学术研讨会论文集》，中华书局2001年版，第414页。

③ 转引自陆洪非《物换星移几度秋——黄梅戏〈天仙配〉的演变》，载常丹琦编《名家论名剧》，首都师范大出版社1994年版，第304页。洪非先生接着说：“如果这一套曲，真是属于失传了的《蕊珠宫》，那么，董永遇仙传说在元初就演变为杂剧了。”此结论有些匆忙，因为《蕊珠宫》也许是演嫦娥戏的，见下注。

但《蕊珠宫》可能是写嫦娥的，与董永应不相干[①]。

《雍熙乐府》所载套曲的重要细部置换是将董永葬父写成了“葬母”：

【集贤宾】想双亲眼中血泪滴，撇这生分，子受孤恓。又无个枝连亲眷，那里有同气相识？你来时节带得忧来；回时节带得愁回。我做了个没投奔不着的坟墓鬼。这凄凉何限何期？感的这行人痛哭，更和着这客旅也伤悲。

【醋葫芦】我如今家业无，缺饮食，为无钱葬母卖了身躯。

董永思念双亲的模式与《董永变文》更加接近，与话本《董永遇仙传》则疏远。他说：“撇这生分，子受孤恓。又无个枝连亲眷，那里有同

---

① 《红楼梦》第八十五回：“众皆不识，只听外面人说‘这是新打的《蕊珠记》里的《冥升》。小旦扮的是嫦娥，前因堕落人寰，几乎给人为配，幸亏观音点化，他就未嫁而逝，此时升引月宫。不听见曲里头唱的：人间只道风情好，那知道秋月春花容易抛，几乎把广寒宫忘却了！’”注曰：“《蕊珠记》——未详。曹本《录鬼簿》《今乐考证》《曲录》录有元人庾天《秋月蕊珠记》。贾本《录鬼簿》《太和正音谱》《元曲选目》作《蕊珠宫》，但剧本已失传，《蕊珠记》或据此改编。”人民文学出版社，1982 年 3 月北京第 1 版，1988 年 5 月湖北第 1 次印刷，第 1227 页。笔者按，庾吉甫字天锡，又作天福，但《红楼梦》注为“庾天”，显然讹误。不过它提供的情节实在珍贵，虽是出于后四十回，但该书首刻于公元 1791 年，可知乾隆年间《红楼梦》原作者或续书作者也许是见过此剧的。但徐扶明认为：“明清两代戏曲剧目中，尚未见有《蕊珠宫》。《红楼梦》演《蕊珠宫》，乃是作者杜撰的，暗示林黛玉不婚而逝，超脱升天。对此，高鹗在这回书里有交待：‘及至第三出，众皆不知，听见外面人说，这是新打的。’说穿了，是高鹗新打的。”《红楼梦与戏曲比较研究》，上海古籍出版社，1984 年 12 月，第 74 页。笔者不能同意此说，一是，认为今存明清剧目没有著录的戏，当时这个剧就已经不在了，此说过于武断；二是所谓“新打的”“众皆不识”，目的在于引起剧中人的注意。类似的例子如《红楼梦》第 54 回，薛姨妈笑道：“戏也看过几百班，从没见用箫管的。”贾母道：“也有，只是方才《西楼·楚江晴》一支，多有小生吹箫和的。”难道说薛姨妈是聋子吗？是曹雪芹最先让箫管入戏的吗？

气相识？”这似从变文“自叹福薄无兄弟，眼中流泪数千行。为缘多生无姊妹，亦无知识与亲房”之语所化出。后几句更是对变文的改写：“见此骨肉声哽咽，号啕大哭是寻常。六亲今日来相送，随车直至墓边旁。一切掩埋总以毕，董永哭泣阿爷娘。”董永在遇见仙女前的悲伤之情与话本的情节完全不同，可知杂剧《董永遇仙记》似应产生于变文之后、话本之前。

二、明传奇

明代传奇至少有三种搬演过董永故事。

（一）心一子《遇仙记》

吕天成《曲品》将之列入“新传奇品”的“下中品”：“心一子，所著传奇一本。《遇仙》，董永事，词亦不俗，此非弋阳所演者。”[①] 祁彪佳《远山堂曲品》列入“能品”：“填词打局，皆人意想所必到者。然语不荒，调不失，境不恶，以此列于词场，亦莫愧矣。”[②]从二人对《遇仙记》“词”的评判则可断明此剧与胡应麟所见[③]盖非其一，且还可推知另有一本“弋阳所演”的董永曲目。此剧今已佚，但在清中叶还

① 《中国古典戏曲论著集成》（六），中国戏剧出版社 1980 年版，第 244 页。

② 《中国古典戏曲论著集成》（六），中国戏剧出版社 1980 年版，第 54 页。

③ 明胡应麟《少室山房笔丛》：“今传奇有所谓董永者，词极鄙陋。”谢肇淛《五杂俎》批评胡应麟说：“胡元瑞曰：‘凡传奇以戏文为称也，无往而非戏也，故其事欲谬悠而无根也；其名欲颠倒而亡实也。故曲欲熟，而命以生也；归宜夜，而命以旦也；开场始事，而命以末也；涂污不洁，而名以净也。凡以颠倒其名也。’此语可谓先得我心矣。然元瑞既知为戏一语道尽，而於琵琶、西厢、董永、关云长等事，又娓娓引证，辩论不休，岂胸中技痒耶？”中华书局 1959 年版，第 448 页。可知胡氏确曾见过有关董永的传奇。

存于世间。

《扬州画舫录》卷五：

黄文晹著有《曲海》二十卷。今录其序目云：乾隆辛丑间，奉旨修改古今词曲。予受盐使者聘，得与修改之列，兼总校苏州织造进呈词曲。因得以尽阅古今杂剧传奇，阅一年事竣。追忆其盛，拟将古今作者各撮其关目大概，勒成一书。既成，为总目一卷，以记其人之姓氏[①]。

在这个“总目”下有“《遇仙》，杭州心一子作”，后面还有“《玉钗》，陆江楼作”。郑振铎《插图本中国文学史》：“陆江楼，号心一山人，杭州人。著《玉钗记》，叙何文秀修行，历经苦难事，和无名氏《观世音香山记》同为很伟大的宗教剧。”[②]其说法很可疑。《远山堂曲品》“具品”中记有两种《玉钗记》，一为“□□□心一山人”作，演“何文秀初为游冶少年，后来备尝诸苦”事；一为“陆□□江楼”作，“记蒯刚谋占紫芝园事，展转计陷，阅之如嚼蜡。”[③]两《玉钗》显然非为一作，郑氏已将两《玉钗》张冠李戴，更将二“心一”混为一人。二人非一人，心一山人也未必就是心一子。而无名氏二卷本《传奇汇考标目》第73条却说：“陆江楼，名里未详。《玉钗》。李元璧忠节事。”校勘记曰：“别本第一百二十九条，陆江楼，杭州人。”[④]“别本”之说混淆二人为一人，当是郑氏说法之源头。“或谓心一子即苏眉山，《梦境记》作者苏元儁之父。然《康熙沙县志》苏眉山传云：‘晚号心一’。

① 清李斗《扬州画舫录》，中华书局1997年版，第111页。

② 郑振铎《插图本中国文学史》，北京出版社2001年版，第898页。

③ 《中国古典戏曲论著集成》（六），第100页。

④ 《中国古典戏曲论著集成》（七），第213、265页。

此心一是否就是《遇仙》作者心一子，尚有疑问。”[①]

李斗所记黄文暘《曲海》中所列剧目，按说是黄文暘于乾隆间“尽阅”过的，包括心一子的《遇仙》，当时当然仍存于纸墨间。此剧还见于常附于吕天成《曲品》和清高奕（生平不详）《新传奇品》之后的《古人传奇目录》中，写作“《遇仙》，心一子作。董永事”[②]。清梁廷枏（1795-1861）《曲话》卷1也录有“心一子作《遇仙》”的名目[③]。清道光间人支丰宜《曲目新编》在“明人传奇”中仍录有“《遇仙》，杭州心一子作”[④]，此书是据《扬州画舫录》中黄文暘《曲海》目录所编补的，所以道光间《遇仙》是否存世，支丰宜是否见过该剧本，则不可知也。无名氏二卷本《传奇汇考标目》第68条也录有：“心一子。《遇仙》。董永事。”则肯定只知其目而未见其实[⑤]。

（二）顾觉宇《织锦记》

《曲海总目提要》卷二五“织锦记”：

> 一名《天仙记》。按，本剧又名《织绢记》及《卖身记》。据刊本，系梨园顾觉宇撰。按，顾觉宇，明末人，字里待考，另改订有《跃鲤记》《绨袍记》。演汉董永行孝鬻身路遇织女事，以仙女织锦偿佣直，故以为名。姓名关目，多系增饰。至以董仲舒为永子，系仙女所生，且云仲舒名祀。仲舒前汉人，祀后汉人，相去悬绝，合而为一。又引严君平导仲舒认母，仙女怒其泄漏天机，焚严易卦阴阳等书。荒唐太甚耳。

① 齐森华等《中国曲学大辞典》“《遇仙记》”条，第419页。
② 《中国古典戏曲论著集成》（六），第282页。
③ 《中国古典戏曲论著集成》（八），第242页。
④ 《中国古典戏曲论著集成》（九），第151页。
⑤ 《中国古典戏曲论著集成》（七），第212页。

略云：董永字延年，润州丹阳县董槐村人。母早背，父官运使，引年归家，寻亦弃世。贫无以殡葬，乃自鬻于府尹傅华家为佣。华居林下，素好善，怜永孝，周给之。永持银归，太白星以永孝行，奏闻上帝。帝察织女七姑，与永有夙缘，令降凡百日，助偿佣值。及永诣傅，道遇仙女于槐荫。仙女给以丧偶无依，愿为永室，永坚拒之。太白星化作老叟，力相怂恿，又使槐树应声，为之媒妁。永谓天遣，遂偕诣傅。仙女自克昼夜织锦十匹，傅不之信，多与丝以试之，众仙女皆助织。及明，十锦皆就，五色灿然。傅乃大异，待永以宾礼。傅女赛金与仙女最契。傅子狡黠，欲戏仙女，仙女用掌雷惊之。百日期满，仙女与永辞傅，令永持所织龙凤锦献于朝，曰"功名由此"。复示锦内之诗曰："傅女为姻亦由此。"遂乘云而去，永以情造傅，傅知其孝心所感，即以女妻之。永持锦诣阙，诏擢"进宝状元"。及游街，仙女抱一子送永，遂不见。永取名曰"祀"，字曰"仲舒"，稍长，颖悟绝伦。人或诮其无母，永叩严君平。君平教以七月七夕往太白山，俟有七女过，第七衣黄者即母也。如所教，果见其母。与葫芦三枚，云授若父二枚，一授君平。祀归，以葫芦遗君平，中忽吐焰，焚其所秘阴阳等书，怒君平泄天机也。

除此提要外，此剧明清各论著很少著录。祁彪佳《远山堂曲品》"杂调"：

《织锦》，顾觉宇。《搜神记》称："董永父亡无以葬，乃自卖为奴。主知其贤，与钱千万，遣之。永行，三年丧毕，欲还诣主奴职。道逢一妇人曰：'愿为子妻。'遂与俱至主家。曰：‘永虽小人，蒙君恩德，誓当服勤以报。’主曰：‘妇人何能？’曰：‘能织。’主曰：‘必尔者，但令君妇为我织百缣。’于是永妻织十日，而百缣具焉。”阅此，知遇仙之非诬也。但以仲舒为永子，则谬也[①]。

吕天成《曲品》说心一子《遇仙》“此非弋阳所演者”，“弋阳所演者”当指此，《织锦记》即属“杂调”，无非弋阳诸腔。胡应麟《少室山房笔丛》：“今传奇有所谓董永者，词极鄙陋。”但其他情节一概莫知。

庄一拂《古典戏曲存目汇考》：

顾觉宇：未详其字里，仅知其为艺人，亦元赵文敬、张国宾之流。

《织绵记》：《曲录》著录。《曲录》据《传奇汇考》[②]著录之，误顾氏为清人。《曲海总目提要》有此本，云：（略）。此种刊本，惜今未传。按：本事出《搜神记》，心一子《遇仙记》传奇亦演此事。明刊《尧天乐》等曲选存《槐阴分别》一折，易题《槐阴记》，当系出目而误。《万曲长春》选入《仙姬天街重会》一折，易题《织绢记》及《卖身记》，则尤为妄谬。宋元戏文有《董秀才遇仙记》题材同。清人据此剧编有《董

① 《中国古典戏曲论著集成》（六），第122页。

② 王国维《曲录》中所谓“右见《传奇汇考》”云云，往往并不是根据今所见无名氏八卷本《传奇汇考》，而是根据无名氏二卷本《传奇汇考标目》。“王国维所见的《传奇汇考标目》，可能是一个有些残缺的本子，所以有的地方还有遗漏。”参见《中国古典戏曲论著集成》（七），第191页。但查《汇考》和《汇考标目》均未见《织锦记》信息。

永卖身张七姐下凡槐阴记》弹词[①]。

《提要》认为董永之子演为董仲舒是“荒唐太甚耳”，以史学眼光看还可以理解，但庄先生认为《织锦记》“易题《织绢记》及《卖身记》，则尤为妄谬”，却不知何意。一个剧目演成多名，是完全符合动态传播实情的，尤其能说明该剧目演出之盛况和传播之广远，岂能以案头文学衡量之，何来“妄谬”之说？

明末戏曲选本偶录董永传奇的片断，笔者所见各选刊之单出如下[②]。

① 庄一拂编著《古典戏曲存目汇考》，上海古籍出版社 1982 年版，第 1090-1091 页。

② 所列散出，笔者目见者如下：《八能奏锦》（第 5 册卷六下层）《乐府菁华》（第 1 册卷三上层）《大明春》（第 6 册卷五下层）《尧天乐》（第 8 册卷一下层）《时调青昆》（第 9 册卷二下层）见于王秋桂《善本戏曲丛刊》。《群音类选》见于《续修四库全书》第 1777 册（“诸腔”卷二下层）。《乐府玉树英》（目录卷三上层有《织绢记·槐阴分别》，但正文部分散佚）、《乐府万象新》（卷二上层，第 172-185 页）见于《海外孤本晚明戏剧选集三种》，上海古籍出版社，1993 年 6 月。末三种笔者未见原本，不能确定是否可靠，待查。所说出自：《万曲合选》条引自杜颖陶《董永沉香合集》第 16 页；《万锦清音》条引自杜书第 23 页；《万壑清音》条引自《中国曲学大辞典》“《织锦记》”条。班友书《黄梅戏古今纵横》第 28 页列表以为《缠头百练》中有《卖身记·送子》一出；郎净论文第 54 页引《中国曲学大辞曲》“顾觉宇”条，也称《缠头百练》选了《送子》，但《中国曲学大辞典》第 131 页“顾觉宇”条并没有这个信息。此说其实见于该书第 353 页“《织锦记》”条，浙江教育出版社 1997 年版。但查王秋桂《善本戏曲丛刊》（第 19-20 册）和《续修四库全书》（第 1779 册）中的《新镌出像点板缠头百练二集》（即《新镌出像点板怡春景锦》，明冲和居士编，明末刻本），均无此出，恐是误记。

书名	剧名	散出
《新锲梨园摘锦乐府菁华》	《织绢记》	槐阴分别
《鼎镌昆池新调乐府八能奏锦》	《织锦记》	董永槐阴分别
《鼎锲徽池雅调南北官腔乐府点板曲响大明春》	《织绢记》	仙姬天街重会
《新锓天下时尚南北新声尧天乐》	《槐阴记》	仙姬槐阴别永
《新选南北乐府时调青昆》	《织绢记》	槐阴分别
《新刻群音类选》	《织绵记》	董永遇仙
《新刻群音类选》	《织绵记》	槐阴分别
《新镌精选古今乐府滚调新词玉树英》	《织绢记》	槐阴分别
《梨园会选古今传奇滚调新词乐府万象新》	《织绢记》	槐阴分别
《新镌南北时尚乐府雅调万曲合选》	《织锦记》	槐阴相会
《新镌南北时尚乐府雅调万曲合选》	《织锦记》	槐阴分别
《方来馆合选古今传奇万锦清音》	《卖身记》	槐阴分别
《新镌出像点板北调万壑清音》	?	槐阴分别

这些选本都冠以“时调”“徽池雅调”“南北乐府”“滚调新词”“昆池新调”“官腔”等名目，当时选本另有直接点出腔调者如《新刻京版青阳时调词林一枝》《新镌汇选辨真昆山点板乐府名词》《新刻出像点板时尚昆腔杂曲醉怡情》《新镌南北时尚青昆合选乐府歌舞台》《新刻精选南北时尚昆弋雅调》（清顺治选本）等。可知所选曲目涉及当

时流行的弋阳腔、昆山腔、青阳腔（滚调）等，其中以青阳腔最多[①]。但是所选董永戏只是散出，内容不完整，与《曲海总目提要》中《织锦记》全剧提要难以比合。再说它们都符合“词极鄙陋”的特征，所以不能分清哪些是选自顾觉宇《织绵记》（弋阳腔），哪些是属于青阳腔《槐阴记》。班友书先生认为“槐阴分别”戏全属青阳腔，怀疑只有《群音类选》中“董永遇仙”属《织锦记》系统[②]。

（三）青阳腔《槐阴记》

因《八能奏锦》等戏曲选本均为明万历年间编定，则上表中属“徽池雅调”等董永戏也明显产生于明末万历之前或其时。其故事情节对清以后董永戏的影响是非常直接的，它的情节模式与唱词系统甚至可以在近代黄梅戏里找到浓重的影子。青阳腔已将董永戏的重心置放于“槐阴别”一场上，这场戏在顾氏《织锦记》的提要中并不突出，但在后来各地方戏尤其是黄梅戏中却是经典场次了。然而，今天已不能见到一部完整的青阳腔董永戏，所以这些散曲就显得弥足珍贵。

---

① 钱南扬《戏文概论》在论及“余姚腔在江苏的下落无考，在安徽的发展成为青阳腔”时，引《玉茗堂文集》卷 7《宜黄县戏神清源师庙记》：“至嘉靖而弋阳之调绝，变为乐平，为徽青阳。”又引王骥德《曲律》论腔调第十云：“今则石台、太平梨园，几遍天下，苏州（昆山腔）不能与角十之二三。其声淫哇妖靡，不分调名，亦无板眼。”钱氏认为：“《曲律》的话，大都不符事实，惟‘几遍天下’，确是实情。现在先来看看万历 (1573-1620) 以来刻行的一批青阳腔选本。（书名略）。这里《尧天乐》《徽池雅调》《词林一枝》《大明春》等，都是福建书林所刻。”上海古籍出版社 1981 年版，第 60-61 页。

② 班友书《黄梅戏古今纵横》，第 28 页。

三、清代以来的地方戏曲

明末的戏曲选本在清初仍有广泛的影响，尚有众多翻刻本及新选本出现。所以在民间，“槐阴分别”的单出一定会有演出市场。清代乾隆以后，花雅分立，各种地方戏和地方曲艺纷纷兴起。从清末民国时期来看，《天仙配》的演出情况的重要特征是，各剧种争相移植董永故事，并有相应的情节调整和内容侧重。同时各剧种又形成自己称呼该剧的专名。从情节上看，有一点是一致的，地方戏董永故事都受到自顾觉宇《织锦记》及青阳腔《槐阴记》的直接传承，也就是说，它的情节模式的源头其实可以追溯到宋元话本。但曲艺类情节的随意性较大，多与传统模式不相合，当是受到民间口头传说的影响更直接，于是就地取材，随时成篇，终致面目各异，尤其具浓郁的地方语境。

在明代传奇《遇仙记》《织锦记》《织绢记》《槐阴记》《卖身记》等名之外，根据内容侧重和单出情节，又有很多别名，略如[①]：

名称	流传地点及剧种
《上天梯》（续集《双麒麟》）	湖南辰河高腔
《董永借银》《卖身葬父》	湖北麻城高腔
《仙姬记》	江西都昌、湖口青阳腔
《天星配》《上工织绢》《分别归天》《送子》《训子》	安徽岳西高腔

① 本表参考了班友书《黄梅戏古今纵横》第30页和郎净《董永故事的展演及其文化结构》（华东师范大学文艺民俗学专业2002年博士学位答辩论文，未刊本），第111-129页。

《百日缘》《董永卖身》	楚剧
《天仙配》	黄梅戏、秦腔 5 等
《七仙姬落凡》	河北罗罗腔（道光间）
《七仙女下凡》	河北罗罗腔笛子调
《张七姐落凡》	河北北词小夹调
《槐阴树》	山西蒲剧
《董永哭街》	山西道情
《仙女配长工》	安徽东至、宿松
《董永》《董永与七仙女》	福建梨园戏 6
《七姐下凡》	江西南昌采茶戏
《天仙送子》	山东柳子戏
《织黄绫》	山东二夹弦、河南豫剧 7
《孝感天姬》	湖北柳子戏
《仙姬送子》	湖南武陵戏
《七仙女》	湖南傩堂戏
《大下凡》	衡阳花鼓戏
《董永挖银》	广西鹿儿戏
《槐阴媒》	陕西道情戏
《槐树媒》	陕西商洛花鼓

别名还有不少，以上各名之下虽只记一个剧种，但并不说明其他

剧种就没有这个名称。有的如《天仙配》《七姐下凡》之名可见于全国数十个剧种。这些异名虽然内容相差无几，却可以说明民间对它重塑与传播的热情。不过民间戏曲大多在社会底层活动，同时也没有固定一统的文本使之规范化，所以丰富的民间戏曲资源并没有一部完整清晰的清单。当我们说到清代至民国的董永戏时，我们的视野十分模糊，只能根据留存下来的有限戏曲剧本和后来仍然活跃于民间的地方戏演出情况以及老艺人的有限回忆，去清理这个较长时期的董永戏的发展情况。但这些名称之下的董永戏到底在时间上具体属于哪个时段实在难以辨清，所以最终还是一笔糊涂账。

最早从文献上辑录董永戏的是杜颖陶，他在 20 世纪上半叶就开始搜集此类剧本，辑成《董永沉香合集》[①]一书，于 1955 年和 1957 年两次出版发行。该书包括地方曲艺和地方戏两类，共收十部董永剧作，其中一种是敦煌变文，一种是元杂剧散套，两种是明传奇散出，其余是清代以后的。四种是曲艺类，只有两种是地方戏。另有四支民间小曲：《劈破玉》《寄生草》《岔曲》《背工》。

剧名	文体	版本
《董永行孝变文》	变文	据郑振铎《中国文学史·中世卷》及《中国俗文学史》
《董永遇仙记》	杂剧	明嘉靖间刊本《雍熙乐府》卷十四
《织锦记》	传奇	明奎壁斋刊本《新镌南北时尚乐府雅调万曲选》

① 杜颖陶《董永沉香合集》，上海出版公司 1955 年版，上海古典文学出版社 1957 年再版。作为“新编民间传说故事”的一种，立波编著《天仙配》，江苏古籍出版社 2000 年版。该书在文献上只增录了杜书未收的《董永遇仙传》一篇，其余全同，并且所据版本也完全一致。

《卖身记》	传奇	顺治辛丑（1661 年）刊本《万锦清音》
《小董永卖身宝卷》	宝卷	上海惜阴书局石印本
《张七姐下凡槐阴记》	挽歌	清末湖南益阳头堡姚文元堂刊本及湖南中湘九总黄三元堂刊本（黄刊本题：《董永行孝张七姐下凡雀（鹊）桥会》）
《大孝记》	评讲	清末云南焕文堂刊本、鑫文书局石印本，四川清末铜邑森隆堂刊本、旧抄本。
《董永卖身张七姐下凡织锦槐阴记》	弹词	上海槐荫山房及元昌印书馆石印本
《董永卖身天仙配》	黄梅戏	安庆坤记书局刊本、高河埠顺义堂刊本
《槐阴会》（原题《槐容会》或《华容会》）	湖南花鼓	清末湖南益阳头堡文元堂刊本

车锡伦《中国宝卷总目》记有 8 种版本的《董永卖身宝卷》（含《董永沉香合集》中一种），两种版本的《天仙配宝卷》和一种《路结成亲宝卷一种》目录[①]。

解放后各地方剧种都编有自己的《剧目汇编》，所收《天仙配》剧本十分庞杂，其中黄梅戏改编本《天仙配》传播最广、影响最大。安徽省文化局剧目研究室 1958 年 1 月所编《安徽省黄梅戏传统剧目汇编》（安庆市文化局 1998 年 1 月重印）第四册曾收录所老艺人胡玉庭口述本《天仙配》（安庆坤记书局刻本校订）——这是黄梅戏老本。1954 年 9 月，《天仙配》参加了华东区戏曲观摩演出大会取得成功后，由陆洪非先生改编的（也参考了班友书先生此前改编的《路遇》一折

① 郎净论文《董永故事的展演及其文化结构》第 141 页。郎净将民国四川源记书庄刊本《柳荫记宝卷》一册也记在董永故事名下，误，应是梁祝故事。

和对全剧的改革框架）《天仙配》获剧本一等奖。该剧本“先后由安徽人民出版社、上海文化出版社、新文艺出版社、中国戏剧出版社出版单行本，并收入《安徽戏曲选集》《安徽戏剧选》《华东地方戏曲丛刊》《华东区戏曲观摩演出大会剧本选集》《中国地方戏曲集成·安徽卷》”[①]。这个本子虽然只是黄梅戏一家的演出本，但是它却是一个全新的剧本，当时许多剧种都是根据这个本子移植了《天仙配》。

新本《天仙配》问世之后，它本身也处在不断的修改之中：“《天仙配》拍成电影后，舞台剧作了一次修改；81年赴香港演出又作了一次修改；至于这其中大大小小、反反复复的改动更难以精确统计。”[②]同时，因为其悲剧结局不能满足民俗心理，所以各种续编本也层出不穷。陆洪非先生说：“‘文化大革命’后，这出戏又重见天日。广大观众看到它既高兴又不满足，急切希望七仙女下凡与董永团聚……一时间，《天仙配》的续集像雨后春笋那样破土而出，有《七仙女二下凡》《三下槐荫》等等，仅我读到的就有三十多种（其中有的还搬上了舞台和银幕）。”[③]20世纪80年代还出现过《天仙配·下集》[④]。这些续集都让董永遇仙故事有了圆满的结局，但它们很快都淹没在新本《天仙配》电影的巨大影响之下。进入90年代后，还出现过四集黄梅戏电视连续剧《七仙女与董永》。

2003年9月为配合“首届中国滨州·博兴国际小戏艺术暨董永文

---

① 陆洪非《物换星移几度秋——黄梅戏〈天仙配〉的演变》，载常丹琦编《名家论名剧》，首都师范大出版社1994年版，第299页。

② 金芝《剧目建设与戏曲振兴——从黄梅戏剧目创作与演出谈起》，《艺术百家》1995第3期。

③ 陆洪非《物换星移几度秋——黄梅戏〈天仙配〉的演变》，第317页。

④ 飞舟《关于〈天仙配〉下集的通讯》，《河北戏剧》1982年7月。

化旅游节”的举办，由李建业、董金艳主编齐鲁书社出版的《董永与孝文化·艺文篇》除了收录以上董永故事的戏曲作品（含明刊选段）外，还收录了湖南花鼓戏《槐阴会》、浙江婺剧《槐荫树》《槐荫分别》、湖北楚剧《天仙配》《百日缘》、四川灯戏《槐荫配》、安徽黄梅戏老艺人口述本《天仙配》、黄梅戏电视剧《七仙女与董永》（《续天仙配》）、京剧《董永》、吕剧《圣贤楼》等剧本。这是目前所见收录董永遇仙传说剧本最多的集子。

（原载《戏曲研究》2004年第3期。）

黄梅戏《天仙配》的改编与影响[①]

一、《天仙配》归属黄梅戏

《天仙配》成为黄梅戏的代表作之前，它在黄梅戏的剧本库中并不具有特别显要的地位，同时它也不是黄梅戏的专利。

黄梅戏早在清代形成时期的黄梅采茶调时就流传着“大戏三十六，小戏七十二”的说法，实际上，今天所见黄梅戏传统剧目有近二百个之多[②]，而《天仙配》只居其一，并非特别显眼。因为内容是承续青阳腔《槐阴记》而来，其中的“孝感”色彩依然很浓，因而严凤英在解放前主演该剧时，总是提不起精神，她说：“演老《天仙配》时，我很为难，《路遇》里唱腔不多，这还不在话下，到底这个七仙

① 选择此篇作为本书的附录，意在为董永遇仙传说中“槐荫树”的故事来源提供背景知识。本文着眼于董永传说情节在近代的改定，删减的要素很多，但槐荫树一直作为核心事象保存着。

② 参见《安徽省黄梅戏传统剧目汇编·黄梅戏简介》，安徽省文化局剧目研究室 1958 年 1 月编，安庆市文化局 1998 年 1 月重印（内部资料）。又据金芝《剧目建设与戏曲振兴——从黄梅戏剧目创作与演出谈起》统计：“从黄梅剧院现存的剧目档案资料中，我们对其舞台演出剧目（不含未在舞台上演的电影、电视、广播剧等）作了一个粗略的统计：42 年来，约计演出了大小 360 个剧目，其中现代题材约 160 个，古代题材约 200 个。”《艺术百家》1995 第 3 期。

女下凡来是干什么的呢……为了糊口，我唱也唱，心里却不喜欢。”[①]可见那时候《天仙配》只能算是黄梅戏的一个备选剧目。

而民国时期甚至上溯至清代，《天仙配》在其他剧种中也是常演剧目之一。略如[②]：

河北罗罗腔之新颖调剧目《七仙女落凡》，约为道光年间演出。

河北威县一带的乱弹剧目《天仙配》，可能于清咸丰年间演出。

浙江婺剧现存完整全本《槐阴树》。

安徽岳西高腔《槐阴记》现存四个单出的抄本。

福建闽北四平戏《董永》为清初常演剧目。

闽南四平戏《槐阴分别》为光绪年间常演目。

莆仙戏《董永》为同治年间演出目。

江西南昌采茶戏《七姐下凡》为乾隆年间“三角班”之“十三本”之一。

山东梆子《天仙配》，为山东省戏曲研究室整理的437种抄本之一。

山东东路梆子《槐阴记》为清末民初济南三合班四部戏单所载剧目之一。

河南豫剧《织黄绫》，清末民初常演。

广东粤西白戏《董永卖身》，清代常演。

---

① 严凤英《我演七仙女》，《中国电影》1956年第3期。

② 参见郎净《董永故事的展演及其文化结构》，华东师范大学文艺民俗学专业2002年博士学位答辩论文（未刊本），第111-129页。

广西壮剧《董永卖身葬父》，道光四年北路壮戏班仁和班常演剧目。

贵州傩堂戏《七仙女》，为傩堂大戏。

甘肃文化艺术研究所存光绪二十四年四月的手抄本《槐阴树》。

上海百代和胜利公司1936-1937年灌制的唱片与盒式磁带《滇剧大观》中有云南滇剧演员汪润泉主唱《槐阴分别》。

海南琼剧员金公仔于道光十五年随"琼剧梨园班"应邀到越南西贡为琼籍侨胞演出《槐阴记》等剧目。

也就是说，有关《天仙配》的剧目是明代地方声腔形成以来各地方声腔、剧种的共享戏曲资源。只是到了解放后《天仙配》才与黄梅戏结下不解之缘。在黄梅戏对《天仙配》进行改编打磨之时，其他剧种也有与之分头并进做同一工作的。如1952年湖北武汉市戏曲节目审定委员会修改《百日缘》，同年参加中南区戏曲观摩会演（李雅樵饰董永，关肃彬饰七姐。获优秀剧目奖，李、关获个人奖状）。此剧随后被推荐参加了全国第一届戏曲观摩会演，李、关获表演三等奖。而这一次黄梅戏因名声不大，并未接到全国第一届戏曲观摩会演的邀请。

同是1952年，黄梅戏由班友书先生整理了《天仙配》中《路遇》一折，准备参加华东地区戏曲会演，当年11月应邀到上海演出。1953年，陆洪非先生改编了《天仙配》全剧，10月正式公演。班友书还专门写了一篇剧评《整理后的黄梅戏天仙配》，发表于1953年11月25日《安徽日报》上。1954年9月，《天仙配》参加了华东区戏曲观摩演出大会。这次演出取得了巨大成功，可以说黄梅戏在外省甚至全国露脸就一炮打响这是第一次，因此将《天仙配》写进了黄梅戏最辉煌的史册，严凤英个人也因之扬名于世。于是才有了1955年上海海燕电影制片厂将之摄成电影之事（石挥导演）。1956年3月，黄梅戏电影《天仙配》在全国上映，立即引起了强烈的轰动效应。1957年4月，因之获文化部颁发的1949-1955年度优秀影片奖。同时，《天仙配》也很快在港台甚至国外引发了一场可观的票房大收成。从此之后，人们在观念中不期然而形成了一个等式："黄梅戏 =《天仙配》= 严凤英"。在20世纪90年代，因《天仙配》唱片发行量超过一百万张，严凤英"获得"了"金唱片奖"。至于今日，几乎所有30岁以上的中国公民，几乎没有不知道严凤英的，没有未听过《天仙配》（或"满工对唱"）唱段的；没有哪一个戏曲音像商店没有《天仙配》磁带或光盘出售的。

谈到《天仙配》电影的影响，谢柏梁先生说：

> 从舞台演出到电影放映，《天》剧成为国内外最受欢迎、最具影响的剧目之一。仅就电影而言，据中国电影发行总公司的统计，从1956年到1959年的四年中，该片在海外各国就拥有了约三百万热心观众，在中国大陆共计有1.43亿《天》剧影迷。从戈壁沙漠的小镇到繁华市井的港台，人们无不为此剧的艺术魅力所充分感动，港台地区还因此涌现了一大批黄梅戏歌星和黄梅戏古装片，成为领导潮流的流行文化。著名的邵氏电影公司从60年代到80年代所拍电影中，就有八成制作是黄梅调电影。新时期以来，《天》剧电影又在全国各地恢复上映，再度掀起了几代人竞相观看的热潮[①]。

总之，自1952年之后，《天仙配》已经成为黄梅戏的保留曲目，

---

① 谢柏梁《南方名剧·四美情缘：黄梅戏〈天仙配〉、梨园戏〈陈三五娘〉、潮剧〈苏六娘〉、彩调〈刘三姐〉》，《黄梅戏艺术》1994年第2辑。

其他所有剧种舞台的同题戏都相形失色了。在解放后涌现的众多戏曲电影中，从现在仍然存在的影响力和艺术魅力来看，只有越剧《梁山伯与祝英台》可以与《天仙配》合称为“艺术双璧”；但是就演出者而言，严凤英的不幸遭遇和独特唱腔使她更具有影响力，这是不可否认的事实。从传说的角度来说，董永遇仙传说与梁祝传说在当前市场经济的时代都产生了巨大的文化折射力——2002 年 10 月 26 日，中国邮政局发行了《董永与七仙女》邮票（五枚），2003 年 10 月 18 日中国邮政局也发行了《梁山伯与祝英台》邮票（五枚）。前者引发了董永故里之争和邮票首发地点之争；后者不仅引起故里之争，还引发了浙江宁波与江苏宜兴就“梁祝文化”申报联合国“世界口头与非物质文化遗产”的热烈争论。

二、黄梅戏对《天仙配》的改编

黄梅戏对《天仙配》的改编是一个复杂的系统工程，是在特定历史条件和艺术原则指导下集体完成的。所以时至 2000 年，在《黄梅戏艺术》杂志上，还发生过由当年改编当事人参加的一次关于黄梅戏《天仙配》改编问题的争论与回顾[①]。经过争论，历史得以还原，事实更加清晰。

黄梅戏对《天仙配》进行改编之前，不管有多少个剧种在搬演这

① 《黄梅戏艺术》2000 年第 2 辑上发表有陆洪非《〈天仙配〉的来龙去脉》，王兆乾《〈天仙配〉和〈女附马〉的发掘和改编：答陈荣升同志》；第 3 辑上发表有班友书《也谈〈天仙配〉的来龙去脉：从青阳腔到黄梅戏，没有绝对的作者》、郑立松《对〈天仙配〉的一些回忆》。

个故事，也不管各剧种之间在这部戏的情节上的差异有多大，但是董永遇仙传说的结构模式仍然停留在唐宋以来即已定型的“孝感—遇仙—分别—得官—送子—寻母”之上，若是短出单折，也不过是截取其中一段而已，任何细部的不同都不能掩盖它们在结构模式上的同一性。黄梅戏的改编成果正是体现在对传统模式的突破、对民间传统进行的意识形态改造和艺术改造等方面。经过黄梅戏的过滤之后，流传近两千年的董永遇仙传说的结构模式终于以政治和艺术的名义被定于一端，这次改编甚至扼杀了传说再生殖的能力。

（一）从“孝感”模式到“情感”模式

在“旧传说时代”（即汉魏晋时期），传说中董永与织女之间的关系尚有仙凡之隔的鸿沟，还没有一种因素可以让他们牢固地粘合在一起，所以织女只是一个使者、一个过客。仙女下凡的任务也过于明确，在故事中，男女二者只是以夫妻的名义来共谋一个“偿债”目的。于是当人们领会了道德的魔力后，却对这对夫妻之间的漠然相处感到不满，于是男女之间的自然法则（与之对应的是社会法则——婚姻关系、道德报应和履行指令）“情”的因素也就潜滋暗长起来。

到“新传说时代”（即唐宋时期），受众对董永遇仙传说的热情尽管徘徊在宗教关怀之上，可是故事语境的世俗化倾向却加剧了传说向人情方面的倾斜。这固然是为了受众的满足情怀，但却带来了两个直接的后果。一方面，口承故事与现实共生干预的特征缩短了叙事语境与受众之间的距离，也就是说，大家听到的董永故事就像发生在自己的邻居身上，甚至就像是自己的故事一般，历史的距离和心理的距离都被最大限度地压缩；另一方面，故事在满足听讲者的趣味追求之时，情节的曲折回环和叙事的细腻生动自然会让受众产生感动共鸣的情绪。

这样，传说与受众互动的驱动因素不仅只是商业目的了，感动因素也逐渐统摄了讲唱的环境与听讲者的期待之心。

在《董永变文》中，这种情感因素就已经显现，这是对旧传说模式只关注道德证明的重要突破，从此开董永传说的“情感模式”之先河。变文中董永对父母的深情表达得已很充分，“自叹福薄无兄弟，眼中流泪数千行”“见此骨肉齐哽咽，号咷大哭是寻常”“一切掩埋总以毕，董永哭泣阿爷娘”，但这并不是我们所说的“情感”因素，它只是情感因素的一个边缘地带，因为董永对父母的“大哭”也是可以纳入“至孝”范畴的，这是对孝感因素的深化和具体化。在仙女离去时，“娘子便即乘云去，临别吩咐小儿郎。但言好看小孩子，董永相别泪千行”。这里的仙女已经一改公事公办的仙家身份，表现出人性的眷恋之情。这是董永与仙女之间“情感模式”的晨光闪现。不过，仙女送子之后与董永的“相别泪千行”，其实是针对儿子而发出的，仙女不忍与儿子分别，所以一方面“吩咐小儿郎”，同时又叮嘱董永“好看小孩子”，慈母形象跃然目前。这种生情的方式使仙女第一次走向尘俗的视野里。但是她对董永的“情”仍然不见踪影，尽管董永的眼泪是对她离去的不舍。这时与我们所言的“情感模式”（因情而感动才下凡）相距还很遥远。

到了宋元话本《董永遇仙传》中，情况虽略有进展却无大的突破。董永对父亲的“至孝”依然需要眼泪来证明：“不想父亲病得五六日身亡，董永哀哭不止，昏绝几番。”在仙女与董永的两次分离时，凡男董永不舍之心都很强烈，但织女却仍是理性居多，感性不足，甚至是笑对人生分离。满工后二人“行至旧日槐阴树下”，仙女“不觉两泪交流”，这可是仙女第一次为董郎流下的眼泪。织女因知道前因后果，所以很理智地道出了原委：“今日与你缘尽，因此烦恼。实不相瞒，我非是别人，乃是织女……若生得男儿，送来还你。你后当大贵，不可泄漏天机。”织女的冷静看来也许是出于对“天规”的无奈。而此时董永的表现已非常到位：“董永欲留无计，仰天大哭：‘指望夫妻偕老，谁知半路分离！’哭罢，一径回到坟前，又哭一场，结一草庐，看守坟茔。”董永之情无处申诉，最后只好又回归到“至孝”的品质之上。后来，当仙女送子之时，董永见了儿子自然“大喜”。当他希望与仙女“偕老百年”时，“仙女笑道：‘相公差了，夫妻自有天数，不可久留。’”于是，“董尚书仰天大哭”。在这个故事中，仙女与董永之间的仙凡之别不仅表现在身份之上，更表现于他们的不同观念之上。理智的仙女与感性的董永之间从没有取得感情上的沟通与理解，他们的百日姻缘仍然是玉帝“包办”的。若从感情角度而言，二人都是受害者。更为重要的是，在这里，仙女下凡的动机依然是天帝的一道以道德名义而发布的圣旨：“却说董永孝心，感动天庭。玉帝遥见，遂差天仙织女降下凡间，与董永为妻，助伊织绢偿债，百日完足，依旧升天。当时织女奉敕，下降于槐树下。”可见，要让织女主动地因情而动来下凡求偶，还有很远的路要走。

在元明清各种董永戏中，仙女与董永的感情越来越浓，在仅存的“槐阴分别”的短出中，二人在感情上已经难舍难分。也可以反过来说，正是因为二人在分别之时表现了人间应有的深情，所以“槐阴别”成为董永戏中最精彩、影响最广的唱段，因而许多选本都录存了此出。同时，因为这一段在全剧的表演中最见风情，以致此剧之名目逐渐演成“槐阴记”。

晚明传奇选本所录董永戏今存13个单出中有11出都是《槐阴别》（另有一出是《槐阴会》）。现以《乐府菁华》卷三《织绢记·槐阴分别》

为例，我们会看到董永与仙女的感情之深实在令人感动不已。

【尾犯序】今日说分离，（旦）董郎啊（唱）我和你百日夫妻，怎舍抛弃。（生）（唱）妻，唬得我战战兢兢，魄散魂飞，指望和你同庐墓在杏花山前，谁知两分离在槐阴树底。扑簌簌滴泪交流，活刺刺分开连理。（合）今日去又未知何年何月和你再得共鸳帏。

【前腔】（旦）你孝心天地知，上帝诏旨差我下凡与君家助力，今日限满工完要升天去。空留无计，忍见君家哀号惨凄，我自思肝肠痛也，人间最苦惟有死别共生离……

【前腔】（旦）一言嘱咐伊休、休得牵肠挂意，废寝忘食空惹下相思，有谁人与你调药食……

【前腔】从今后夫在人间妻归九天，两下相思一般悲怨。锦鸳鸯失偶，彩凤离鸾；簪折钗分，衾寒枕单；宝镜破，岂再圆。从今后撇下凡尘，玉箫声断。槐阴树下频频叫，叫千声不应言，铁石人闻也泪涟。

【驻云飞】痛苦心酸，只见云雾渺茫茫。趱步前行，上去心如箭。哭得我肝肠断，再会是何年？泪涟涟，若要相逢除非梦里得见娇娥面，哭一声妻来叫一声天[①]。

不仅董永对于仙女离去之情沉痛无比，同时仙女也一改在宋元话本中的理智面孔，百日夫妻已经让她与董永结下了深湛尘缘。但他们之间感情的升华似乎缺少必要的现实基础，毕竟才三月之久。其实，他们的情缘是来源于元明以来文人才子佳人爱情剧的叙事模式，上引

① 王秋桂《善本戏曲丛刊》第1册，台湾学生书局民国73年版，第130-144页上层。

表情达意之词汇全是从文人爱情戏借鉴而来。这也正好说明了董永与仙女的“生情”是元明之际文学思潮（包括戏曲）中感性情欲觉醒的产物，尤其是晚明以来不断上升的性爱意识直接开启了仙女的金口与情思。在弋阳腔《织锦记》和青阳腔《槐阴记》的产生时代——明万历年间，传奇之盛，真乃“曲海词山，于今为烈”（沈崇绥《度曲须知》卷上《曲运衰隆》）：“博观传奇，近时为盛。大江左右，骚雅沸腾；吴浙之间，风流掩映。”（吕天成《曲品》卷上《新传奇序》）这些男女风情剧都是“传奇十部九相思”，并有“风流节义难兼善”（舍义取情）和“世间只有情难诉”（情深无限）的特点[①]。

仙女与董永至此在感情上虽已完全达成共识，但是他们相遇的致命根源还不得不屈从于“孝感”机制。二人的婚姻仍然由上帝与道德包办而成，他们在明传奇中仍然体验着“先结婚，后恋爱”的古典程式。从清代至民国，在董永戏中这个与生俱来的道德根源从未退过场。道德与情感的冲突在时代进步和道德更新的历史进程中越来越不可调和。到了解放初，当受了革命思想和戏改使命洗礼的黄梅戏人在面对这个古老的冲突时，不得不进行历史性的抉择。

黄梅戏对董永遇仙传说旧模式所作的釜底抽薪式的改编体现在七仙女下凡的动机之上。流行近两千年的孝感机制第一次受到了挑战，因孝感的道德立场与新道德不能共生，所以成为首要的改编目标。主要执笔者陆洪非先生在回忆文章中说得很清楚：

黄梅戏《天仙配》老本是以董永为主要人物，以董永孝心感动天帝为主线的……这一切，无非说明人的命运是由神

① 郭英德《明清传奇史》，江苏古籍出版社 1999 年版，第 260-280 页。

> 来主宰的……不可否认，以孝心动天为主线的故事，是宣传宿命论，宣传因果报应的。如何把这个表现神灵主宰人之命运的老戏，改写为反映人们追求美好生活的新戏，是首先要考虑的问题。我们决定：保留卖身葬父，删除孝心动天。卖身葬父是古代劳动人民在残酷剥削下的悲惨遭遇，是当时真实生活的反映；孝心感天是一种麻醉剂，是一种受欺骗而产生的迷信……孝心动天的内容删除了，七仙女又怎样下凡来与董永配成夫妻呢？仙女是根据人们的想象创造出来的，在戏剧中她应该是一个有血有肉的活人，她同样要“追求一种真正人的生活”，她的下凡不应该是被动地作为玉帝奖赏孝子的工具，而是为了实现自己的生活理想，她是积极主动的……但老本中七仙女形象的光辉只是若隐若现，那是因为有个“奉命下凡”的阴影笼照着她。这也影响了演员对这个人物的再度创造。被称人间“七仙女”的严凤英曾经谈到：“演老《天仙配》时……我只想：七女是奉命下凡的，并且百日之后，还得回转天庭。这样一来当然谈不上对董永什么真正的‘爱情’。[①]

在新本《天仙配》中，仙女下凡的动机可以分解成三条：一是对神仙生活的厌倦：“天宫岁月太凄清，朝朝暮暮守行云。”二是对人间生活的向慕：“大姐常说人间好，男耕女织度光阴。”当众仙女来到鹊桥一游时，看到人间打鱼、砍柴、耕种、读书和嫁娶的美好生活景象时，更增强了七仙女思凡的迫切心情。三是对具体之人董永的爱慕。

① 陆洪非《物换星移几度秋——黄梅戏〈天仙配〉的演变》，第311-312页。见常丹琦编《名家论名剧》，首都师范大出版社1994年版。

当七仙女巡视人间时，正好扫瞄到离开寒窑前去主人家上工的董永。七仙女对董永的第一印象是“我看他忠厚老实长得好，身世凄凉惹人怜。他那里忧愁我这里烦闷，他那里落泪我这里也心酸！”这里所表达的其实是对董永的同情之心，“我若不到凡间去，孤孤单单到何年”。一语道出自已身处天宫的苦闷，这样就上升到共鸣的层次了。当听了董永卖身葬父的孝行之后，她便毫不犹豫地爱上了他。

七女“天宫寂寞—思慕人间—爱上董永”三步曲在20世纪50年代的产生其实是时代观念的反映。第一步对天庭的厌倦、对神仙人格的不满，其实是对“命运是由神来主宰”的宿命论的反抗，是无产阶级无神论的体现。第二步仙女对人间的倾慕，反映了建国之初人们对社会主义新生活的热望。第三步仙女的爱情观体现了50年代女性普遍的择偶标准：(1) 二人都有“伤心事”——“你我都是苦根生”，原来都是志同道合的受压迫者，来自同一个阶级阵营，所以互相容易产生同情之心、共鸣之情。(2) 二人结成平等的同志式互助关系，共同完成任务，共同描画美好生活蓝图。二人成婚时，七女分配工作的原则是：“夫是他家长工汉，妻到他家洗衣浆裳。等到三年长工满，夫妻双双把家还。”七女下凡并不是为了“助织”的，但在二人共同生活中遇到了来自压迫者所出的难题时，于是七女主动助织。满工之后，二人对回家之后的工作安排是：“你耕田来我织布”“我挑水来你浇园”。(3) 二人是互相认可的结果，不是强扭的瓜，属于“自由恋爱”。仙女对董永品德的认定是“忠厚、老实、长得好”。内在的品质和外在的形象都注意到了，都让她满意，这恰是50年代女子要选择的对象。如果再加上董永一贫如洗、根正苗红的出身，则这个对象在当时就更具有魅力了。董永也有择偶的标准。董永忠厚老实、善良正直的品行充分表现在对仙女追求他时的态度上，他一开始的拒绝完全是为对方考虑的，最后推脱不了，他的标准就摆出来了："我看这位大姐只生得品貌端正，确是不错。若能与她成婚，倒是一桩美事。"

将孝心感天的古老下凡模式替换为"思凡模式"，虽然是对董永遇仙传说的最关键、最精彩的改造，但只要分析一下其中的时代因素，我们一点也不会感到奇怪，正是因为满足了新时代人们对爱情的心理期盼，所以至今黄梅戏《天仙配》仍然能让人产生浓厚的兴趣，也就是情理之中的事了。但是，1964 年摄成也是由严凤英主演的黄梅戏彩色电影《牛郎织女》，在主题开掘上其实并不成功，因为在观众看来，两部戏中的牛郎与董永、织女与七仙女在性格与思想上都具有极强的相似性。也就是说，牛郎与织女不再具有区别于董永与七仙女而属于自己的个性：牛郎也是忠厚老实长得好；织女下凡的动机也是不满于"天宫岁月太凄清"，甚至在天上就与牵牛星互通私情，终于被罚——让牛郎下凡转生，造成仙凡之间的永久隔离。织女来到人间后也同样宣称："天宫岁月我不爱，一生终老在人间"——七仙女下凡时，就唱过"神仙岁月我不爱，愿做鸳鸯比翼飞"。织女也是因为统治者的压迫不得已离开人间返归天庭，也同样是悲剧的结局。从表面上看，《牛郎织女》的改编者似乎缺乏另辟蹊径的才情与勇气。其实不然，一方面是因为这两个故事原型很相似——牛郎故事产生于农耕社会对星座的神话衍绎，董永故事产生于现实原则对孝行的推崇；另一方面，乃是 20 世纪 50 年代与 60 年代完全一致的恋爱观等时代因素束缚着改编者的手脚。

（二）从民间性到人民性

如果说"思凡模式"的改定乃是董永遇仙传说在传播过程中"情"

的因素自觉发展的产物，那么1950年代对《天仙配》内容所作的人民性改造才真正反映了时代的最强音。戏曲在旧时代的影响虽然巨大，但在官方眼中并没有什么地位。而中国共产党对传统旧戏却充满着浓厚的兴趣，这也许是因为党发现戏曲在民间有广大的市场，如果用得好了，可以起到非常好的宣传效果。党对戏曲的改造建国之前就已经开始。

1951年5月5日周恩来总理签署的《政务院关于戏曲改革工作的指示》从此成为所有旧戏改革的指导性法规，政府以法规的形式规定了戏曲改革的方向和基本原则，这在历史上还是第一次。这是中国戏曲之大幸，同时也决定了戏曲从此将失去自由生长的命运。50年代戏曲繁荣的背后，无疑隐藏着戏曲终将走向衰落的走势。

《指示》提出改戏、改人、改制等“三改”内容后，在这股不可抗拒的历史大潮面前，1952年黄梅戏演职员都到合肥参加了“暑期艺人培训班”，从思想观念上接受唯物主义和社会主义改造。而对《天仙配》的改写也就接踵而至了。在《指示》的指引下，《天仙配》的人民性改造是最大的手笔，在当时也是最成功的地方之一。

中华人民共和国成立之初，《天仙配》有幸能成为首选得以改造，正反映了人民性的积极要求：“经过分析，我们感到这个作品来自民间，是劳动人民的心血结晶，虽然掺杂了落后的东西，但有可能搞成一个有积极意义，符合人民利益的剧本。”[①]在改编之初，改编者就基于这样的先入之见：“在黄梅戏老剧目中，确实存在着不少富于人民性的东西，这些东西经过反动统治篡改，已经失去了原来的光泽，现在

① 陆洪非《物换星移几度秋——黄梅戏〈天仙配〉的演变》，第209-310页。

只要一经洗刷，它就会重新放出灿烂夺目的光芒来。多少年来，老《天仙配》一直是替地主阶级宣扬封建孝道的……以孝治天下，正是封建帝王统治万民的法宝之一。经过整理后演出的《天仙配》，那种宣扬反动封建道德的东西再也看不见了。新的《天仙配》中，明朗地体现着封建社会中的青年男女，为了追求爱情和理想的幸福生活，而力图挣脱加在他们身上的锁链。当然，由于历史条件的限制，他们所向往的也只能是建立在个体经济基础上男耕女织的小家庭生活。但毫无疑问，这代表了当时千百万被压迫的农民的愿望。因而这样的主题是健康的。”[①]改写后《天仙配》的人民性主要体现在三个方面：

1. 七仙女的反抗性上

在以往的二种传说模式中，仙女下凡只是奉旨行事，完成助织偿债的既定任务后，必须回转天庭。即使在明清以来的戏曲中，织女与董永已相爱很深，最终她也不得不上天复命。仙女在情与理面前选择了后者，只是表明天的权威性是不可违抗的，而且仙女也从未有过抗旨不遵的意图和举止，甚至没有表现出对于天庭或天帝的怨望。经过人民性的改写后，她的反抗性昭然若揭。“思凡”本身就是对天规的一种反抗；“下凡”更是一种革命性极强的行为；最后当天神宣她回去时，她再次表现出顽强的叛逆精神，她说“我是决不回去的”。只是为了不让天神伤害董永，她才不得已回转天庭——她以牺牲自己的自由换得了董永的人身安全，这种舍己为人的品质也是革命性和人民性的体现。

新本《天仙配》中七仙女的反抗性主要表现为对爱情自主的向往，

① 陆洪非《〈天仙配〉的来龙去脉》，《黄梅戏艺术》2000年第2辑。

对自由的渴望，对“幸福生活”的期盼，这种精神在1950年代是多么地合乎时宜。陆洪非先生说：“新增加的《思凡》一场，表现了七仙女在下凡前那种在天上宫廷中内心痛苦的矛盾的变化过程，使得反封建主题更加丰富与明朗起来，因而使我们体会到更多的人民性。”[①]

2. 董永七仙女和债主的阶级矛盾上

新本《天仙配》和新时代所有文艺作品一样，对地主阶级剥削本性的揭露是不遗余力的，债主傅员外已经变成一个唯利是图、狡诈刁恶的守财奴形象。而在此前，债主则是一个地方上德高望重、讲守信用的长者，如在《织锦记》中，“（傅）华居林下，素好善，怜永孝，周给之。”他同情董永的不幸，一方面借贷给他，另一方面又容留来历不明的织女，并且在织女超额完成任务时，又主动缩减服役时间。但是现在必须要改掉：

> （老本）从全剧看，傅员外是慈善之家的忠厚策划者长者，织绢之后，他主动把卖身契拿出来焚化，并让董永夫妻与他的儿女结成兄弟姊妹。董永与七仙女都感激涕零，一个说：“好一个傅恩爹恩德非浅，收留我当亲生攻读圣贤”；另一个说：“好一个傅奶奶情高义厚，她把我只当着亲生骨肉”。改本把董永妻与官宝姊妹结拜和歌颂傅家仁慈的内容给删掉了，并在“上工”和“满工”的时候，着重写了傅员外的刁恶和董永夫妻的反抗。“三年长工改百日”不是傅家恩赐，而是通过抗争的……改变董永与傅员外亲如父子的关系，是从全剧出发认真考虑的，这样做符合历史真实[②]。

① 陆洪非《〈天仙配〉的来龙去脉》，《黄梅戏艺术》2000年第2辑。
② 陆洪非《物换星移几度秋——黄梅戏〈天仙配〉的演变》，第313-314页。

其实，这样的改写未必就“符合历史真实”，但却符合新的时代观念。既然傅员外是地主、债主，那么他就不可能有慈善情怀，这样的改定才能在新时代获得观众的认可，并让观众从中受到教益。这种人民性的改写在当时就博得了专家的喝彩：

> （老本）要不得的是写了傅员外的慈善，收董永七姐这对义儿义女，最后还将女儿给董永续弦。这样处理事物，掩盖了阶级矛盾，正是糟粕！整理者删去了它……给主题增添了积极意义，突出矛盾冲突，从而使整个戏既富有思想性，又获得了结构整洁、重点突出和艺术性[①]。

3. 董永与七仙女的劳动人民本色上

在汉魏时期，董永在故事中只是一个与人“佣作”的平民，连父亲死去都无钱葬埋，可见其赤贫如洗。到了唐宋时代，他的贫民身份不能改变，否则卖身葬父、孝心感天的前提就将失去，故事的结构就不能成形。但是董永在宋元时期摇身一变成为一个“少习诗书”的底层知识分子，这为他日后被皇帝封为兵部尚书打下了“文化基础”。在元曲中，他是“董秀才”。在明清戏曲中，董永的赤贫状态与文人身份一直被保留着——《织锦记》《槐阴记》虽然残缺，不能见证董永的文人身份，但从明清传奇舞台上男主人公的文人化倾向和董永最终得官的结局来推断，董永“少习诗书”应该是没有问题的。直到黄梅戏老本中，董永向舅父借钱不成时还唱道：“求不到功名秀才还在，借不到银两空手回来。”七女也曾劝董郎说：“当过三年奴仆满，转回家读诗书也还不难。”董永在汉魏时代的平民身份与他的赤贫生活

① 董每戡《从〈天仙配〉的改编谈到接受戏剧遗产问题》，《南方日报》1956年12月20日。

状态是相符的；宋明之后董永“少习诗书”不仅与他的贫寒生活不矛盾，这个设计的主要目的是为他将来做官作好铺垫。前者是民间真实生活的写照。后者是宋后民间理想的反映。

与董永身份相照应的是仙女身份也在变化。汉魏时期，仙女是高贵脱俗的，她只是儒教与道教杂揉的理性化身；宋元之后，她逐渐走向世俗界，在宋元话本和明传奇中，她竟然自称是一个寡妇，已脱尽高贵的外衣。前者是为了突显道教与尘俗的距离；后者则是为了逃脱宋明理学的诃责——岂有良家女子在路上主动追婚的！与董永一样，仙女的身份也是民间观念的自发认定。

在1950年代的改写中，这种与生俱来的身份也必须进行人民性的脱胎换骨。1952年最先改编《路遇》一折的班友书先生就认为“董永是个贫雇农，不是秀才。他卖身葬父，感动天帝，这本是人民朴素想法，但却被封建统治者利用作为宣传孝道的工具……取消董秀才，还他人民身份。”[①]董永又回到了他原初的状态，成为一介“上无片瓦、下无寸土”的贫民，他身上的诗书气息一扫而净；仙女也不能再是寡妇，而是：“这个人物是前人按照农民的要求，以农村中那些活泼大胆的‘野姑娘’为生活原型塑造出来的艺术形象。”说是“农民的要求”其实只说对了一半，另一半是改编者自己的理想。于是七仙女变成了一个不图享受、甘愿受苦的村姑形象。她的思想境界很快有了质的提升，她立马站到傅员外的对立面去，并与董永一道通过劳动和智慧战胜了剥削阶级的刁难。

改编者着意突出的仙女与玉帝、董永与员外之间的矛盾在人民性

① 班友书《也谈〈天仙配〉的来龙去脉》，《黄梅戏艺术》2000年第3辑。

的原则上是完全一致的，都是追求“幸福生活”的人民与统治阶级、剥削阶级之间不可调和的矛盾，这是新本《天仙配》紧追时代的最好答卷。这种用人民性原则取代其原有的民间性特色是那个时代对传统剧目进行改造的唯一出路，《梁山伯与祝英台》和《白蛇传》的改写也如出一辙[①]。即使在新本《天仙配》中，也有未能完善的结局：前两种矛盾的人民性改写其实都是不彻底的。仙女不管反抗意识多么强烈，最终还是要屈从玉帝的旨意和仙界规则，她在天规面前的反抗似乎是苍白无力的——这实在让人失望，但若不如此又怎能显出阶级矛盾之深？傅员外不管有多刁恶，最后还是将“三年长工改百日”了，他还是信守了自己的诺言——地主的这种品质简直不可思议。可是如果不保留他的这个品质，传统的故事结构就会解体。

在过去的漫长岁月里，董永遇仙传说的基调是民间特色，其实传播这个故事的热情只来自民间社会的弱势群体。笔者不同意将董永故事分知识阶层、官方和民间三个传播层次的说法[②]。知识阶层对这个故事的传播只是对道德的标榜和史实的认定，并没有活力可言，所以他们根本没有参与情节发展演变的过程。传播中并没有官方这个层次——只有这次人民性的改写才是官方的唯一登场。民间才是这个传说传播的前沿与后方。在民间传播过程中，其中的民间特色不断地累积，到近代地方戏中，故事的篇幅变得冗长，情节变得臃肿，主题也不够集中。从内容到形式，董永遇仙传说的民间性反映的正是封建社

① 张炼红《从民间性到“人民性”：戏曲改编的政治意识形态化》，《当代作家评论》2002 年第 1 期。

② 郎净论文第二章《董永故事的渐变期（上）》分为“知识阶层——应用”“官方——宣传”“民众——讲唱”三小节。第 33-58 页。

会中孤苦无依者的虚幻理想。而这种理想在那个时代通过反抗是无法实现的，只有通过调和矛盾、道德提升的途径才是最好的出路。同时，戏曲在民间演出，地方上的乡绅地主也是观众之一部分——其实明清时期地方声腔的发展与地方乡绅及商人的赞助是分不开的（地方家族对戏曲的生存与发展都有着极重要的指引作用），他们在剧情中所看到的自身的影像必须是高尚的，这样才能保证演出能够取得成功并获得一定的商业收益。阶级矛盾是阶级社会客观存在的现象，但是调和比反抗的手段在民间从来都是弱者求生存的更佳手段。

改写后的《天仙配》博得了当时社会广泛的认同与喝彩。有人就站在改写后的《天仙配》立场上寻找它的历史模式中的"人民性"成分："从唐代《董永行孝变文》里就能比较看出人民性的恢复。对于剥削阶级没有令人肉麻的赞扬……董永故事的人民性是随着时间而逐渐丰富的……'问卦''寻母'反映了对英雄人物'七仙姑'的怀念，是符合劳动人民情感的；'得官'许配'暴露了平时道貌岸然的剥削者的势利卑鄙。"[①]这里所说的人民性只是20世纪50年代"劳动人民"的观点，与历史上的"民间"没有本质上的关联。"问卦""寻母"仍然符合革命时代人民的情感，而这时"得官""许配"却是要不得的了。殊不知在封建时代，这都是民间理想的重要内涵。

历史进入新时代，那些高筑如山的民间无奈都可以弃之不顾了，人民性的改写让仙女与董永的自主性得到确认。纵观近两千年的演变史，这个传说从来没有像这次改写得那么急切和自信，也从未出现过新本《天仙配》诞生后的那样狂热的传播高潮。

① 孝慈《董永卖身故事的演变》，《安徽文学》1962年1月号。

（三）从民俗理想到艺术原则

中国民间戏曲与其说是一门现代意义上的“艺术”，还不如说它是中国民间的一个理想，一种生活方式，一种仪式[①]。20世纪以来以艺术和美学的名义在对中国地方戏曲所进行的研究、改造和评价时，应该承认我们失去了很多有价值的内涵。在现代艺术范畴构建的评价体系中，戏曲逐渐失去了存在的根基和演出市场，这也是值得深思的现象。

在建国之初的戏改者面前，所码放的是一堆有太多问题、良莠不齐的戏曲遗产，我们对之进行改造只能遵循两个标准，一个是政治标准，它使旧戏的内容向人民性方面脱胎；另一个则是艺术标准。人民性取代民间性是历史不能回避的进步，但是完全置于艺术原则下的戏改却是值得商榷的。

《天仙配》发展到黄梅戏老本时，其中积留了大量非艺术的内容，到底如何评价和处理这些内容，当年的改编者并没有进行认真的思考，新时代也没有为戏改者提供思考的时间和空间，所以大刀阔斧的改编草率地以艺术的名义展开了。

对旧戏进行艺术提纯的工作是官方与知识阶层共同谋划的事业，唯独排除了民间力量的参与，这个改写班子的成立是历代所完全没有的先例（《天仙配》的改写是在当时安徽省委书记曾希圣和许多高层领导直接指挥下进行的）。在封建时代，官方对这个传说从来没有插过手，文人群体只采取实录式记载，从不敢贸然对之进行剪裁比划。历来董永遇仙传说演变的动力完全来自民俗理想和民间艺人的互动合作，所

① 王兆乾《仪式性戏剧与观赏性戏剧》，胡忌主编《戏史辨》第二辑，中国戏剧出版社2001年版，第22-53页。

以它无法不携带上某地某些民俗内涵，而在演出中，这些民俗内涵是不能省略的。而今因为它们与艺术原则不合，终于要被抛进历史的垃圾堆了——这种抛弃也为戏曲走向衰落埋下了伏笔。

老本《天仙配》中的民俗内涵十分丰富，它们其实是民俗理想的象征。孝心感天就是一个根深叶茂的民俗理想，在民间，这是极具吸引力的事件。唐宋之后，董永孝行只表现为养父、葬父已经不能满足民间的理想了，于是便有了两个重要的增设：送子与得官，它们浓缩了民间香火延续和振家兴业的民俗诉求。时至明清之后，“送子”一出在民间演出得十得火爆，并形成了更为丰富而独立的民俗现象，它虽然远离艺术原则但却是该剧的重要魅力之所在。送子习俗在南方很有市场，如广西粤剧《天姬送子》，据清代杨思寿《坦园日记·桂游日记》为同治年间常演戏。广东粤剧开台次日的日场例戏必演《仙姬送子》；潮剧在开演前第三出例戏也是《送子》；雷剧第一晚开台，第二天下午要演出《天姬送子》，如果演出期为五天，在第三天还要演出[①]。四川大贺戏在人家喜诞时上演《天姬送子》，湖南常德汉剧《仙姬送子》被列为吉庆戏[②]。在贵州，《七仙女》为傩堂大戏，在演出三天以上的傩事活动时才上演[③]。广西师公戏在人家丧事时上演《舜帝孝动天》《董永卖身葬父》等剧。《仙姬送子》等在民俗视野中如此有魅力，是与美学无关的现象。班友书先生说：“但黄梅戏老本，也有颇多不足之处，即在他们地方化过程中，为了迁就群众习惯，把剧本拉得过长，枝蔓横生，显得芜杂……许多唱词，臃肿拖沓，这是

① 郎净论文，第128页。
② 郎净论文，第135页。
③ 郎净论文，第118-119页。

我国民间戏曲的通病，并非《天仙配》独有，包括文人传奇也是如此。”[①] 和《天仙配》一样，几乎所有的地方戏剧目中都有民俗沉淀。这些反映了民俗理想的民俗内涵与剧目一道常演不衰，慰藉着民间的期盼和失落，但现在全成了要不得的毛病。

新本《天仙配》在结构调整、情节设置、人物典型化等艺术性处理上遵循的是现代意义的戏剧美学思想，其实是西方戏剧的美学思想。

1. 对结尾的处理

从唐代变文始，董永故事的结尾就趋向于团圆模式。从宋元话本一直到解放前夕的各种地方戏，这个结尾都是一致的。但是新本《天仙配》毅然斩去了大团圆的尾巴。改编者执意要将该剧写成一个悲剧，是向艺术原则的投降。这个改法在当时就遇到了阻力，有的来自于观众，有的甚至还来自于领导阶层，不过艺术标准在政治标准的引领下最后还是战胜了民俗力量。

> 改本首次在安庆公演时观众认为：“戏演到‘分别’止，哭哭啼啼，太惨了，希望保留七仙女送子。”有一次，戏演完了，观众不散，要求剧团加演送子这场戏。后来，安徽省委领导看了《天仙配》改本的演出，也提出“要加演送子”，并说：“这是中国观众看戏的习惯问题。硬叫七仙女不送子，这甚至可以说是群众观点问题。”某些文艺界的同行也对悲剧结局有意见。于是试搞了一次“送子”……这场戏曾投入排练，但未经演出就被否定了。后来有人建议让孙悟空上天去大闹一场，将七仙女母子抢了下来。如此设想，并非一人，

① 班友书《也谈〈天仙配〉的来龙去脉》，《黄梅戏艺术》2000 年第 3 辑。

但也没有在舞台上得到体现[①]。

这段回忆太有说服力了，在当时，人们对戏曲的理解仍然具有传统的视点，只有少数已经认可了西方戏剧美学思想的人才是时代的弄潮儿。新本《天仙配》之后出现的数十种续集其实都是对团圆模式的怀念，“这些续集的结局都是让七仙女下凡与董永团聚，但达到这个目的的途径则不相同”[②]。

2. 斩除情节的枝蔓

旧本《天仙配》中，故事情节十分庞杂，如开首是“董永借银”，中间还有傅员外儿子女儿的故事，仙女上天之后，有董永续娶傅女为妻等情节。在改写时，因为要遵从舞台演出的艺术要求，一方面，这些情节上的枝蔓会影响主题的集中，另一方面内容太复杂在演出时间上也不能保证。在民俗视野中，一部戏可以连续演上几天几夜，成为俗众能够参与的一种仪式性活动，如明代之后的皖南流行的《目连戏》。可是现在戏曲作为一门艺术，它服从的是戏剧冲突要集中的原则。所以那些不符合人民性和艺术性的部件就得全部剪去：“对原本采取‘破坏性’手术，即斩头去尾，砍去前面父病、借银、卖身，和后面的傅府招亲、中进宝状元、送子，也挖去中间的调戏、结伴、傅员外的善人等情节；初步确立了全剧框架，即辞窑、鹊桥、路遇、上工、织绢、满工、分别等七场。”[③]改写后的《天仙配》确是简洁多了，矛盾也集中了，人物也少了，结构也清晰了。后来，戏曲艺术为了进一步向电影艺术靠拢，对情节和主题等提出了更高的要求，而改编者也就不

① 陆洪非《物换星移几度秋——黄梅戏〈天仙配〉的演变》，第 314 页。
② 陆洪非《物换星移几度秋——黄梅戏〈天仙配〉的演变》，第 317 页。
③ 班友书《也谈〈天仙配〉的来龙去脉》，《黄梅戏艺术》2000 年第 3 辑。

得不满足这些要求。

3. 人物的典型化处理

中国旧戏从不知什么是典型化原则，中国戏曲舞台上活动的从来都是类型化人物，这也是民俗欣赏的习惯性约定。戏曲可以永远重复地演出，人们并不想在舞台上看到个性鲜明的人物，也不抱着每看一次都有新体验的期待。相反，戏曲受众往往要寻找的是过去的影像。

改编者也试图对七仙女与董永进行典型化处理，但在这方面并不成功。从黄梅戏三部电影来看，《天仙配》中七仙女对董永的爱情、《女附马》中冯素珍对李兆廷的爱情、《牛郎织女》中织女对牛郎的爱情都是模式化的，都是女子主动追求“美好生活”，都受到父母（外力）阻挠，她们反抗精神如出一辙，她们在表达情感时所用的词汇都完全一致。当我们把目光投向所有剧种时，爱情剧的主角对爱情的理解与表达全是同一个模式。七仙女、冯素珍、织女最大性格特点就是她们的反抗性，董永、李兆廷与牛郎的性格也完全一致：贫寒而不失志气。这其实是传统戏曲的特点，这种尴尬的局面让典型化原则黯然失色。

4. 其他艺术处理

戏曲是一门综合艺术，各地方戏在念白、唱腔、表演、服饰、舞台布置等方面都有自己的传统。但是黄梅戏本是一小戏，所以这些方面属于自己的东西并不多，而解放后的首次改造《天仙配》时，最常用的方法就是向其他剧种借鉴。所幸的是，这次改革并没有改掉黄梅戏的声腔系统和地方方言——20 世纪 80 年代之后的改革已经将声腔和方言全都改掉了，今天的黄梅戏已经是一种没有民俗支持的现代艺术了。中国地方戏都是在方言基础上产生的，所以其演出的最佳市场只能在方言区内，改掉了方言，这个剧种其实已经死亡。

从艺术角度而言，改编者的工作对于电影《天仙配》的完成功不可没，但同时，在传统戏曲的发展过程中，他们在未能及时评估传统的价值、并未认清中国戏曲本质的前提下而做出的艺术处理又显得过于轻率。这不是某个人的责任，不是《天仙配》改编者所能负得起的历史责任。旧戏改造之后，思想性和艺术性成为所有地方戏曲追求的统一目标，戏曲终于成为单一模式的艺术种类，其中深厚的民俗积累和民间参与都一同被斩草除根。戏曲在政治和艺术的控制下，全都进入了城市，从此它失去了赖以生存了近千年的生命之源。所以进入新时代，戏曲的没落又岂能避免，但那只是一种艺术的衰落，而民俗理想永远不会消失，尽管它失去了借以发挥和舒展的戏曲表演形式。

三、黄梅戏《天仙配》对传说模式的定型

在黄梅戏对《天仙配》进行人民性和艺术性改造的同时，湖北楚剧和浙江婺剧也分别对之进行了独立的改写，但在改编过程中，它们都没有像黄梅戏那样将“糟粕”改得彻底干净。如婺剧《槐荫树》在1953年改编时也将仙女下凡改写为自愿，傅家的剥削阶级本性也被突现出来，但在仙女上天之后仍保留七仙姬借仙官献寿之际与众姐妹私下凡尘、送子、与董永团圆等情节。黄梅戏新本《天仙配》成功之后，全国各剧种争相移植上演该剧成为当时一股小小的潮流，它们在演出时可能参照自己原有的剧本都有某些改动，但总不能动摇黄梅戏新本《天仙配》的“母本”地位。这无疑说明，黄梅戏《天仙配》的模式已经成为新的经典。

黄梅戏《天仙配》为什么会产生那么大的影响？它为什么一上市就成为人们争相模仿的典范？半个世纪之后的今天，回头看去，这个问题并不难理解。

第一，是黄梅戏唱腔这种通俗易懂的民间艺术起到了关键的桥梁作用。黄梅戏在解放之初在全国尚无影响，它的历史到那时也不过才半个世纪左右。但 1952 年和 1954 年两次在上海露面之后，她可以说是一夜成名了。可是在 1935—1937 年黄梅戏也曾到上海演出过，当时并未产生影响①，为什么 50 年代会一夜风靡呢？其实这与建国之初的人民性的审美理想分不开。黄梅戏甜美的声腔来自民间，既没有京剧沉重的艺术积累，也没有越剧的文人化倾向，到上海演出的《天仙配》《打猪草》等戏都是劳动者自己的故事。黄梅戏的另一个优点是，她特别容易明白，人们一听就懂、一学就会。她与劳动人民很贴近，所以人们乐意接受她。

第二，严凤英的出色表演。严凤英是戏曲表演天才，今天我们说“严凤英表代了黄梅戏，没有黄梅戏也就没有严凤英”，意思是，因为这个剧种有了她才会迅速成熟起来，没有她的参与，黄梅戏不会有今天这么广泛的影响。严凤英在《天仙配》中饰演的七仙女是她塑造得最成功、最感人、最有代表性的角色。1963 年天马电影制片厂与香港长虹影业公司合拍了由董文霞饰演七仙女的彩色电影《槐荫记》，同年香港邵氏电影公司也拍摄了由凌波饰演七仙女的电影《七仙女》，这些电影虽然也有一时的市场，但多年之后都被时光无情地淘汰了。最主要的原因就是，严凤英的成功表演淹没了她们的种种努力。

① 陆洪非《黄梅戏源流》，安徽文艺出版社 1985 年版。

第三，《天仙配》这个故事本身的浪漫主义色彩和历史悠远的传播史也助了一臂之力。在黄梅戏电影《天仙配》问世之前，这个故事其实就已经是家喻户晓、妇孺皆知的民间传说，这构成不可或缺的艺术欣赏的知识背景。

第四，黄梅戏人对之进行的人民性和艺术性的改造，正是新时代人们最想看到的结局。其中主人公的反抗性和劳动人民本色，给刚刚当家作主的广大人民群众以强烈的精神上的慰藉。

第五，电影艺术是《天仙配》成功的最重要因素。如果只有前面四点的存在，新编黄梅戏《天仙配》只不过在安徽当地或某种艺术节上占尽风采，她不可能像后来那样在全国、港台、外国以至80年代、今天人们的观念中、习惯用语里、音像商店里、文字材料中、学术专著里、地方旅游文化中那样受到广泛而持久的关注。电影艺术作为崭新的传媒在中国旧戏的发展、传播过程中起到了极为重大的作用。一方面它使各旧戏在很短的时间内向最广阔的空间传播，另一方面旧戏搬上银幕之后，它又使舞台上的传统表演不断地萎缩和退场。电影《天仙配》当时的数亿观众（至今天，观众与听众恐怕已上升至几十亿之巨了）是舞台演出无法实现的目标。

在董永遇仙传说的近两千年传播历程中，传播手段的不断更新也不断扩大着这个传说的传播范围。武梁祠石刻画像几乎是封闭式传播，对象只是武家的子孙后代而已，宋代以后，因为作为古董被发掘出来，记入欧阳修、洪适等人的金石著作之后，才为学者所知①。曹植的诗只有正统读书人才会读到。干宝志怪小说的读者群明显扩大了。唐变文、

① 纪永贵《董永的原型与演变》，《南京师大学报》2004年第1期。

宋话本面对的是有闲阶级和民间俗众，接受者自然不必读书就能领会了，但这种讲唱艺术受到场地和区域的限制，能够直接听讲的受众人数也不能迅速扩大。元明以来戏曲借着其长盛不衰的流动性表演把董永遇仙故事也带到了更加广远的区域。但是，过去的各种传播手段又怎能与可以快速复制的电影相提并论呢？可以说，没有电影的介入，黄梅戏《天仙配》永远只会是区域性经典。

电影之后，电视剧以其更加强大的传播优势也开始插手这个故事，但是，黄梅戏电视连续剧《七仙女与董永》、古装连续肥皂剧《新天仙配》等都难逃被快速遗忘甚至无人问津的命运。原因是，在50年代组合成的“黄梅戏—严凤英—董永遇仙传说—人民性和艺术性的戏改—电影”的“成功链”是不能被突破的，只要更改了其中一项，这个“成功链”就会解体，就不会取得成功。所以说，《天仙配》已经成为一个只能分析而不能重复和颠覆的“历史现象”了，她是属于特定时代、特定群体、特定内容、特定形式和手段的历史产品。

既然如此，那么我们就可以断言，董永遇仙传说在经历了汉魏晋的旧传说模式“孝感—遇仙—分别”、唐宋的新传说模式（元明清民国时期仍属这个情节模式）“孝感—遇仙—分别—得官—送子—寻母”之后，又产生了第三种完全崭新的模式：“情感（思凡）—遇仙—分别”[①]。在这三种模式中，分别有一件极重要的事件促成了模式的产生与衍化。第一个时期，是历史原型董永因孝行而封高昌侯的事件成为这个故事得以产生的最直接原因。第二个时期是唐宋时代槐树事象从民俗世界向传说视野的“移植”。槐树进入故事的直接后果是，它

① 纪永贵《董永遇仙故事的产生与演变》，《民族艺术》2000年第4期。

影响到董永戏情节主次的划分，“槐阴会”与“槐阴别”中的“槐阴”成为展示戏剧要素和情感内涵最热闹的舞台。第三个时期，旧模式的转机是1950年代在官方指挥下的“戏改”运动所提供的。人民性与艺术性的改造使董永传说在新时代焕发了生机，它终于结束了戏曲董永自来在结构模式上只沿袭唐宋旧遗产而没有自己独创成果的现状。在戏曲董永中一直涌动并累积着的“情的因素”在黄梅戏《天仙配》中终于撕下面纱、昂首登场了，它一经出现立马就转被动为主动，颠覆了这个传说赖以立身的最原始动因。“情的因素”与人民性、艺术性因素一道共同完成了对这个古老传说的整容和洗脑，至此，董永遇仙传说结束了它近两千年的传播历程。在此，不能不提及的是，第三种模式的产生已经与民俗理想无关了，它只是在政治操纵下、在城市的和西方的审美标准监视下，由知识分子来完成的，也就是说，“情感—遇仙—分别”模式的董永故事已经不是一个传统意义上的“民间传说”，它只是文人创作的产品，不过这个模式借着人民性和艺术性的名义在银幕上传播的同时，无疑重塑了新的受众。新受众在接受这个故事模式的时候，已经不知道或不认同它的古老和复杂的传播历程了，电影模式在他们的观念中生了根，导致他们只会认为董永遇仙传说的模式就是“从来如此”。

电影模式的董永遇仙传说一定也会有属于自己的传播时代，笔者写作此文的2004年正好是这个新模式诞生的50周年之际，传播看来还会延续下去，因为我们目前还不能看到这个传说广为接受的更新模式即将产生的任何迹象。不过，随着各个“董永故里”对董永文化关注与建设品位的提升，这个故事中“孝感模式”却有复辟的倾向。山东博兴、湖北孝感都在借董永大做孝文化的文章，当然不能不宣扬董永“孝心感天”的内容。更重要的是，2002年10月26日发行的《董永与七仙女》邮票的第一枚就是“孝心感天”（另四枚是“下凡结缘”“织锦赎身”“满工还家”和“天地同心”）。邮票虽然认同了电影的“悲剧”结尾，可还是没有认可电影《天仙配》的“情感模式”。那些众多《天仙配》续集的出现也说明了人们对传统团圆结局的怀旧。这些都意味着，电影模式事实上在民间（而非艺术视界中）已经被还原为“孝感—遇仙—分别”的最原始模式了。可见艺术原则从历史的角度来看，它并不能够将涌动不息的民俗理想全然斩杀。

（原载《戏曲研究》2005年第2期。）

《红楼梦》与《桃花扇》关系研究[①]

——也谈《红楼梦》创作于康熙末年说

《红楼梦》虽然是一部叙事作品，但是因为作者对传统文学的偏执爱好与深刻理解，致使该书在小说的形式背后，又时时透露出别种艺术形式的本性来。书中涉及了古代雅俗文学中诸多艺术种类，如诗、词、曲、赋、诔、谒、古文、对联、酒令、谜语等，且各有锦篇佳什存在，但是总而言之，《红楼梦》的本质特征，则是一为诗性的作品，一为戏曲人生的佳构。关于这两方面的论文均已极多，只是其间的问题仍旧不少，即如，关于清代传奇《桃花扇》与《红楼梦》的关系研究就有待于深入的研究。

一、《红楼梦》不提《桃花扇》的客观事实和《红楼梦》征引《桃花扇》的逻辑必要性

《红楼梦》与戏曲的关系十分密切，一开头作者即已明示此书不过是"乱烘烘你方唱罢我登场"的一场大戏。据统计，书中提到"戏"

① 选择此篇作为本书的附录，意在发掘桃花意象的文化象征。《桃花扇》远借桃花意象，发朝代兴亡之叹。植物意象在古典文学中有时仅只是一个发端，但血染桃花的象征意味却极其令人感慨。本文仅考证《桃花扇》未能进入《红楼梦》叙事层面的可能性，未就桃花意象展开研究。仅作附录，以备参考。

字情况大略为："听戏"16 次，"看戏"43 次，"唱戏"40 次，"作戏、扮演、妆演、演戏、演等"21 次[①]。概括起来，书中之戏有多种表现。一是命运是戏，将书中主要人物金陵十二钗的命运以曲的形式来表达，即《红楼梦曲》，喻示人生如戏。二是生活是戏，贾府诸人一项重要的生活内容即是看戏，全书提及的戏名共有 40 种（出）之多[②]，每一处戏的安排都对当时的气氛、人物命运以及情节发展具有某种暗示性。三是人物即戏子，除了贾府特意养了一班小戏子之外，三个主要人物都有此类表现。贾宝玉对戏子琪官的钟情即可看出他自己的"戏子"身份；第二十二回，因贾母怜爱一个小旦，凤姐笑道："这个孩子扮上活像一个人，你们再看不出来？"口直心快的史湘云捅破了这层纸："倒像林妹妹的模样儿。"引起黛玉的极大不满："我原是给你们取笑的，拿我比戏子取笑！"[③]王熙凤在第五十四回也曾有过一次"效戏彩斑衣"的表演呢。至于在创作方法上，《红楼梦》与戏曲艺术之间的关系，专家也多有论述[④]。所以《红楼梦》的"戏曲身份"十分明显，这也标明作者对戏曲艺术有深湛的造诣。

书中提及的 40 种戏目，多数为元明旧戏，但也有明清之交或入清以后的新戏，如邱园（或作朱朝佐）的《虎囊弹》、范希哲的《满床笏》、

---

① 张正学《从〈红楼梦〉看曹雪芹的戏曲思想》，《南都学坛》2003 年第 1 期。

② 张正学《从〈红楼梦〉看曹雪芹的戏曲思想》认为只有 37 种，当不含后四十回中提到的《达摩渡江》（第八十五回）、《蕊珠宫·冥升》（第八十五回）和《占花魁·受吐》（第九十三回）三种，或者是将第十一回的《乞巧》《弹词》、第十八回的《扫花》《仙缘》、第十八回的《相约》《相骂》分别看成一部戏所致，即《长生殿》《邯郸记》《钗钏记》。

③ 纪永贵《论〈红楼梦〉书名之寓意》，《南都学坛》2000 年第 1 期。

④ 许并生《红楼梦与戏曲结构》，《红楼梦学刊》2001 年第 1 辑。

陈二白的《双官诰》[1]等，最受研究者关注的清代戏则是《长生殿》和《续琵琶记》。这两种戏都与曹雪芹祖父曹寅有相当的关系，《长生殿》是曹寅十分喜爱的戏，他曾于康熙四十三年（1704）春末将《长生殿》作者洪昇邀请至江宁织造府，命家班大演此剧三昼夜，并与作者同观共研（说见金埴《巾箱说》[2]）。《续琵琶记》据说为曹寅自己的作品。所以清代这两部戏的重要功能在研究者心目中只是为了给作者定位用的。

但是，令研究者感到困惑不解的是，既然此书已经提及《长生殿》，却为何一言不及当时号称“南洪北孔”的孔尚任之名剧《桃花扇》？

20世纪初，王国维在《红楼梦评论》中就已经将《红楼梦》与《桃花扇》进行美学比较了，第三章《红楼梦之美学价值》：

> 故吾国之文学者，其具厌世解脱之精神者，仅有《桃花扇》与《红楼梦》耳，而《桃花扇》之解脱，非真解脱也……故《桃花扇》之解脱，他律的也，而《红楼梦》之解脱，自律的也。且《桃花扇》之作者，但借李、侯之事，以写故国之戚，而非以描写人生为事。故《桃花扇》，政治的也、国民的也、历史的也；《红楼梦》，哲学的也、宇宙的也、文学的也。此《红楼梦》之所以大背于吾国人之精神，而其价值也存乎此；彼《南桃花扇》《红楼复梦》等正代表吾国人之乐天之精神者也。

不过，在王国维的心目中，他未必认为二者有什么创作上的关联。

---

① 徐扶明《红楼梦与戏曲比较研究》，上海古籍出版社1984年版。第53、55、49页。

② 清金埴《不下带编·巾箱说》，中华书局1982年版，第136页。

在该文第五章《余论》中，为了帮索隐派“宝玉为纳兰性德”之说找证据，他在性德《饮水词》中发现“‘红楼’之字凡三见，而云‘梦红楼’者一”。其实《桃花扇》中也多处有“红楼”“朱楼”之词汇，却未能引起他的注意与联想，因为此前没有人认为《红楼梦》与《桃花扇》有关系，而他自己无疑也没有深究。

最早系统地将《桃花扇》与《红楼梦》进行比较研究的是1983年曲沐《〈红楼梦〉与〈桃花扇〉》[①]一文。文章说：“曹雪芹写作《红楼梦》时，究竟看没看过《桃花扇》的剧作和演出，现无资料可以查证。但从《桃花扇》在京师演出时持续四五年的盛况，‘岁无虚日’‘坐不容膝’，而且‘王公荐绅，莫不借抄，时有纸贵之势’，以及在后来广为流传的情况，在曹雪芹的青少年时期，对剧作应该是知道的。”在这个假定的前提下，曲沐认为：

> 以前有不少论者曾经注意到《红楼梦》与《西厢记》《牡丹亭》的关系，考察它们之间的继承和影响。遗憾的是，很少有人提及《桃花扇》。其实，从创作构思和作品的思想实质来考察，《红楼梦》和《桃花扇》的关系更为直接，更为密切，可以说更为接近。从作者情况看，曹雪芹，和整理后四十回残稿（多数认为是续书的作者）的高鹗，与孔尚任，三人的阶级属性一致……曹雪芹与孔尚任，要比曹雪芹和高鹗更为接近，尽管高鹗整理残稿上有过贡献。颇耐人寻味的是，曹雪芹为写这部书，竟然“泪尽而逝”，孔尚任也因《桃花扇》的问世而被“罢官”，断送了政治生命……这些偶然巧合的

① 曲沐《〈红楼梦〉与〈桃花扇〉》，《红楼梦学刊》1983年第1辑。

因素，是否有某些必然的内在呢？这就提醒我们，有必要将这两部作品放在一起比较一下，或可以从中得到一些有益的理解和启示。

于是他从“爱情和政治”“侯方域和贾宝玉”“李香君和林黛玉”“两大悲剧”四个角度将两部作品作了对比研究，结论是：第一，《红楼梦》虽然“对《桃花扇》则一处都未提到，但从比较中雄辩地说明，《红楼梦》恐怕更多的接受了《桃花扇》的影响”。第二，“它吸收和借鉴了以往许多优秀文学作品的成功经验来丰富自己的创作，其中《桃花扇》应该是主要的”。第三，“这两部作品都给我们提供了‘借情言政’的创作经验，提供了对悲剧艺术的美学价值的认识”。

此后长时间之内，几乎没有人再对《红楼梦》和《桃花扇》进行专题比较研究了，因为曲沐的研究已经成为定论，所以在没有新的可靠材料面世之前，这种比较研究很难超出曲沐的结论。后来仅有零星的论文偶及此题，其实也没有什么新见。如1994年陆联星的《〈红楼梦〉与〈桃花扇〉》[①]，主要论述点是，（一）《红楼梦》广涉前代戏剧，唯独不及《桃花扇》；（二）《红楼梦》与《桃花扇》都是以爱情为线索写兴亡；（三）《红楼梦》与《桃花扇》都揭示故事发生在“末世”；（四）《红楼梦》写贾宝玉出家与《桃花扇》写侯方域、李香君入道；（五）《红楼梦》中的一僧一道与《桃花扇》中的一经一纬；（六）《红楼梦》中之通灵宝玉与《桃花扇》的桃花扇；（七）《红楼梦》写晴雯撕扇与《桃花扇》写张道士撕扇；（八）《红楼梦》中的叹世曲与《桃花扇》中的悲歌。通过如此细密的比较分析，看起来曹雪芹就像是才

---

① 陆联星《〈红楼梦〉与〈桃花扇〉》，《淮北煤师院学报》（社科版）1994年第3期。

思贫乏或者与《桃花扇》作者约好了似的，只好写一部以《桃花扇》为艺术范本的小说来。既然两部作品的大纲与细部有如此多的相似之处，能说二者没有一点联系吗？文章结尾说："对于《桃花扇》这部杰作，爱好戏剧的曹雪芹必然寓目潜心。《桃花扇》的某些艺术表现，也可能为曹雪芹创作《红楼梦》所汲取。"既然如此，他却不提一字，难道说他剽窃了《桃花扇》的艺术匠心却又不敢公开承认吗？

又如 1998 年黄龙的同题论文《〈红楼梦〉与〈桃花扇〉》[①]，与曲沐、陆联星之文所论基本相同。文章先是大量举证两作中的遣词用语、文情立意上的相似性，然后仍从曹寅角度多作推问之辞。

> 曹寅酷爱戏曲，撰有《太平乐事》《北红拂记》《续琵琶》（其中包括《胡笳十八拍》）等，由家蓄之优伶演唱，而在《红楼梦》中曾点过《续琵琶》之《胡笳十八拍》一戏。曹寅是否收藏或演出过《桃花扇》？
>
> 孔尚任与曹雪芹均喜读《牡丹亭》，此点分别反映于《桃花扇》与《红楼梦》之中，实属不容置疑……须知孔尚任与洪昇有"南洪北孔"之称。曹寅岂能独厚《长生殿》而轻《桃花扇》？
>
> 金埴何许人也？原为曹寅之门下客，曾为《桃花扇》题词。门人尚且如此欣赏《桃花扇》，何况"主持风雅"的曹公？
>
> 曹雪芹舅祖李煦……其子李鼎串演过《长生殿》；又请苏州梨园排演苏昆《桃花扇》，以飨士林……雪芹曾随曾祖母看望舅祖李煦，很可能亲睹《长生殿》与《桃花扇》之演出。

① 黄龙《〈红楼梦〉与〈桃花扇〉》，《东南文化》1998 年第 2 期。

焉能不以先睹《桃花扇》为快？

但曹雪芹只字不提《桃花扇》，其故安在？孔尚任终因“狗尾”“龟头”而被罢官，清廷所忌，正应避讳，何必“甄”言，致于戾咎？

在《红楼梦》这部具有戏曲本性的长篇大作中，提到前朝新代的戏曲数十种，且戏曲在该书的创作上又是一种重要的营造预示效果的表达手段，怎会觅不到同时期并同格调的《桃花扇》一丝踪影？从《红楼梦》的主题与创作上看，作者在书中提到《桃花扇》、运用《桃花扇》来为自己创作服务则是一种符合情理的必然之事，这种常人之思主要表现在以下几个方面。

第一，《红楼梦》与《桃花扇》一样把故事背景设在南京，时代也接近。第二，《红楼梦》的主题，若用《桃花扇》结尾处所引的《哀江南》套曲中之语“眼看他起朱楼，眼看他宴宾客，眼看他楼塌了”来概括，是再合适不过了，而整套《哀江南》的凄凉警省的风格更与《红楼梦》十分契合。又如《桃花扇》第四十出《入道》：“［张］呵呸！两个痴虫，你看国在哪里？家在哪里？君在哪里？父在哪里？偏是这点花月情根，割他不断吗？”这简直就是《红楼梦》里的《好了歌》。《红楼梦》的主题写“家亡人散”，《桃花扇》则写“兴亡离合”。从文学意象上来看，石头城、台城、金陵怀古、六朝等在寓意上都支持以上两种主题的衍绎。当曹雪芹读了、看了《桃花扇》之后，岂能不引起他的强烈共鸣？第三，《红楼梦》中，桃花与扇子的意象也常见使用。如林黛玉的深情之讴《葬花吟》和《桃花行》都是吟的桃花；如贾赦夺人古扇致人家破人亡，晴雯撕扇子作千金一笑，滴翠亭宝钗用扇扑蝶，李纨字宫裁其实也是用的班婕妤《纨扇诗》之意。作者在使用这两个意象之时，心中岂能没有《桃花扇》的影子？是作者有意规避，想别出心裁吗？第四，诚如曲沐、陆联星、黄龙三位所论说的，《红楼梦》与《桃花扇》在内容上、结构上有如此多的相似之处，能说它们真的毫不干涉？第五，《桃花扇》于1699年在北京写成传出，康熙戊子四十七年（1708）刻印出版之后，其产生巨大影响的时代正在曹雪芹（1715-1764）之前不久，而曹在《红楼梦》中表现出的广博的知识储备与深湛的艺术修养又怎能允许他对《桃花扇》如此无知？第六，修订过后四十回的高鹗，也曾到过南京，有感于孔尚任《桃花扇》，因有诗《题云亭山人传奇》：

金粉飘零旧梦休，凄凉往事付歌喉。千秋仕女秦淮渡，万里风云鄂渚秋……牡丹一曲芳尘歇，建邺城空水自流……可怜三百年宗社，轻逐烟花付逝波。

高鹗若续写过后四十回，岂有不提及《桃花扇》之理？尤其是后四十回贾府的衰败景象又岂能不引起他对《桃花扇》的联想？他既能“新打”[①]一曲《蕊珠宫》（第八十五回），为何不提及现成的《桃花扇》？难道后四十回内容与高鹗无关？

《红楼梦》对《桃花扇》不置一词这个事实，与《桃花扇》的内容及产生时代却要求《红楼梦》与之必有一层关系这个逻辑之间具有难以调和的矛盾，解开这个矛盾最关键的因素是：曹雪芹是否真的熟知《桃花扇》？

① 徐扶明据《红楼梦》第八十五回演《蕊珠宫》“及至第三出”时，“众皆不知，听见外面人说：‘这是新打的’。”作出判断：“说穿了，是高鹗新打的。”《红楼梦与戏曲比较研究》，上海古籍出版社1984年版，第74页。

二、“曹学”视野中的曹雪芹了解《桃花扇》的可能性与矛盾性

今天，“曹学”关于曹雪芹生平的定论是：《红楼梦》的作者曹雪芹是曾任江宁织造曹寅的孙子，他生于康熙五十四年（1715 年）或 1724 年，卒于乾隆二十七年或二十八年（1763 或 1764）年[①]。这个结论是由 1921 年胡适《红楼梦考证》中的结论与 1927 年发现的甲戌本和 1932 年发现的庚辰本上的脂批共同推导出来的，已成定论。从此所有关于版本、作者家世以及创作思想的继承等问题的研究都必须以此为坐标才能展开。也就是说，当我们确定了曹雪芹的生卒年之后，《红楼梦》的创作时间就得以定位。既然如此，这个被限定了生活时代的曹雪芹，有没有了解、观看和阅读《桃花扇》的可能呢？

第一，《桃花扇》的首演是引起轰动的事件，上达天听，下及世族大家，南北都当知晓。《桃花扇》为清初东鲁孔尚任积“十余载”之功、“凡三易稿而成”的一部呕心沥血之作，初稿完成于康熙己卯三十八年（1699）。剧本完成后，它的传播可分两个阶段，首先是文本的传播，《桃花扇本末》：

> 《桃花扇》本成，王公荐绅，莫不借抄，时而纸贵之誉。己卯秋夕，内侍索《桃花扇》本甚急；予之缮本莫知流传何所，乃于张平州中丞家，觅得一本，午夜进之直邸，遂入内府。

此时主要是在京城的文人圈子中流传，传诵者多有品题。“识《桃花扇》者，有题辞，有跋语，今已录于前后。又有批评，有诗歌，其

① 中国艺术研究院红楼梦研究所校注《红楼梦·前言》，人民文学出版社 1982 年版。

每折之句批在顶，总批在尾，忖度予心，百不失一，皆借读者信笔书之，纵横满纸，已不记出自谁手。今皆存之，以重知己之爱。”当时经作者手订的刻本后附有序1、后序1、跋文8、题辞10人74首。

稍后，有条件的大家贵族才开始演出此剧，且形势十分火爆，《桃花扇本末》：

> 长安之演《桃花扇》者，岁无虚日，独寄园一席，最为繁盛。名公钜卿，墨客骚人，骈集者座不容膝。张施则锦天绣地，胪列则珠海珍山。选优两部，秀者以充正色，蠢者以供杂脚……然笙歌靡丽之中，或有掩袂独坐者，则故臣遗老也；灯炧酒阑。唏嘘而散。

《本末》然后列举了几则事例，如“万山之中”的楚地容美（今湖北鹤峰土家族自治县），竟然也有“每宴必命家姬奏《桃花扇》，亦复旖旎可赏，盖不知何人传入？或有鸡林之贾耶？”又如作者自己到山西恒山拜会太守刘雨峰，“时群僚高宴，留予观演《桃花扇》，凡两日，缠绵尽致”。

当然，作者自己撰写的《本末》，行文间不免有溢美之辞和夸饰之意，但是《桃花扇》的不胫而走则是不可否认的事实。《桃花扇》问世后，因其能勾起故老遗臣对旧朝的感伤之情，所以在文人圈子中产生了很强的传播效应，很快被人与十年前（1688）曾轰动一时的《长生殿》相提并论：“两家乐府盛康熙，进御均叨天子知。纵使元人多院本，勾栏争唱孔洪词。”（金埴《题〈桃花扇〉后二截句》）。

《桃花扇》在京城引起上下轰动，作者却莫名其妙地被“罢官”了。但是孔尚任离开官场与京城之后，《桃花扇》的传播并没有也不可能因之而停止。虽然到了乾隆年间，它的影响并不如当时那样红火，但是可以肯定的是，一方面《桃花扇》因为已经有了刻本，所以它的影响在读书人中将会更加深远；另一方面，因为清代大族世家对戏曲的狂热偏好，所以在家庭内的演出也不会停止；再者，因该剧内容上的独特优势，也容易使汉族文人对之寄寓独特的怀古幽思，所以《桃花扇》对文人与世家子弟的影响在乾隆年间一定是非常之深的①。

曹雪芹既然生于1715年，则其青少年学习时期——也即曹家败家(1728)之前，正是《桃花扇》刻本(1708)传播的前二十年。从表面上看，生活于江宁织造府的曹雪芹能接触到《桃花扇》剧本甚至观看其演出的可能性则是不容置疑的。但是他应该以何种方式接触《桃花扇》呢？

第二，曹寅有条件知悉并收藏《桃花扇》，但曹雪芹不一定有条件从家藏书籍中了解《桃花扇》。黄龙在《〈红楼梦〉与〈桃花扇〉》一文中已经就曹寅爱好戏曲及李煦家班演出《桃花扇》的情况进行了考察，认为曹寅知道《桃花扇》是可能的。作为皇帝亲信并兼文人身份的曹寅在当时社会上是颇具影响力的人物，尤其是在江南地区。曹寅的文学才华也是有据可查的，其文学作品今存诗词文集《楝亭集》(《楝亭诗钞》8卷、《楝亭诗别集》4卷、《楝亭词钞》1卷、《楝亭词钞别集》1卷、《楝亭文集》1卷)。存戏曲作品传奇《续琵琶》《虎口余生》，杂剧《北红拂记》《太平乐事》。曹寅自称“吾曲第一、词次之、诗又次之”(王朝瓛《楝亭词钞序》)。既然连康熙皇帝都看重《桃花扇》②，而作为皇帝耳目、家中大小事务都须以密折上奏的曹寅岂有

① 汪龙麟《清代＜桃花扇＞研究述评》，《克山师专学报》2000年第4期。

② 吴梅《顾曲麈谈·谈曲》：“相传圣祖最喜此曲，内廷宴集，非此曲不奏，自《长生殿》进御后，此曲稍衰矣。”此语有误，《长生殿》脱稿于1688年，第二年作者即因在“国丧”期间演剧罹祸。而《桃花扇》成稿于十年之后(1699)，怎能说它先于《长生殿》“进御”呢？ 上海古籍出版社2000年版，第118页。

不知此剧之理！于是红学家循理推说道：

> 曹寅不但自作剧曲，而且亲自粉墨登场参加演出。根据当时的记载，曹寅在苏州、江宁织造任上都蓄有“家伶”，并经常在家设宴演剧招待友人。故曹雪芹之家爱好戏剧由来已久，到曹雪芹童年时期已有三十年的历史[①]。

从《红楼梦》来看，曹雪芹具有极高的文学素养是无疑的，但是他的这种修养是如何培养出来的，却没有可靠的材料能够说明。研究者一般都从其祖父曹寅那里寻根究源，甚至从曹寅作品中的字词来推测曹雪芹进行《红楼梦》构思的轨迹。如周汝昌《献芹集》中“曹雪芹家世生平丛话”一文即沿用此思路，略如：《红楼梦》中“元迎探惜”四春的名字，在曹寅的《续琵琶》中为蔡文姬的侍女的名字。《红楼梦》曾引范成大诗句“从有千年铁门限，终须一个土馒头”，在《续琵琶》中，“祭墓”一折中丑角李旺也说过此语。《红楼梦》中的“开辟鸿蒙……”似从楝亭诗中“茫茫鸿蒙开，排荡万古愁”而来。无才补天的石头，似从楝亭诗“娲皇采炼古所遗，廉角磨砻用不得”脱出。绛珠和神瑛，似从楝亭诗“承恩赐出绛珠宫，日映瑛盘看欲无”化来。黛玉“葬花”之事也见楝亭诗“百年孤冢葬桃花”。《红楼梦》中黛玉有诗“偷来梨蕊三分白，借得梅花一缕魂”，而楝亭也有诗“轻含豆蔻三分露，微漏莲花一线香”。二者用语颇类。稻香村对联云“好云香护采芹人”，楝亭也有诗“野香深护读书人”。《红楼梦》中宝玉用“姽婳”一词，颇冷僻，而楝亭诗恰有“姽婳如刺绣”之句。《红楼梦》用“潇湘”“湘云”之词，楝亭诗也有“潇湘第一岂凡情”“湘草湘云自有家”等句[②]。

---

① 朱淡文《红楼梦论源》，江苏古籍出版社 1992 年版，第 35 页。

② 周汝昌《献芹集》，山西人民出版社 1985 年版，第 29-86 页。

先不论这种比附是否能够说明问题，权且认为曹雪芹真是受了祖父的影响，然而，有一个重要的前提是，曹雪芹从他的祖父那里到底继承了多少文学遗产？又是如何继承的？

按照“曹学”研究成果，一说曹雪芹生于1715年，则乃祖曹寅已经去世（1712）三年。若按另一说曹雪芹生于1724年，则其出生已是曹寅死后12年的事了。曹家败于雍正五年（1728）。从时间上看，曹雪芹不可能亲聆曹寅的教诲，那么他如何能从祖父那里继承家学呢？有两种可能，一是从父辈那里间接学习，二是通读并领会祖父的著作与藏书。如果是从父辈那里学习，一则父辈只会像《红楼梦》里的贾政一样，并不赞成而只会反对自己的儿子对诗词曲大加研习，因为若从传家立业角度计，研习“时文”才是正道。况且曹颙与曹頫相继接任江宁织造后，几乎一直在为曹家的巨额亏空而奔走求援，似乎没有像曹寅那样优游闲适的雅兴与时间。所以年幼的曹雪芹从他们那里学习诗词曲等旁门左道的文章作法，这种可能性是极小的。

若是从祖父的藏书中学习艺文之道，则必须有一个条件：曹寅的丰富藏书最后全归曹雪芹所拥有！曹寅是藏书家和刻书家，他的藏书不在少数，据《楝亭书目》著录，共有3287种，分36大类，其中“说部”就有469种。但是当曹家被抄时，这批藏书的下落如何？红学家很少正面考察这个问题，他们观念中总以为这批书后来全归了生活条件不过是“瓦灶绳床、阶柳庭花”的落魄公子曹雪芹了，也就是说，当曹雪芹创作《红楼梦》时，曹雪芹拥有曹寅的全部藏书作为参考书使用呢！否则又如何解释曹雪芹那样高超文化修养的来路呢？

可是，根据“曹学”研究成果，我们明明看到了曹家雍正五年被抄时的历史文献。从中可以看出，曹家败落时，其财产只有两个去向，一个是被皇帝赏给了继任江宁织造隋赫德了，雍正七年七月二十九日《刑部移会》引总管内各府同年五月初七日咨文：

> 曹頫之京城家产及江省家产人口，俱奏旨赏给隋赫德。后因隋赫德见曹寅之妻孀妇无力不能度日，将赏伊之家产人口内，于京城崇文门外蒜市口地方房十七间半、家仆三对，给与曹寅之妻孀妇度命[①]。

明文所言曹家的京城与江省的“家产”“俱赏给”隋赫德。又如雍正朝《江宁织造隋赫德奏细查曹頫房地产及家人情形》：“（奴才）于未到之先，总督范时绎已将曹頫家管事数人拿去，来讯监禁，所有房产什物，一并查清，造册封固……余则桌椅、床机、旧衣零星等件及当票百余张外，并无别项，与总督所查册内仿佛。”[②]曹寅的那笔丰富藏书也许一并记录于册内，也许早已拿到典当行里去了。雍正十年，隋（绥）赫德离任时大有亏空，也被革职治罪，因他结交已被革职圈禁的平郡王纳尔苏（即曹寅的女婿），再次犯事。刑部会审时，他自称：“后来我想小阿哥是原任织造曹寅的女儿所生之子。奴才荷荣皇上洪恩，将曹寅家产都赏了奴才，若为这四十两银子催讨不合，因此不要了是实。”[③]则曹寅的藏书也当是“家产”的一部分，因为以曹寅的地位，其三千余种藏书当不乏珍本、善本与秘本，且后继者隋赫德虽然不是一个风雅文人，想他对曹家藏书的价值当不会不清楚。后来隋赫德出于同情而返还给曹家度日的北京“家产”，也只不过是十几间房子等。曹寅晚年一直在江南为官，他的藏书也一定在南京、扬州等地，所以

---

① 《新发现的有关曹雪芹家世的档案》，《历史档案》1983 年第 1 期。

② 朱一玄《红楼梦资料汇编》，南开大学出版社 2001 年版，第 17 页。

③ 参见张殿仁《康雍时期几任江宁织造的结局》，《历史档案》1999 年第 1 期。

北京的房子中是不会有他的藏书的。那么当曹家家眷迁至北京时，年仅十三岁或五岁的曹雪芹怎么可能与他祖父的大量藏书结伴而行呢？

曹家财产的第二个去向是“暗移他处”。雍正五年十二月二十四日下达的抄家上谕说：

> 然伊不但不感恩图报，反而将家中财物暗移他处，企图隐蔽，有违朕恩，甚属可恶！著行文江南总督范时绎，将曹頫家中财物固封看守，并将重要家人立即严拿；家人之财产，亦著固封看守，俟新任织造官员绥赫德到彼之后办理。伊闻知织造官员易人时，说不定要暗派家人到江南送信，转移家财[①]。

此段上谕说了几层意思，一层是曹家因为预感形势不妙，已提前将部分财产暗移他处了，所以皇帝命令下臣务必将曹家余物“固封看守”。二层是曹家家产极有可能是转移到“重要家人”的家中了，所以既要将“重要家人”拿了，又要将他家的家产“固封看守”，以免曹家转移来的财产流失。三层是说当贾家得知自己面临厄难（免官）之时，必然要再一步“转移家产”，所以要对曹家封锁即将撤换江宁织造的消息。

自从此谕发出后，曹家的财产再也不能够转移，最后必将全归隋赫德了。即使原先转移到“重要家人”家的财产也不能逃脱最终被没收的命运（谕中没有提到曹家将财物转移到李煦等亲戚家，所以这种可能几乎没有，因为李家在此前已先破家），可见这部分被转移的家产并没能真正地转移成功。

---

① 朱一玄《红楼梦资料汇编》，第16页。

曹寅的藏书作为“家产”的重要组成部分难免被抄没易主或当时即被典去的命运。据记载，“乾隆中叶有人从琉璃厂买回的书，发现上面有曹楝亭的印章”[①]。但曹寅本人的著作（刻本）因为量小、便于携带，有可能随着家人回到北京，即使当时没有携带，在后来的岁月中，曹家人也完全可能通过其他渠道重新搜集到。不过，对于曹雪芹来说，曹寅本人的区区几本著作，不仅其包容的文化信息十分有限，同时其艺术水准也不能与《红楼梦》相提并论。所以家败之时，年仅十三岁或五岁的曹雪芹不仅此前无法从曹寅的丰富藏书中汲取营养来让自己过早地成为艺术天才，而且也不可能在此后仍然能够左拥右抱着祖传之书完成自学成才之任。

既然如此，曹寅即使有《桃花扇》的本子，曹雪芹却未必能够因此而知道《桃花扇》。这里有一个致命的矛盾。当曹雪芹于1728年来到北京时，《桃花扇》影响的余波一定还没有消褪，随着他在北京的成长与交游，《桃花扇》被他了解的可能性只会是百分之百的。因为从《红楼梦》的内容看，作者是一个多才多艺、锦心绣口、博闻强记、视野开阔、人文修养十分深厚的作家兼学者型的人物，他没有祖父的藏书可以学习，他又是那样贫寒无奈，那么，令人困惑的问题是：他的知识与修养都是从哪里来的？

无论是曹寅，还是曹雪芹，只要是生活在那个时代，不管通过什么途径，他们知道世间有《桃花扇》一文应是不成问题的。但是，即使曹寅对《桃花扇》了如指掌，而生活于乾隆年间的曹雪芹从曹寅那里获知此事的可能性却是极小的。因此，研究者以为认定了曹寅与《桃

① 刘梦溪《红楼梦与百年中国》引李文藻《南涧文集》卷上《琉璃厂书肆记》，河北教育出版社1999年版，第78页。

花扇》之间的关系也就解决了曹雪芹与《桃花扇》之间的关系，这种思路未必是靠得住的。

三、“世交说”与“避祸说”均不能成立

既然曹雪芹知道《桃花扇》，那么是什么原因让他对这部让人“唏嘘”不已的名作三缄其口呢？研究者能够提出的观点并不多。有一种观点认为，曹雪芹是知道《桃花扇》的，他之所以在《红楼梦》中不提此剧，乃是因为“曹府不演《桃花扇》”[①]。这位研究者发现曹家戏班的曲师朱音仙曾在阮大铖手下讨过生活，所以怀疑道：

> 《楝亭词钞》有《念奴娇·赠曲师朱音仙》，注云：“朱老乃前朝阮司马进御梨园。”曹寅是否因尊重朱音仙而兼及阮大铖，于是不忍上演《桃花扇》？

因对这种比较牵强的说法不太自信，文章于是又提出另一种解说：

> 曹府不演《桃花扇》，也许是碍着马士英之子马銮的面子。康熙初年，曹玺曾聘马銮为曹寅塾师，师生关系甚好，《楝亭诗别集》卷一有《见雁怀马相伯》《哭马相伯先生二首》。相对于阮大铖，马士英的人品更高一点……如阮大铖阴谋将东林一网打尽，而为士英所拒就是一例。而东林党人免却这场劫难，又恰恰与曹寅塾师马銮有关。据王昶《青浦诗传·顾在观》，马銮为阻止其父兴大狱，“几谏至于挽须抱项，涕泣随之。诸君子得以从容引退，未出亦高卧里门”。《桃花扇》

① 王宪明《曹府不演〈桃花扇〉》，《红楼梦学刊》2000年第2辑。

出于奸臣亡国的安排，对马士英未免漫画化了，他的角色也是个大花脸——净，在《入道》一折，让霹雳雷神把马士英劈死，更是荒诞。

当《桃花扇》完成之时，马銮早已辞世，朱音仙也未必还健在。但曹寅仍不在家中上演《桃花扇》，足见忠厚；而曹雪芹因父祖因谊，不忍提及此剧，也体现了古道遗风。

笔者以为，这两种说法都有一定的道理，但道理仅仅及于曹寅自身，与曹雪芹绝没有什么相干。也就是说，曹寅虽然知道并读过《桃花扇》，但他在家中大演《长生殿》而从不提也不演《桃花扇》，有可能正是这种“忠厚”品质的体现。但是，既然如此，生长于曹府的曹雪芹在幼年时，就连了解《桃花扇》的可能也要大打折扣了。这正好可以说明，曹寅与《桃花扇》的关系不能连带证明曹雪芹与《桃花扇》的关系。

当曹雪芹创作《红楼梦》时，已是曹寅死后三十余年的事了，家已败了，时已变了，事也改了，阮大铖、马士英为误国奸臣在清初是尽人皆知的，岂能否认？而曹寅对幼年塾师的一己之私情却是曹雪芹所无法体会的。如果这点微薄之意就影响了作者将《桃花扇》写入《红楼梦》，那未免也太不了解《红楼梦》的基本情况了。

第一，《红楼梦》这本书明明是写作者自己经历的“一场梦幻”，书中并不是一味“歌功颂德，眷眷无穷”，而是在营造繁华景象的同时，对这个家族的衰败过程进行了正面的描绘，对贾府上辈的不正、子弟的不才作了穷形尽相的刻画。如果“为尊者讳”，则《红楼梦》一句也写不出来。

第二，联系曹家事实，《红楼梦》中就有许多“忤逆”之笔。如书中多处直书“寅”字就是对曹寅的大不敬。既然他为了祖父幼年生活中一个背影模糊的马銮，都可以忍痛割爱竟至不提在创作逻辑上不能回避的《桃花扇》，而对自己德高望重的祖父名讳竟然明白写出，这点就连五六岁的林黛玉在读写母亲之名“敏”字时也知道改读“密”字或减笔不书（第二回），而曹雪芹却不遵此规矩，这就是不孝之举！

第三，按“曹学”研究成果，一说曹雪芹是曹颙的遗腹子，一说他是曹頫之子。不管他是谁的儿子，按照上文的逻辑，他在《红楼梦》中对马姓则是不能不敬的，这倒不是因为马銮的缘故，而是因为康熙五十四年(1715)三月初七日曹頫在给皇帝的奏折中，有“奴才之嫂马氏，因妊孕已经七月”之语，他的寡嫂即曹颙之妻。而《红楼梦》第二十五回那个以魇魔之法暗害凤姐与宝玉的巫婆——“宝玉寄名的干娘”正叫“马道婆”呢。如果曹雪芹的母亲或与他一起生活的伯母姓马，从家族情感的角度来看，这也是一个不孝之举。

第四，作为当时社会名流的曹寅有很多字号，据周汝昌《红楼梦新证》，《八旗文经卷》五十七《作者考》甲叶十一云：“曹寅，字子清，一字楝亭，号荔轩，一号雪樵。”又《八旗艺文编目》子部叶四十云：“曹寅，字子清，一字幼清，一字楝亭，号荔轩，一号雪樵，自称西堂扫花行者。”[①]甲戌本第二回侧批：“‘后’字何不直用‘西’字？恐先生堕泪，故不敢用‘西’字。”第二十八回侧批：“叹叹。西堂故事。”庚辰本第二十八回眉批：“大海饮酒，西堂产九台灵芝日也。”红学家都认为，这三条脂批均暗指曹寅的“西堂”之号。脂批者如此熟悉曹寅，又怎能不知曹寅号“雪樵”呢？祖父有一个号明明叫“雪樵”，可是这个大逆不道的“不肖”之孙却可以堂而皇之地将自己的号取为“雪

① 周汝昌《红楼梦新证》，人民文学出版社 1976 年版，第 44 页。

芹”，是可忍，孰不可忍！

所以若从作者个人的、家族的私情出发来理解创作上的禁忌，多半是难以自圆其说的。

除了这种比较牵强私密的“世交说”之外，还有一种通常的解释即“政治避祸说”。前引陆联星《〈红楼梦〉与〈桃花扇〉》即认为：“《红楼梦》的描写只涉及《长生殿》而不及《桃花扇》，显然与政治有关，《桃花扇》写的是明末清初的事，直接关涉当世，政治色彩太强了……被抄过家，经受过政治打击的曹雪芹，怎能不忌讳《桃花扇》？怎能不汲取自家和孔尚任的教训？因此说《红楼梦》广泛涉及前代剧作而不及名作《桃花扇》，是为了避嫌，以免引起政治麻烦。”黄龙《〈红楼梦〉与〈桃花扇〉》一文的结尾语也是此意：“但曹雪芹只字不提《桃花扇》，其故安在？孔尚任终因‘狗尾’‘龟头’而被罢官，清廷所忌，正应避讳，何必‘甄’言，致于戾咎？”

红学家认为，《红楼梦》创作于乾隆年间，其时文网森严，文人在创作时唯恐避祸不及，所以脂本在第一回特意交待此书“毫不干涉时事”，即是此意。《红楼梦》模糊处理故事的时代背景以及官制等手法也与此意有关。但是，若将该书不提《桃花扇》也归因为“避祸”目的，却是不能成立的。

第一，孔尚任的罢官与《桃花扇》之间的关系并不是一件确凿无疑之事。孔尚任的仕途起点是具有戏剧性的，因康熙南巡经过曲阜时，偶然的机会让孔尚任为皇帝讲经，于是他被优待额外授为国子监博士。这种升迁与他本人的才学并没有必然的联系，只不过是皇帝为了笼络孔氏和汉族文人的一种小伎俩。之后，他在官场上无所作为、忧闷无聊地度过了十多年光阴。1699 年经十余年酝酿写作的《桃花扇》传奇定稿，如前所述，一时在京城产生了极强的传播效应，并迅速向外地扩散。第二年，康熙三十九年（1700）三月中旬，孔尚任升为户部广东清吏司员外郎，不到一月，即被罢官。其因不外是耽于诗酒、荒废政务而已。虽然研究者多引他自己及朋友的诗句来证明《桃花扇》是他致祸的原因，但这些诗句只不过是古代文人自叹命薄的模式化表达的产物。如孔尚任《放歌赠刘雨峰寅丈》："命薄忽遭文章憎，缄口金人受谤诽。"可是他的罢官，朝廷所给的原因其实并不明确，即使有因，也不为他本人或友人所认可，所以友人刘中柱《真定集》卷三《送岸堂》曰："身当无奈何将隐，事在莫须有更悲。"

关于孔尚任罢官之由，历来没有明确而统一的说法，20世纪研究者各抒己见，相持不下。主要有：（一）因《桃花扇》致祸说；（二）以"疑案"罢官说；（三）遭人攻讦而罢官说；（四）因《通天榜传奇》致祸说[①]。因为自始便没有可靠的、直接的材料能说明孔尚任被罢官的真正原因，甚至连孔尚任本人也说不清楚，所以认为引用《桃花扇》具有政治风险的说法明显难以成立。

第二，即使孔尚任被黜后，《桃花扇》也没有遭禁。孔尚任罢官后，并没有立即回归故里，他似乎还在京城寻找别的机会，一直等了两年，才于康熙四十一年（1702）年离京归乡。除了不再任职之外，他并没有受到政府另外的打击和限制。同时，《桃花扇》的演出在京城也没有停止。据他在《桃花扇本末》中的自述："庚辰四月，予已解组，木庵先生招观《桃花扇》。一时翰部台垣，群公咸集；让予独居上座，命诸伶

① 段启明、汪龙麟主编《20世纪中国文学研究·清代文学研究》，北京出版社2001年版，第454-458页。又见朱万曙《近十年孔尚任及〈桃花扇〉研究综述》，《文史知识》1990年第12期。

更番进觞，邀予品题。座客啧啧指顾，颇有凌云之气。”所谓“予已解组”即是说已罢官了，而此时，“翰部台垣，群公咸集”，并不见有人畏惧《桃花扇》，众人推作者“上座”，也可见作者身上并没有“政治包袱”。而此后也没有孔尚任受到其他政治迫害的事件。况且，在他罢官七年之后《桃花扇》且能堂而皇之地刻印出版，书末还附有时人的众多题咏，何来“清廷所忌，正应避讳，何必‘甄’言，致于戾咎”之事？

第三，雍乾年间及稍后的清人都不讳演、讳观、讳言《桃花扇》。所演者据金埴《巾箱说》：“今勾栏部以《桃花扇》与《长生殿》并行，罕有不习洪孔两家之传奇，三十年矣。”所谓“三十年矣”，可见说这话时正是乾隆年间。所观者据蒋星煜考察，当时著名观剧诗作者金德瑛（1701-1762）观剧组诗其八《柳敬亭》曰：“班书石勒焉能解？想亦人如柳敬亭。”又有杨芳灿（1753-1815）《消夏偶检填词数十种，漫题绝句，仿元遗山论诗体》之十一：“纨扇桃花血未干，哀丝急管集悲欢。世人莫共雕虫技，当作南朝野史看。”又如直隶大兴人舒位（1766-1815）《瓶水斋诗集》中载有《书〈桃花扇〉乐府后二首》，其一：“粉墨南朝史，丹铅北曲伶。重来非旧院，相对有新亭。构党干戈接，填词笔砚灵。匆匆乐能唱，肠断柳条青。”[①]再往后品题《桃花扇》的就更多了。所言者据汪龙麟考察：“雍乾以降以迄清末，学届对《桃花扇》研究倾注了极大的热情，序跋题辞者乙乙不绝，而各类戏曲论著中于《桃花扇》亦多所着笔。”[②]如杨恩寿、包世臣、李孳铭等人

---

① 蒋星煜先生《〈桃花扇〉从未被表演艺术所漠视——二百年来〈桃花扇〉演出盛况述略》，《艺术百家》2001 年第 1 期。

② 汪龙麟《清代〈桃花扇〉研究述评》，《克山师专学报》2000 年第 4 期。

都曾毫不畏惧地研讨过《桃花扇》。既然大家都在自由观看与言说，曹雪芹的“胆小怕事”就是没有理由的。

第四，曹雪芹在《红楼梦》中引用了“为世所熟知”的因“政治致祸”的《长生殿》[①]，为何就不敢引“莫须有”政治嫌疑的《桃花扇》？洪昇于康熙二十七年（1688）春完成《长生殿》，与十一年后的《桃花扇》一样，“一时朱门绮席，酒社歌楼，非此曲不奏，缠头为之增价”（查为仁《莲坡诗话》卷下）[②]甚至到了“爱文辞者喜其词，知音者赏其律，以是传闻益远。畜家乐者攒笔竞写，转相教习。优伶能是，升价什佰。他友游西川，数见演此，北边、南越可知已”的地步（吴人舒凫《长生殿序》[③]）。据考，康熙二十八年（1689），皇帝观看了由内聚班演出的《长生殿》，十分欣赏。该年七月，康熙佟皇后去世。八月上旬，内聚班为洪昇演出专场。洪昇于是邀请名流台翰，会于生公园，大演《长生殿》。后因被人举报，洪昇被国子监除名，受连累者达五十多人。这真是“可怜一曲《长生殿》，断送功名到白头”（时人赠因此事被革职的翰林院检讨赵执信诗）。但是与后来的《桃花扇》一样，洪昇虽然被革职，甚至当时曾遭逮捕下狱，而此后《长生殿》并没有被禁演。十五年后，康熙四十三年（1704）江南提督张云翼还邀请洪昇到松江，为其张摆盛筵演出《长生殿》。曹寅就是闻说此事后，才将洪昇邀致

① 章培恒《演〈长生殿〉之祸考》对此有不同看法：“昉思、执信等以《长生殿》致祸之事，虽为世所熟知；而于演剧致祸之由，则多影响附会之说。”即使洪昇非因演剧致祸，然而此说已经“为世所熟知”，曹雪芹岂能无顾忌？《洪昇年谱》，上海古籍出版社 1979 年版，第 397 页。

② 章培恒《洪昇年谱》，第 283 页。

③ 吴人舒凫《长生殿序》，载吴毓华《中国古代戏曲序跋集》，中国戏剧出版社 1990 年版，第 409 页。

江宁同观《长生殿》的。就是这次从江宁回去的路上，洪昇不幸落水身亡。而他死时，《长生殿》的刻印即将完成了[①]。

《长生殿》为洪昇致祸之源，这是人所共知的，但是，即使曹寅也没有将观演《长生殿》视为畏途；而《桃花扇》并不能说是孔尚任丢官的直接原因，则曹雪芹又有什么必要因为“惧祸”而舍弃如梦如幻、如泣如诉的《桃花扇》呢？

四、也谈《红楼梦》创作于康熙末年说

前文所论，撮其要者不过是：（一）《红楼梦》不提《桃花扇》是事实。（二）《红楼梦》作者若生活于雍正乾隆年间（1715-1764），必定知道《桃花扇》。（三）曹雪芹若生活于曹寅之家，就有可能不知道《桃花扇》；即使知道，也非从曹寅处得知。（四）曹雪芹既知道《桃花扇》，就没有理由不将它写入《红楼梦》。（五）认为曹雪芹碍于祖父的面子或出于惧祸心理而故意漠视《桃花扇》，二说均不能成立 。

综合以上五条判断，不难得出一个与“曹学”相左的结论：曹雪芹写作《红楼梦》时并不知道有《桃花扇》一文，《红楼梦》的创作时间比《桃花扇》的问世要早或大致同时。进一步明确就是，《红楼梦》并不是成书于乾隆年间而是康熙末年。曹雪芹生活于康熙年间，这个说法不是笔者所创，时在1999年，欧阳健在《曹雪芹的时代》[②]一文中就已系统地研讨了这个问题。他因有感于红学研究中人们往往

---

① 参见郭英德《明清传奇史》，江苏古籍出版社1990年版，第450-452页。

② 欧阳健《曹雪芹的时代》，《明清小说研究》1999年第1期。

被“凝固的观念所左右”，便重新梳理了有关曹雪芹生活时代的材料，发现，曹雪芹极有可能是曹寅的长子曹顺，而《红楼梦》的成书时间当在1704或1705年间。但是，他的观点一经提出即遭到红学家们猛烈的批驳，即使不发言的红学家对之也是持否定态度的，因为“曹学”既定的研究成果并没有因之被撼动，所有的论文仍然在不厌其烦地引用成见并接着讨论脂批所提供的矛盾重重的关于曹雪芹和《红楼梦》的材料。欧阳健的声音很快便被淹没了。

笔者经过对读诸家材料，在这个问题上倒是十分同情欧阳健的观点，窃以为他讲出了许多在理的地方，当然也难免偶有不通之处。比如他尊重袁枚关于曹雪芹为曹寅儿子的记载等材料就是一种务实的态度。尤其是他列举的《何必西厢》《儿女英雄传》《歧路灯》等书雍正年间的序就已提到《红楼梦》以及《红楼梦》不避乾隆早夭的太子永琏之讳等证据，确实能启人疑窦。他说曹顺是曹寅的长子也有可信的一面，但他接着认定曹顺即曹雪芹，便不免凿枘了。因为按康熙二十九年（1690）四月初四日《总管内务府曹顺等人捐纳监生事咨户部文》，当年曹顺十三岁，逆推其生年为1678年，如果他就是曹雪芹，《红楼梦》又完成于1704年左右，则作品完成之时，作者才二十七岁。再减去“批阅十载”的时间，难道他十七岁就开始写作《红楼梦》了吗？若将花在这部大作上的缘起、构思、腹稿时间定为两年，则他十五岁就准备写作《红楼梦》了，就像今天所谓“九十年代作家”一样，这是令人难以置信的。且《红楼梦》第一回第一段明明写着“当此，则自欲将已往……背父兄教育之恩，负师友规谈之德，以至今日一技无成、半生潦倒之罪，编述一集，以告天下人”，既然他自己有愧于“父兄教育之恩”，若说他是曹寅长子，那么其“兄”又是谁呢？这不是一个十几岁孩子的口吻，而是一位饱经沧桑的至少是四十余岁中年人的感慨之语。

在此，《桃花扇》可以成为推测《红楼梦》成书时间的一个定位材料。《桃花扇》成稿于1699年，刊刻于1708年。如果承认《红楼梦》不提《桃花扇》乃是因为作者创作《红楼梦》时尚不知或者世间本无《桃花扇》的话，那么《红楼梦》只能成书于1708年之前，最好是1699年之前。但是鉴于该书已经提到了《长生殿》的内容，则它必在《长生殿》的脱稿时间1688年之后，最好是在该剧刊刻时间1704年之后。于是《红楼梦》的大体成书时间从宽处算当在1688-1708年间，其创作时间上推十年即在1678至1698年间；保守的成书时间当在1704-1708年间，创作时间在1694至1698年间。这样一来，生于1678年的曹顺自然不可能是作者曹雪芹了。从他三十岁开始创作《红楼梦》来考虑，则这个曹雪芹当生于1648至1664年间，这个人与曹寅（1658-1712）、曹宣（1662-1705）兄弟生活时代相当。如果这样，他当然可以取号为“雪芹”而无视曹寅号“雪樵”的事实；他也无需在《红楼梦》中为“寅”字避讳了。

其实，《红楼梦》中还有一个重要的时间定位依据，第十六回赵嬷嬷回忆“太祖皇帝仿虞舜的故事”时提到江南的甄家曾“接驾四次”。据查，康熙一生六次南巡，其中后四次南巡（康熙三十八年至四十六年），时在任内的曹寅均参与了接驾事务，皇帝驻跸在江宁织造府内。康熙四十六年为1707年。这一时间没有超越1704-1708的这个保守的成书时限。

但是，一旦如此推论，新的问题立马就迫在眼前了。第一，这个与曹寅同辈的人又是谁呢？他们兄弟（包括与他们同祖的曹宜）终其身都没有沦落到“一技无成、半生潦倒”的地步，曹家没有这样的人。第二，康熙末年，曹家哪里有“家亡人散”的大悲剧？曹家子弟怎能有如此深沉的人世沧桑之感喟呢？第三，袁枚《随园诗话》中所谓“其子雪芹撰《红楼梦》一部，备记风月繁华之盛”，难道也不可信了吗？

就像欧阳健有感于红学研究中人们常被“凝固的观念所左右”而另辟蹊径一样，笔者也无法不走入另外一条边路：难道曹雪芹非得是曹寅这个家族的成员吗？曹氏宗谱中不是从来就没有发现曹雪芹这个人吗——哪怕他真是生活于乾隆年间？欧阳健 1993 年 6 月 14 日在《程甲本〈红楼梦〉新校注本前言》中就已经说过：“曹寅与曹家，与写《红楼梦》的曹雪芹是否有某种联系，实在是大可怀疑的。”[①]从这个角度再来回望《红楼梦》与曹雪芹的诸多无解的矛盾，则我们的思路就要开阔多了。然而，问题只能是到此为止，再往前引申或胡乱猜想，就容易陷入谬误的泥潭，因为我们至今所能占有的材料尚不足以解开作者的身世之谜。如果就像眼下互联网上大加炒作的“洪昇是《红楼梦》的作者”和“曹寅是《红楼梦》的作者”那样乱戴帽子，则只会让人有“才出虎穴，又入狼窝”的无奈！

因为《红楼梦》在内容上存在着一些不协调的痕迹，如 5-13 回，63-69 回关于秦氏与二尤的故事在情节、结构、思想观念、语言风格上都与全书很不合榫[②]，所以它完全可能有一个复杂的成书过程，正如第一回指明的这个过程是：《石头记》（石头）—《情僧录》（情僧）—

---

① 欧阳健《红学辨伪论》，贵州人民出版社 1996 年版，第 161 页。

② 纪永贵《从尤氏到秦氏——探讨〈红楼梦〉成书过程的新视角》，《东方丛刊》2001 年第 3 期；《红楼梦秦氏的病源与死因》，《中国文化月刊》（台）2001 年第 4 期。

《风月宝鉴》（孔梅溪）—《金陵十二钗》（曹雪芹）—《红楼梦》（曹雪芹），曹雪芹只是它的最后写定者。这很像欧阳健在《曹雪芹的生活时代》中顺便考述的《儿女英雄传》的成书过程那样：《金玉缘》（雍正年间无名氏）—《日下新书》（无名氏）—《正法眼藏五十三参》（燕北闲人撰）—《儿女英雄传评话》（东海吾了翁补缀）—《儿女英雄传》（文康删削），文康只是最后的写定者。

最后需要指出的是，研究者为了证明《红楼梦》与《桃花扇》及曹寅著作之间的继承关系，往往去细致比对、见疑思同、牵强拉扯，希望二者的相似点越多越好。经一番努力，果然“发现”，《红楼梦》在结构、主题、风格、人物性格、象征意象的选择甚至在遣词造语等诸多方面都与《桃花扇》“更为直接，更为密切”，差不多就像不同文体之间的改写；当然也有很多构思可能“来源”于《楝亭诗》，有的简直就像是抄袭而来。事实上，这种“看朱成碧”的讨论方法是很成问题的，若将《红楼梦》中诗作与前代同时的其他人作品相比，如唐寅、吴伟业、洪昇的诗，自然也会有许多“惊人的发现”。所以用这种方法比附的结果是，研究者诚心实意的研究无疑是帮了曹雪芹的“倒忙”了：原来曹雪芹的天才是要大打折扣的呢！

当然，《红楼梦》不是凭空产生的，它必然对以前的作品有所借鉴，比如，作者就一点也不掩饰自己了解并借鉴了《西厢记》和《牡丹亭》的痕迹，第二十三回的回目“《西厢记》妙词通戏语，《牡丹亭》艳曲警芳心”就明确点出这两部戏的名称。又如，在论到汤氏《邯郸梦·仙缘》中几位神仙点化卢生的《浪淘沙》（“你是个痴人”）组曲时，有人认为：“汤显祖这四段曲文，俨然是对曹雪芹现身说法。如果我们把这几段曲文杂在《红楼梦》的曲文中，我相信谁也分不出这是不是曹氏的吐属；其中表现的思想意识、风格基调、描写的对象，几乎无一不同。”[①]虽然我们确实感觉到《好了歌》可能脱胎于此曲，但令人欣慰的是，《红楼梦》第十八回元春省亲时所点的四出戏中，第三出即是《仙缘》，这是作者读过《仙缘》的极佳“证词”。

如果《红楼梦》在创作之时，作者眼前就摆着一部影响正隆的《桃花扇》，似乎可以想见，《红楼梦》就未必会像现在这样开头了：“冷子兴演说荣国府犹如《桃花扇》之‘听稗’一出。整个这一部分，功能上也与《桃花扇》之‘传歌’‘哄丁’‘侦戏’‘访翠’颇同”[②]；更不会明明借鉴了《桃花扇》的各方面艺术构思却想统统把它忘掉，这不会是伟大作家的通常做法。其实，当我们承认《红楼梦》与《桃花扇》及《楝亭诗》并无关系的时候，我们就不难领悟到，优秀艺术家的非凡创造能力是心心相应、息息相通的。

（原载香港中文大学《中国文化研究所学报》2005 年刊。）

---

① 俞大纲《〈红楼梦〉中的戏曲史料》，《台湾红学论文选》，百花文艺出版 1981 年版，第 125 页。

② 许并生《〈红楼梦〉与戏曲结构》，《红楼梦学刊》2001 年第 1 辑。